JN036994

Database
Systems

ビッグデータ社会の基幹技術を学ぶ

データベースシステム 改訂2版

北川 博之［編著］
Kitagawa Hiroyuki

OHM
Ohmsha

本書を発行するにあたって，内容に誤りのないようできる限りの注意を払いましたが，本書の内容を適用した結果生じたこと，また，適用できなかった結果について，著者，出版社とも一切の責任を負いませんのでご了承ください．

改訂 2 版にあたって

　本書の初版を執筆してから約 24 年の年月が経とうとしている．この間，情報通信技術は人々の想像を超えるスピードで発展を続け，今日，社会を大きく変革する原動力となっている．インターネット，スマートフォン，クラウド，IoT などの情報通信基盤は，あらゆる社会活動，人間活動を担う屋台骨として欠くことのできない存在となっており，その中で時々刻々と発生する多種多様なデータが，さまざまなビジネスやサービスの源泉となっている．大規模データに基づく学習により実現される AI も，時代を大きく変えるエンジンの役割を果たしつつある．より良い未来社会の実現や科学技術の一層の発展を加速するためには，大規模かつ多様なデータ，すなわち「ビッグデータ」の有効活用が必須となっている．

　データベース技術は，大規模データ利用にかかわる基盤技術として，コンピュータ利用の初期より脈々と研究開発が続けられ発展してきた．ビッグデータ時代を迎え，その勢いは今日ますます加速している．伝統的なデータベース管理システム（DBMS）に加え，さまざまなデータの分析・活用をサポートする新たなシステムやツールが次々と生み出され，実社会のシステム構築の中で利用されている．自然言語処理，メディア処理，セキュリティ，機械学習，数理アルゴリズム，高性能コンピューティング，ソフトウェア基盤，センシングなどの多様な情報技術が，ビッグデータの活用に向け，データベース技術と有機的に結びつきつつある．

　このような中，データベース技術の基礎を学習することは，情報系学科の専門教育においてますます重要性が増加している．本書は，1996 年の初版以来長きにわたって多くの学生，教員，研究者，技術者の皆さまにご利用いただき，増刷を重ねてきた．しかし，昨今の技術の進展を踏まえ，内容を見直す機会をもちたいとの思いを数年前から強くもっていた．今般，幸いにも名古屋大

学情報学研究科の石川佳治教授に一部執筆のご協力をいただけることになり，改訂 2 版として出版できる運びとなった．石川教授には，5.7〜5.11，8.1，8.11，8.13 の各節の執筆を分担いただいた．

改訂の主なポイントは以下のとおりである．

（1）大規模データ処理において，SQL やそれに類する言語を用いる機会が増えている．また，SQL 標準も発展を続け，初期の SQL にはなかった多様な機能を導入するとともにそれらの機能を利用できるシステムも増加している．このことを受け，SQL に関する説明を大幅に増強した．具体的には，SQL の解説に 4 章と 5 章の二つの章を充て，4 章で SQL の基本的機能を説明し，続く 5 章ではこれまで解説のなかった，空値の扱い，結合表，多様な副問合せ，CASE 式，WITH 句，再帰問合せ，トリガー，ストアドプロシージャ，アクセス権限の管理の説明を加えた．また，プログラミング言語における SQL の利用については，埋込み SQL にかえて，実用面で重要な JDBC，O/R マッピング，Web データベースプログラミングについて解説した．

（2）実体関連モデルは実際のデータベース設計において利用されているが，その際，Peter Chen 博士によるオリジナルの実体関連図以外の実体関連図が利用されることが多くなっている．2 章のデータモデリングにおいては，オリジナルの実体関連図を中心に置きつつも，IDEF1X，UML，情報処理技術者試験における概念データモデルについても概説した．

（3）データを保持する二次記憶装置として，磁気ディスクに加えてフラッシュメモリが利用される機会が増加しつつある．また，ビットマップ索引，列ストアなども一般に利用されるようになっている．8 章の物理的データ格納方式では，これらについても解説を加えた．

（4）（1）と同様の理由で，12 章のオブジェクト指向データベースシステムにおいて，SQL におけるオブジェクト指向機能についての解説を加えた．また，ODMG データベース標準の説明も ODMG3.0 に基づくものに見直した．

（5）リレーショナルデータベースの具体的なイメージを早めに理解してもらうことを意図して，リレーショナルデータモデルと SQL の解説を 3〜5 章で行うこととし，リレーショナル論理やリレーショナルデータベース設計論は 6 章，7 章に位置付けた．また，よりわかりやすく説明するため，全体にわ

たって，例，図，説明文の追加や見直しを行った．

（6）各章末の演習問題についても内容の見直しや新たな問題を用意するとともに，多くの問題については巻末に解答例を添付した．演習問題と解答例は，本文の内容理解を確認するとともにその説明を補う重要な要素と位置付けており，ぜひ活用していただきたい．

以上の見直しの結果，本改訂2版は12章構成となっている．章間の依存関係は以下のとおりである．

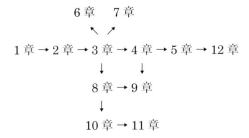

本改訂2版の出版に当たっては，多くの方々にお世話になった．学会活動などを通じて長年ご教示，ご鞭撻を賜ってきた諸先生，諸先輩には，改めて心より感謝の意を表したい．ISOでSQLの国際標準策定に貢献されてきた土田正士博士には，12.4節の内容について貴重なコメントを頂戴した．天笠俊之教授をはじめとする研究室の同僚や仲間には，常日頃の教育研究や研究室運営でいつも協力いただいている．また，筑波大学情報学群情報科学類学生の山田真也君には校正において協力してもらった．オーム社の皆さまからはたびたび励ましを頂戴した．ここに心よりお礼を申し上げたい．最後に，いつも支えてくれている妻にも感謝したい．

2020年3月

北川博之

第 1 版のはじめに

　コンピュータ技術の発展は急速であり，近年のネットワーク技術の普及と相
まって，社会に大きな変革をもたらしている．もはや，コンピュータは人間社
会にとって欠くことのできない基盤要素であり，その利用の高度化は今後ます
ます加速していくものと思われる．コンピュータを用いることにより，これま
でには不可能であったような大量の情報を蓄積し，効率的に利用することが可
能になった．そこで扱われる情報も従来のような数値や文字を中心としたもの
だけではなく，画像，音声など各種メディアの統合的な利用が進みつつある．
さらにまた，世界中にある様々な情報源をネットワークを介して居ながらにし
て利用できる状況が生まれつつある．

　データベース技術は，このような情報の統合利用を実現する上での重要な基
盤技術の一つである．データベースの概念が登場してから，はや 30 年以上が
経過し，その間のコンピューティング環境やアプリケーション要求の高度化に
対応して，データベースの分野でも様々な研究や開発が行われてきた．初期の
データベースシステムで用いられていたネットワークデータモデルや階層デー
タモデルに対して，1970 年に Codd 博士により提案されたリレーショナルデー
タモデルは，データベース技術の発展と普及に大きなインパクトを与えた．ま
た，1980 年代後半から活発に研究開発されたオブジェクト指向データベース
システムは，データベース技術の応用領域を広げる上で大きく貢献した．この
他，分散データベース，演繹データベース，時制データベース，能動型データ
ベースなど，種々の先進的データベースシステムに関する研究がこれまでに行
われてきた．

　コンピュータサイエンス教育におけるデータベース教育の重要性は広く認識
されており，ACM と IEEE コンピュータソサイエティによるカリキュラム 91
や，情報処理学会の「大学等における情報処理教育検討委員会」によるモデル

カリキュラム案においても，主要な科目の一つとして位置づけられている．

　本書は，主に情報系学科におけるデータベース教育を想定して，データベース技術の基礎について解説したものである．講義と並行して利用することが望ましいが，データベースに興味をもつ学生諸君や技術者の方が自習書として読んだ場合でも，十分読み進められるよう説明には配慮したつもりである．本書がカバーする内容は，データベースシステムの基本概念（1 章），データモデリング（2 章），リレーショナルデータモデル（3 章），リレーショナルデータベース設計論（4 章），リレーショナルデータベース言語 SQL（5 章），物理的データ格納方式（6 章），問合せ処理（7 章），同時実行制御（8 章），障害回復（9章），オブジェクト指向データベースシステム（10 章）である．これらの章の相互依存関係はほぼ以下のとおりである．

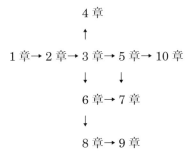

また，これらの内容を基礎としてさらに深く学習する際の便宜を考え，巻末に参考文献を紹介している．学部レベルでの授業時間内で取り上げられることが多い基本的な事項についてはカバーするよう留意した．分散データベース，演繹データベース，並列処理などのトピックスは，講義時間に余裕がある場合や大学院レベルでの授業では講義されることも多いと思われるが，本書では扱っていない．

　本書の内容は，筑波大学（1990 年〜），東京大学（1990〜1991 年），工学院大学大学院（1994 年〜）などにおける筆者の講義資料をもとに，最近の動向を織り込んでとりまとめたものである．特に，5 章の SQL の説明は 1995 年の JIS規格に，また，10 章のオブジェクト指向データベース標準 ODMG–93 の説明

は 1996 年に出版されたリリース 1.2 に基づいている.

　今日，社会における各種情報の統合利用の必要性はますます増加しつつあり，その処理要求の高度化には際限ない．このような要求に対応するためにデータベース技術に課せられた研究課題は数多い．たとえば，マルチメディアをはじめとする多種多様なデータの効率的処理，様々な情報資源の統合利用，協調作業支援，データの意味解釈や利用者の感性の取扱いなどは今後の重要な研究課題であろう．ますます加速するコンピューティング環境やアプリケーション要求の高度化に対応するためには，従来のデータベースシステムの枠組みを越えた，より多様で高水準の情報資源の利用形態が多くの場面で必要とされることは間違いない．データベースシステムという用語は，共有データとそれを管理するデータベース管理システムを指して通常使われるが，データ資源の共有を意図したシステムを指してより広い意味で使われる場合もある．本書では，主に前者における基礎的事項を中心に解説しており，データベースシステムという用語も前者の意味で用いている．しかし，データベースシステムは，今後ますます各種情報資源や知識の統合利用を図るためのより多様性をもったシステム機構として発展していく方向にある．本書を通して，一人でも多くの学生，技術者，研究者が，これからも一層の発展と展開が期待されるこの分野に興味をもち，足を踏み入れてくれることになれば，筆者にとってこれ以上の喜びはない.

　本書を著すまでには，多くの方々にお世話になった．常日頃より，浅学な筆者がご教示，ご鞭撻を賜っているこの分野の諸先生，諸先輩には，心から感謝の意を表したい．奈良先端科学技術大学院大学の石川佳治助手からはしばしば有益な情報を提供していただいた．また，筑波大学大学院工学研究科学生の森嶋厚行君には校正の段階で協力してもらった．原稿執筆にあたって，昭晃堂の小林孝雄氏からはたびたび励ましをいただいた．ここにお礼を申しあげたい．最後に，原稿執筆を陰で支えてくれた家内にも感謝したい.

1996 年 5 月

北川博之

目　次

1章
データベースシステムの基本概念

1.1 はじめに

　コンピュータ技術の発展は急速であり，ネットワーク技術の進展と相まって世の中の変革を加速させている．特に，ありとあらゆるデータがデジタル化されコンピュータを介して処理されることにより，ビッグデータの時代が到来している．

　ビッグデータは，単にそのサイズや規模が巨大であるということだけではなく，データの種類の多様性，リアルタイム性をもったデータ処理，データの信頼性や価値など，より広範な意味をもった言葉として最近は捉えられている．これらのデータ利活用の要求に対応するために，今日ではさまざまなソフトウェアやシステムが開発され，実用に供されている．そのなかでも，**データベースシステム**（database system, DBS）は，データ資源を有機的に統合して蓄積管理し，効率的な共有とより高度な利用を図ることを目的とした最も基本的なシステムである．

　データベースシステムが登場したのは1960年代であり，これまでの歴史のなかでさまざまな技術やその拡張が研究開発され，今日の情報システムにおけるデータ管理の基盤を構成している．データベースシステムを利用している具体的なアプリケーションシステムの例としては，人事管理システム，在庫管理システム，販売管理システム，生産管理システムなど，枚挙にいとまがない．また，このようなビジネスアプリケーション分野のみでなく，CAD や CASE などのエンジニアリングデータ，化合物情報や遺伝子情報などの科学データ，コンピュータネットワークの管理データなどの多様なデータ管理においても，データベースシステムは不可欠となっている．

　一般に**データベース**（database, DB）とは，「複数の応用目的での共有を意

図して組織的かつ永続的に格納されたデータ群」のことを指す．データベース
は，対象とする実世界の状態や構造を表現すべくデータを体系的に組織化した
ものである．さまざまな目的に利用するうえでは，データベースは各種のユー
ザやプログラムからアクセス可能でなければならない．また，データを永続的
に格納するため，データベースには通常は磁気ディスクやフラッシュメモリな
どの二次記憶装置が用いられる．

　一方，これらのデータを管理し利用に供するためのソフトウェアシステム
を，**データベース管理システム**（database management system, DBMS）と
呼ぶ（**図 1.1**）．また，データベース管理システムとそれにより管理されるデー
タベースを一体としてとらえて，データベースシステムと呼ぶ．上に述べたよ
うに，データベースとは狭義にはデータベースシステム中に蓄積されたデータ
群そのものを指す．しかし，データベースという用語は，より一般化してデー
タベースシステムやデータベース管理システムのことを指すのに用いられるこ
ともあるので，注意が必要である．

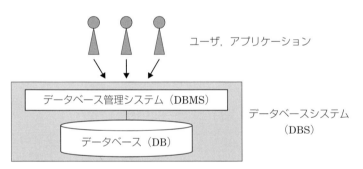

図 1.1　データベースシステムの概念

　従来より，コンピュータシステム中で大量のデータを永続的に格納する手段
として，オペレーティングシステム（OS）が提供するファイルが用いられて
いる．しかしファイルシステムには以下のような問題点があるため，データ
ベースシステムの開発が行われてきた．

（1）データとアプリケーションの相互依存

　ファイルシステムでは，データ格納やアクセス法の詳細を，それを利用する
アプリケーションプログラムが強く意識する必要がある．また，異なったファ

イルに格納されたデータどうしを有機的に関連づけたり，格納した際とは別の視点からデータを取り出したりする手段はない．したがって，アプリケーションプログラムはファイルの構造の詳細に依存したものとなり，またファイルのほうもそれを使うプログラムごとの必要データや利用パターンを強く意識して作成されることになる．このようなファイルとアプリケーションの強い相互依存は，その中に格納されたデータに対する見通しを悪くし，さまざまな不統一性，不整合性，冗長性などの原因となる．例えば，同じデータが形を変えて複数のファイルに格納されていた場合には，データが更新された際に全体としての整合性を保持することはきわめて難しい．

(2) 整合性維持機能の欠如

データは各種コンピュータ業務を遂行するうえで大切な資源であり，不正な更新や誤ったデータ入力を排除し，常に整合性のある内容に保つことが必要である．例えば，ある会社のサークルに所属する社員の社員番号の値が，社員ファイルに登録のない社員番号となることは通常ありえない．しかし，ファイルシステムではこのようなデータの整合性に関する制約を認識する機能はなく，データの整合性の保持はすべてアプリケーションプログラム任せとなる．

(3) 不十分な機密保護

データが複数のユーザにより共有される場合，ユーザあるいはユーザグループごとに各データに対してどのような操作を行ってよいかを規定することが必要である．ファイルシステムでもファイルを単位として読出しや書込みの権限の付与を制御できるのが普通であるが，ファイル中の一部のデータのみを部外秘にするといったような，きめ細かな制御を行うことは難しい．

(4) 複数ユーザの同時アクセス

ファイル中のデータが複数のユーザから共有されている場合，データの更新をどのようなタイミングで行うかが問題となる．一般には，更新を含んだ複数のデータ操作を何の統制もなく行うと，データの内容が矛盾したものになったり，読み出したデータが不正なものとなり得る．ファイルシステムにおいても，このような問題を生じさせないための最低限の機能は提供されている場合が多いが，それらを用いてどのような制御を行うかは，個別のアプリケーションプログラムに依存する．

(5) 不十分な障害時データ保護

コンピュータシステムには種々の障害が発生し得る．例えば，アプリケーションプログラムのエラーによる実行中止，システム全体にまたがるシステムダウン，二次記憶装置の故障などがある．大切なデータ資源を管理するうえでは，このような障害が発生した場合でも可能な限りデータの破壊を防止し，その内容を整合性のあるものに保つことが必要である．しかし，ファイルシステムはこのような障害に対する対策が非常に手薄である．

1.2 データベースシステムにおけるデータ管理

データベースシステムでは，データを体系的に組織化することでデータベース化し，各種のアプリケーションに提供する．データを個々のアプリケーションプログラムとは分離してデータベースを構成することのメリットとしては，以下のような点があげられる．

① データをアプリケーションとは独立した資源として管理することで，多目的利用が容易になる．

② 関連するデータを統合することにより無用な重複や不整合が生じるのを防げる．

③ データの意味やその相互関連を把握することが容易になる．

④ データの表現法やその管理方法を標準化しやすくなる．

DBMS は，データベースを管理し各種アプリケーションからの有効利用を図るための諸機能を提供する．DBMS が提供する主な機能には以下のようなものがある．

(1) 基盤となるデータ記述・操作系

DBMS は，データベースを各種アプリケーションから統一的に利用可能とするため，対象データとそれに対する操作を規定した共通の枠組みを提供する．この枠組みのことを**データモデル**（data model）と呼ぶ．データモデルを用いることで，データの物理的な格納形態やデータ検索手順の詳細に関与することなく，論理的なレベルでのデータ記述と操作を行うことが可能となる．

代表的なデータモデルの一つにリレーショナルデータモデルがある．**図 1.2**

は，ある会社の社員，サークル，サークルのメンバに関するデータを表現したものである．リレーショナルデータモデルでは，このようにデータベースを「表」の集まりとしてとらえる．リレーショナルデータモデルでは，各「表」のことをリレーション（関係）と呼ぶ．各種データはリレーションの集まりに集約されデータベース化される．リレーショナル DBMS は，このようなリレーションを有機的に関連づけながら，さまざまな目的のために利用するための機能を提供する．

サークル

サークル名	部室番号	部室内線番号
テニス	101	1011
サッカー	203	4423

社員

社員番号	氏名	基本給与	住所
001	鈴木太郎	400	東京都×××
002	山本次郎	500	横浜市△△△
003	高橋三郎	450	さいたま市○○○

所属

サークル名	社員番号	役職
テニス	001	代表
テニス	002	会計
サッカー	001	一般部員
サッカー	003	幹事

図 1.2 リレーショナルデータモデルによる表現

いま述べたのは，データベース全体の構造をとらえたものであるが，それに加えて各アプリケーションに固有のデータベースに対する見方を設定することも可能である．すなわち，各アプリケーションはその処理に必要な「表」の列などのデータベースの一部分のみに着目し，そのデータを自身にとって都合の良い形式で取り扱うことができる．

(2) 効率の良いデータアクセス機構

DBMS は，蓄積された大量のデータの中から必要な部分を高速に取り出すことを可能とするためのデータ格納方式を提供する．すなわち，データを二次記憶装置に格納する際に，木構造やハッシングなどを用いた格納方式をとることにより，該当する検索キーが与えられた際に効率的にデータ検索が可能とな

るようにする．また，種々の視点からの検索要求に対応するため，各種の索引を二次記憶装置中に保持する．さらにまた，データの格納時にその順序や位置を制御して，二次記憶装置へのアクセス時間をできるだけ短くするような工夫も行う．

　ユーザからデータベースに対する問合せ要求が来た場合には，DBMS 自身が該当するデータの格納方式や利用可能な索引に関する情報を総合的に判断し，その問合せ要求を内部的に処理するうえで最も効率的と思われる処理手続きを立案し，それに従った問合せ実行を行う．このような処理を，**問合せ最適化**（query optimization）と呼ぶ．

（3）　整合性の維持

　データモデルを用いてデータの構造や関連を明示的に管理することにより，データが満たすべき整合性に関する制約を記述し，その管理を DBMS にゆだねることが可能となる．例えば，社員データは必ず一意的な社員番号を一つもっていなければならないという制約や，あるサークルに所属する社員の社員番号の値は社員ファイル中の社員番号でなければならないという制約を指定し，それが常に満たされるように DBMS にチェックさせることが可能である．

（4）　機密保護

　DBMS を用いることにより，各ユーザがどのデータに対してどのような操作を行うことができるかを，きめ細かく指定することができる．例えば，どのユーザが社員データの検索，挿入，削除，修正を行うことができるかを個別に指定可能である．また，社員データの一部である基本給与データに関しては，それとは異なるデータアクセスの権限を設定することができる．

（5）　同時実行制御

　データベース処理において，あるアプリケーションから見たときのひとまとまりの処理単位のことを**トランザクション**（transaction）と呼ぶ．例えば，二つの銀行預金口座間での送金処理では，送金前のそれぞれの口座の残高をチェックし，各口座の残高を送金後の値に書き換えるという一連の処理がトランザクションを構成する．通常のデータベース利用環境では，このようなトランザクションが複数並行処理される．その場合，同じデータに対する複数トランザクションからの読み書きを統制なしに行うと，あるトランザクションの書

き換え途中の整合性のないデータが他のトランザクションから読めてしまったり，あるトランザクションのデータ更新が他のトランザクションにより打ち消されてしまうといった問題が生じる．DBMS はロックなどの機構を用いて複数トランザクション実行時のこのような問題を防止する，**同時実行制御**（concurrency control）の機能をもつ．

(6) 障害回復

DBMS は，各種の障害に対してデータの保護を行う．この機能を**障害回復**（recovery）機能と呼ぶ．例えば，上記の送金トランザクションの例では，片方の口座の残高のみを書き換えた時点で何らかの障害によりトランザクションが実行を中止してしまった場合，データベースの状態は整合性のとれていない状態となってしまう．DBMS は，各トランザクションで行われたデータ操作をログに記録するとともに，二次記憶装置への書込みを制御することにより，途中で実行を中止してしまったトランザクション中で行われた書込みをキャンセルし，データベースをもとの整合性のとれた状態に復帰させる機能をもつ．

1.3 データベースシステムに関係した基本概念

(1) スキーマとインスタンス

大量のデータを体系的かつ組織的に格納し管理するうえでは，種類の同じデータを一つの型としてグループ化し，それらがもつ共通の構造やその相互関連に注目することが有効である．このような抽象化に基づいてデータベース中のデータの構造，形式，関連，さらに各種整合性制約などを記述したものを，一般に**スキーマ**（schema）と呼ぶ．図 1.2 に示したリレーショナルデータモデルの例では，データベース中に存在する三つのリレーション（表）の構造（網かけ部分）がスキーマとなる．一方，スキーマに基づいて格納されたデータ群を**インスタンス**（instance）と呼ぶ．図 1.2 の例では，表で表されたリレーション中のデータがインスタンスに対応する．DBMS がどのようなデータモデルをサポートするかに応じて，そこで扱われるスキーマの形式は決定される．スキーマは，インスタンスとして現れるデータの構造やそれが満たすべき制約などを規定した高次のデータとしてとらえることができる．このような

データは**メタデータ**（metadata）と呼ばれ，メタデータの管理は DBMS の重要な機能の一つである．

　最初に述べたように，データベースは対象とする実世界を表現したものである．実世界は，通常，時間とともに変化するので，それを反映するためデータベースの状態にも変更が加えられる．多くの変更はデータベースのインスタンスを変更することで対応可能であるが，場合によってはスキーマの変更を必要とすることもある．

（2）抽象化の 3 レベル

　これまでに述べたように，データベースシステムは，データを抽象化し論理的レベルでデータ記述と操作を行うための枠組みを提供する．データ抽象化のレベルは，**図 1.3** に示すように，**内部レベル**（internal level），**概念レベル**（conceptual level），**外部レベル**（external level）の三つの階層に分けられるという考え方が広く受け入れられている．

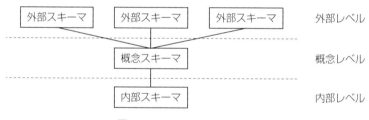

図 1.3　ANSI/SPARC モデル

　内部レベルは二次記憶中の物理的なデータ格納のレベルに対応し，その構成を記述したものを**内部スキーマ**（internal schema）と呼ぶ．概念レベルはデータベース全体を論理的に記述したレベルに対応し，そのスキーマを**概念スキーマ**（conceptual schema）と呼ぶ．外部レベルは前節で述べた個々のアプリケーションごとのデータベースに対する見方に対応し，そのスキーマを**外部スキーマ**（external schema）と呼ぶ．データモデルによっては，外部スキーマを**サブスキーマ**（subschema）と呼ぶこともある．また，リレーショナルデータモデルでは，外部レベルの記述のことを**ビュー**（view）と呼ぶ．

　このような 3 階層モデルの概念は，米国における情報関連標準化の委員会で

ある ANSI/SPARC 内の研究グループにより提案されたものであり，ANSI/ SPARC モデル（あるいは ANSI/SPARC アーキテクチャ）[ANS75] と呼ばれる． DBMS はこれら 3 レベルの間の写像を司る．

（3）データ独立性

すでに述べたように，データベースシステムにおいて，データはアプリケーションプログラムから分離して管理される．このことを，**データ独立性**（data independence）と呼ぶ．上に述べた抽象化の 3 レベルに基づき，データ独立性はさらに**論理的データ独立性**（logical data independence）と**物理的データ独立性**（physical data independence）に分けられる（**図 1.4**）．

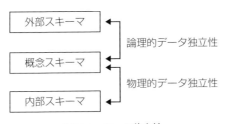

図 1.4 データ独立性

論理的データ独立性とは，外部レベルと概念レベルの間の独立性である．外部スキーマは，アプリケーションからのデータの見方を記述したものであり，アプリケーションプログラムへのインタフェースとなる．データベースが対象とする実世界の変化に応じて，概念スキーマを変更する必要が生じた場合でも，アプリケーションプログラムが用いる外部スキーマに影響を及ぼさない範囲では，変更はアプリケーションプログラムと独立に行うことができる．

物理的データ独立性は，概念レベルと内部レベルの間の独立性である．概念レベルにおけるデータの見方が変わらない範囲では，内部レベルにおける物理的ファイル編成やデータアクセスの方法を，アプリケーションプログラムとは独立に変更することができる．この場合，アプリケーションプログラムの修正の必要がない場合でも，その実行速度が影響を受けることはあり得る．

（4）データベース言語

DBMS は，データモデルに基づくデータ記述ならびにデータ操作のための

データベース言語（database language）を提供する．データベース言語のうち，主にデータ記述を行うための言語を**データ定義言語**（data definition language, DDL）と呼び，データ操作を行うための言語を**データ操作言語**（data manipulation language, DML）と呼ぶ．すなわち，データ定義言語はスキーマを記述するのに用いられ，データ操作言語はインスタンスの操作に用いられる．データ定義言語，データ操作言語に加えて，機密保護指定やトランザクションの制御などを行うための言語を，**データ制御言語**（data control language）と呼ぶこともある．これらは，それぞれ個別の言語として与えられることもあるが，一つのデータベース言語の体系の中に統合されることもある．リレーショナルデータベースシステムにおける標準データベース言語であるSQL[ISO92, JIS95]は後者の例である（SQLについては本書4章を参照）．

データベース言語は，単独で対話的に直接ユーザに用いられる場合と，CやJavaなどのプログラミング言語と組み合わせて用いられる場合とがある．後者には，データベース言語記述をプログラミング言語記述の中に埋め込む方式，関数（手続き）として呼び出す方式などがある．後者の場合，データベース言語はアプリケーション記述の中のデータベース操作に関する記述のみに用いられる位置づけとなる．その意味で，データベース言語を**データサブ言語**（data sublanguage）と呼ぶこともある．また，データベース言語記述を埋め込んだり呼び出したりするのに用いるプログラミング言語のことを，**ホスト言語**（host language）と呼ぶ．

これらに関係した用語として，**問合せ言語**（query language）（質問言語ともいう）がある．本来的には，これはデータベースに対する問合せ記述に用いられる言語を指すが，データ更新などを含めたより広い意味のデータ操作を記述する言語を指して用いられることもある．

1.4 データベースシステムの構成と利用

図1.5はDBMSの主要な機能要素とデータベースシステムの利用環境を概念的に示したものである．

複数のユーザによって共有されるデータベースを維持するうえでは，管理上

の中心的人物が必要である．その役割を担う人を**データベース管理者**（database administrator，DBA）と呼ぶ．データベース管理者は，以下のような仕事を行う．

① スキーマの定義や変更
② 物理的記憶領域管理および各種チューニング
③ ユーザの登録やアクセス権の設定
④ 各種整合性制約の設定
⑤ データベースのバックアップや障害への対応

一方，データベースシステムには各種レベルのユーザが存在する．データベース言語をフルに活用しアプリケーションプログラムを開発するのは，アプリケーションプログラマである．そのように開発されたアプリケーションプログラムを通して定型的な形でのみデータベースを利用するユーザは，**ナイーブユーザ**（naive user）と呼ばれる．一方，その時々の必要に応じて非定型的な

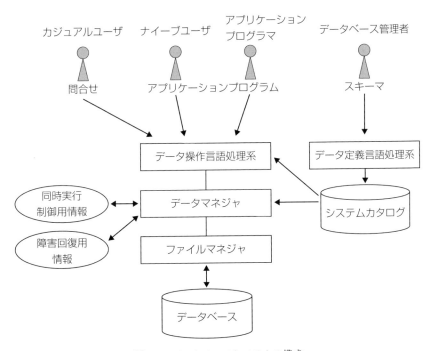

図 1.5 データベースシステムの構成

問合せを発行するユーザは**カジュアルユーザ**（casual user）と呼ばれる.

　データベースを構築するためには，そのスキーマをデータ定義言語（あるいはデータベース言語のデータ定義記述）を用いて記述することが必要である. データ定義記述はDBMS中のデータ定義言語処理系によって解釈され，対応するメタデータは**システムカタログ**（system catalog）（**データ辞書**（data dictionary）とも呼ぶ）に格納される.

　データ操作言語（あるいはデータベース言語のデータ操作記述）により記述されたユーザからのデータ操作はデータ操作言語処理系により処理され，具体的な各種データアクセスや更新のためのデータマネジャの呼出しを行う. データ操作がホスト言語に埋め込まれたものである場合は，ホスト言語処理系における解析や関数呼出しを介してデータ操作言語処理系により処理される. データ操作言語処理系では，システムカタログのメタデータを参照してアクセスすべきデータの特定を行い，その操作のための最も効率的な手順を決定する. データ操作言語処理系の処理形態としては，実行時解釈とコンパイルの二つの方法がある. コンパイルされる場合には，データマネジャが行うべき一連のデータ操作を記述した手続きが生成され，実行時にはこの手続きが呼び出されることになる.

　データマネジャは，データアクセスや更新を司る部分である. データマネジャは二次記憶装置中に格納された物理的なデータの操作のため，さらにファイルマネジャの呼出しを引き起こす. また，各種管理情報を維持することにより，複数トランザクションの同時実行制御や障害回復を実現する. データマネジャの機能は，データアクセスモジュールやトランザクションマネジャなどの機能要素にさらに分けて考えることができる.

　ファイルマネジャについては，基本的にOSのファイルシステムが提供する機能を利用する場合，および二次記憶用の物理デバイスを低水準インタフェースを通じて直接制御し専用のファイルマネジャを構築する場合の二つがある.

　実際のDBMSでは，これらに加えてデータベース管理のための各種ユーティリティが提供される. それらの中には，ファイルからのデータのローディング，データベースバックアップ，ファイルの再編成，性能モニタリングなどのためのユーティリティがある. また，システムカタログを拡張して，デー

タ，アプリケーションプログラム，ユーザなどに関する情報の統合的管理を
図ったものを**データリポジトリ**（data repository）と呼ぶ．

演 習 問 題

1.1 データをデータベース化するメリットを述べよ．

1.2 DBMS が提供する主な機能を述べよ．

1.3 ANSI/SPARC モデルについて説明せよ．また，データベース管理上の利点について述べよ．

1.4 スキーマを用いてデータを管理することの利点は何か．スキーマの定義が容易なデータ，逆に難しいデータとしてはどのような場合があるか考察せよ．

1.5 データベースシステムを利用する際に用いられる言語とそれぞれの役割について説明せよ．

1.6 データベースシステムの利用に関係する人々とそれぞれの役割について説明せよ．

2章
データモデリング

2.1 データモデル

1章で述べたように，データモデルとは，データベース中のデータとそれに対する操作を規定する枠組みである．より具体的には，データモデルは次の三つの要素からなる．第一に，データモデルはデータ構造を記述するうえでの規約を与える．第二に，その規約に基づいて構造化されたデータに対してどのような検索，更新などの操作が可能かというデータ操作の体系を提供する．第三に，データベースが正しく実世界の情報を表すうえで満たさなくてはならない種々の整合性制約を表現するうえでの仕組みを与える．文脈によっては，データモデルの枠組みをもってある実世界に対応するデータベースを具体的に記述した結果をデータモデルと呼ぶこともあるので注意が必要である．

データモデルはデータベース研究の中心的テーマの一つとして古くから研究されており，これまでに数多くのデータモデルが提案されている[TsiL82, Uda91]．データモデルにより，その位置づけや機能には違いがあるものの，データベース利用においてデータモデルが果たす最も主要な役割は以下の2点に要約される．

(1) DBMS が提供するインタフェースとしての役割

この役割は，すでに1章で述べたものである．通常，DBMS はある一つのデータモデルをサポートするように構築されている．現実の情報処理の場面で利用されている DBMS に限れば，歴史的にはネットワークデータモデルや階層データモデルと呼ばれるデータモデルが初期の DBMS で用いられ，その後はリレーショナルデータモデルが広く使われている．また，オブジェクト指向の考え方に基づくオブジェクト指向データモデルに基づく DBMS が盛んに研究開発されたが，今日ではその有用な機能を取り込んだ拡張したリレーショナ

ルモデルを用いた DBMS なども提供されている．DBMS がインタフェースと
してサポートするデータモデルは，その程度に違いはあるものの，物理的デー
タ格納形態や内部のデータ検索手順などの詳細とは独立な論理的レベルのデー
タ記述と操作を可能とする．

(2) 実世界のモデル化ツールとしての役割

一般に，どのようなデータベースを構築するかを決定するデータベース設計
では，対象とする実世界の複雑な情報構造や各種アプリケーション要求を調査
分析し，データベース化すべき情報を取捨選択し適切に構造化していくことが
必要である．データベースには，このような作業を経て実世界をモデル化，抽
象化した一つのミニ世界が構築されることになる．この一連の過程を一般に
データモデリング（data modeling）と呼ぶ．ここでのデータモデルの役割は，
対象実世界の情報の構造や意味をできるだけ自然に表現するための枠組みを与
えることである．

2.2 DBMS がサポートする代表的データモデル

ここでは，DBMS がサポートする代表的なデータモデルである，リレーショ
ナルデータモデル，ネットワークデータモデル，階層データモデルについて概
説する．なお，リレーショナルデータモデルに関するより詳しい説明は 3 章で
行う．

2.2.1 リレーショナルデータモデル

リレーショナルデータモデル（関係データモデル）（relational data
model）[Cod70] は，1970 年に Edgar F. Codd により提案されたもので，その単純
性，数学的基盤の明解さ，それ以前のネットワークデータモデル，階層データ
モデルと比べた物理的レベルからの独立性の高さなどを特徴とする．

1 章の図 1.2 に示したように，リレーショナルデータモデルでは，データ
ベースを**リレーション（関係）**の集まりとしてモデル化する．リレーションの
数学的な定義は 3 章に示すが，図 1.2 の各「表」がリレーションに対応する．
また，表中の「社員番号」「氏名」「基本給与」などの列を**属性**（attribute）と

呼ぶ．リレーション R が属性 $A_1, \cdots, A_n$ をもつとき，リレーション R の構造を
$R(A_1, \cdots, A_n)$ のように記述して，これを**リレーションスキーマ**（relation
schema）と呼ぶ．リレーショナルデータモデルでは，データベーススキーマ
はリレーションスキーマの集まりとして表現される．一方，リレーションの各
行を**タプル**（**組**）（tuple）と呼ぶ．リレーショナルデータベースのインスタン
スは，タプルの集まりにより表現される．

　リレーショナルデータモデルにおけるデータ操作を規定した形式的体系とし
ては，リレーショナル代数（関係代数）[Cod70] とリレーショナル論理（関係論
理）[Cod72b] がある．リレーショナル代数は，リレーションに対する基本的操作を
行う代数演算子を提供する．これに対し，リレーショナル論理は一階述語論理
にその基礎をおく．リレーショナルデータモデルでは，これらの体系を用いて
個々のリレーションを動的にかつ有機的に関連づけながら，データ操作を行う
ことが可能である．

2.2.2　ネットワークデータモデル

　ネットワークデータモデル（network data model）は，次に述べる階層デー
タモデルとともに，ファイルシステムにおけるデータ管理を高度化するという
初期の DBMS 発展の歴史の中で体系化されたデータモデルである．ネット
ワークデータモデルの諸概念は，**CODASYL**（The Conference on Data
Systems Languages）仕様を源とする [Cod73, Oll77, Hem79]．CODASYL は事務処理
アプリケーションのための共通プログラム言語の開発を目的に 1959 年に設立
された団体であり，そのデータベース作業班 DBTG（Data Base Task Group）
が 1971 年に出した提案が CODASYL 仕様の原型をなす．その後，CODASYL
仕様に基づく DBMS の実働化と何度かの仕様の改訂を経て，国際標準規格で
あるデータベース言語 NDL [JIS87] が制定されている．

　図 1.2 と同じデータを表現したネットワークデータモデルのスキーマとイン
スタンスの例を，**図 2.1**(a)(b) にそれぞれ示す．ネットワークデータモデルで
は，個々の社員やサークルなどの対象を一連のデータ値の並びである**レコード**
（record）として表現する．各レコードは，スキーマのレベルでは**レコード型**
（record type）に分類される．レコード型間には親子関係を表す**親子集合型**

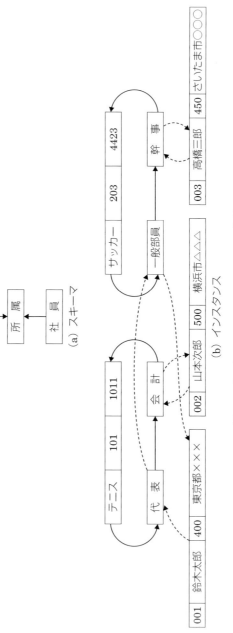

(a) スキーマ

(b) インスタンス

図 2.1 ネットワークデータモデルによる表現

（set type）を定義できる．親子集合型は図 2.1(a) ではレコード型間の矢印と
して表現されている．図 2.1(a) は**バックマン線図**（Bachman diagram）[Bac69]
と呼ばれ，ネットワークデータモデルにおけるスキーマの表現にしばしば用い
られる．親子集合型のインスタンスとしては，具体的な個々のレコード間の 1
対 N の親子関係が形成される．図 2.1(b) では，親子集合を親レコードから始
まりすべての子レコードを経由し再び親レコードに戻るポインタ連鎖として表
現している．

　ネットワークデータモデルでは，このような親子関係であらかじめ関係づけ
られたレコード群からなるネットワークの中を順次巡回することにより，レ
コードの読出し，挿入，削除，修正，親子関係への組入れや切離しなどのデー
タ操作を行う．その際，データベースを構成する巨大なレコードのネットワー
ク中で現在自分がどの位置にいるかを保持する仕組みとして，位置指示子
（cursor）が用いられる．ネットワークデータモデルにおけるデータ操作は，
レコード間の関係を順次たどりながら目的のレコードに到達する形をとるた
め，リレーショナルデータモデルと比べきわめて手続き的なものとなる．

2.2.3 階層データモデル

　階層データモデル（hierarchical data model）は，レコード型を節点とする
木構造をデータベーススキーマの基本表現として用いる．このような考え方に
基づくデータモデルをもつ DBMS としては，IBM の IMS[McG77] や MRI の
SYSTEM2000[Car85] がよく知られている．特に，IMS のデータモデルのことを
階層データモデルと呼ぶことが多い．IMS ではレコード型のことを**セグメント
型**（segment type）と呼ぶ．**図 2.2**(a) に「社員」を親とし「家族」を子とす
る簡単なセグメント型の木からなるスキーマを示す．図 2.2(b) にはこのス
キーマに基づくインスタンスを示す．木の節点のことを**セグメント**（seg-
ment）と呼ぶ．

　セグメント型の木によるデータ記述は単純でわかりやすい反面，複雑なデー
タを表現するうえでは困難を伴う．1 対 N 関係は自然に表現可能であるが，N
対 M 関係を無理やり木構造に展開した場合，多数の同じ値をもつセグメント
が生じ冗長である．また，種々の階層的な見方に基づいて複数の木が定義され

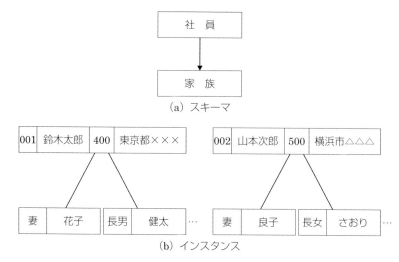

（a）スキーマ

（b）インスタンス

図 2.2 階層データモデルによる表現

ても，それらを連携して利用する手段がない．そこで，IMS では上記のような
セグメント型の木を基本としながらも，一定の制約の下に別々の木に位置する
セグメント型間の対応づけを可能するための**論理関連**（logical relationship）
を導入している．例えば，図 2.2 のデータに加えて，各社員のサークル所属の
データを管理したいとする．この場合，**図 2.3** に示すようにセグメント型
「サークル」を親とし「所属」を子としたもう一つの木を導入し，「社員」を論
理親（logical parent），「所属」を論理子（logical child）とした論理関連を設
定するのが適当である．論理関連は論理親セグメントと論理子セグメントを対
応づける一種のポインタ機能を提供する．したがって，論理関連を用いて複数
の木を「接ぎ木」することで元の木構造とは異なる木構造を構築することがで
きる．例えば，上の論理関連を用いてセグメント型「サークル」「所属／社員」
「家族」の三つの階層からなる論理的な木を構築することが可能である．

　アプリケーションからデータベース操作を行う際には，上記のように定義さ
れたセグメント型の木構造を選択し，操作対象をその部分木として指定する．
データ操作としては，セグメントの検索，挿入，削除，修正がある．これらの
データ操作は，データベースを複数の木からなる森と見て，ネットワークデー
タモデルの場合と同様，基本的にはその中を順次巡回することにより行われる．

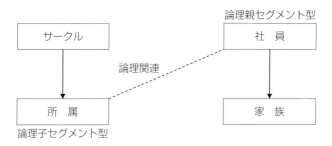

図 2.3 階層データモデルにおける論理関連

2.3　実世界のデータモデリング

　DBMS で管理可能なデータベースを構築するためには，最終的には DBMS がサポートする上述のようなデータモデルによるデータ記述を行う必要がある．しかし，これらのデータモデルは物理的レベルの詳細とは独立した論理的レベルのデータ記述をできるだけ可能とするよう意図されているものの，コンピュータによる実装や実行効率を考慮して，データモデルごとにさまざまな制約事項をもつ．したがって，実世界の複雑な情報の分析結果から直接これらのデータモデルによるデータ記述を導出することは，記述表現上の大きなギャップを伴う．また，いったんデータベース化が行われた後でも，データベース中のデータの構造や意味を理解するうえでは，DBMS が直接的にサポートするデータモデルの制約にとらわれないデータの自然な表現をもっていることが有用である．このような理由から，多くの場合データベース設計の過程は，**図 2.4** に示すような少なくとも二つの段階を経て行われる[Bat.＊92]．

　最初の段階は**概念設計**（conceptual design）と呼ばれ，DBMS がサポートするデータモデルとは独立に，データベース中に構築されるべきミニ世界がどのようなものかを記述する過程である．概念設計の結果として得られる記述を**概念モデル**（conceptual model）と呼ぶ．概念設計にしばしば用いられるデータモデルの一つに実体関連モデルがある．実体関連モデルをはじめとする意味データモデル[HulK87]と呼ばれる一群のデータモデルでは，概念モデル記述のサポートが強く意図されている．

　データベース設計の第二段階は**論理設計**（logical design）と呼ばれ，概念モ

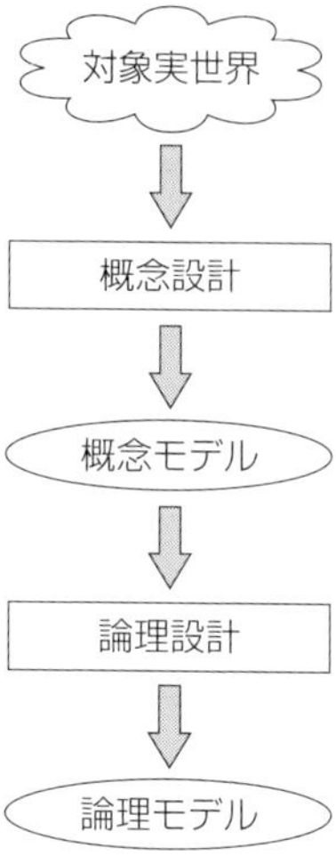

図 2.4 データモデリング

デルから DBMS が提供するデータモデルによる記述への変換を行う過程である．この変換結果を**論理モデル**（logical model）と呼ぶ．論理モデルを導出することは，ANSI/SPARC モデルにおける概念スキーマの定義に対応する．今日では，実用 DBMS の多くはリレーショナルデータモデルに対応しているため，通常はリレーショナルデータモデルで論理モデルを記述する．

　DBMS の利用に当たっては，このように定義された概念スキーマに基づいて，さらに各アプリケーションに対する外部スキーマや内部スキーマを定義することが必要である．内部スキーマを定義する過程は**物理設計**（physical design）と呼ばれる．

2.4　実体関連モデル

　実体関連モデル（ER モデル，entity relationship model）[Che76]は，概念設計においてしばしば利用されるデータモデルである．1976 年に Peter Chen により提案され，その後の多くの研究者により種々の拡張も提案されている[Bat*92, ElmN94]．本節では，Chen による実体関連モデルの原型を中心に説明する．

　実体関連モデルでは，データベースで表現すべき実世界の対象をモデル化す

るのに，実体と関連という二つの概念を用いる．

（1）実　体

実体（エンティティ，entity）とは，データベース設計者が実世界をモデル化しようとした際に，その存在を認識できる対象を包括的に述べたものである．大学での科目履修に関するデータベースを例として想定すれば，個々の学生，科目，実習課題などはいずれも実体とみなせる．同一種類の実体の集まりを**実体集合**（entity set）と呼ぶ．ここでの例では，「学生」「科目」「実習課題」などを実体集合ととらえることができる．

実体のもつ各種の性質は，**属性**（attribute）によって表現される．実体を表現するための属性の集合は，実体集合に対応して決定される．例えば，実体集合としての「科目」を考えたとき，この実体集合中の実体の性質を表現する属性としては，「科目番号」「科目名」「単位数」などがあげられる．ある属性 A は，各実体の性質に応じて種々の値をとることになるが，そのとり得る値全体の集合を属性 A の**ドメイン**（**定義域**）（domain）と呼ぶ．

（2）関　連

二つ以上の実体どうしの相互関係をモデル化したものが**関連**（リレーションシップ，relationship）である．すなわち，実体集合 $E_1, \cdots, E_n$ が与えられたとき，$R \subseteq E_1 \times \cdots \times E_n$ なる R を**関連集合**（relationship set）と呼び，R の要素を関連と呼ぶ．$E_1, \cdots, E_n$ の中には，同一の実体集合が複数回現れてもよい．n を関連集合の次数（degree）と呼ぶ．科目履修に関するデータベースを例とすると，実体集合「学生」と「科目」の間の関連集合「履修」，実体集合「科目」と「実習課題」の間の関連集合「実習」などが考えられる．どの実体どうしが関連しているかという情報だけではなく，その関連の諸性質を記述する必要がある場合には，実体集合と同様に関連集合に対しても属性を付加することができる．

（3）実体関連図

実体関連モデルでモデル化した対象実世界を視覚的に表現するための図式が，**実体関連図**（ER 図，entity relationship diagram）である．**図 2.5** に，科目履修に関するデータベースの一部を表現した実体関連図を示す．

実体関連図では，実体集合を矩形，関連集合を菱形，属性を楕円を用いて表

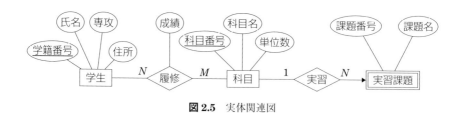

図 2.5 実体関連図

現する．関連集合とそれにかかわる実体集合の結びつき，および実体集合または関連集合とその属性の結びつきは線で表現する．

　上述したように，関連集合に同一の実体集合が別の意味で複数回関与する場合がある．例えば，どの科目がどの科目の前提科目となるかという「科目」どうしの関連が考えられる．このような場合には，**図 2.6** に示すように，実体集合がその関連において果たす役割（role）を実体関連図中に記すことができる．

図 2.6 役割の明示

（4）実体関連モデルにおける整合性制約

　実体関連モデルでは，対象実世界における整合性制約を記述する仕組みがいくつか用意されている．図 2.5 では，関連集合と実体集合を結ぶ線分に，"1"，"N"，"M" などの記号がつけられている．これらは，関連集合によって関連づけられる実体集合の対応関係を示すのに用いられる．すなわち，「履修」に関して「学生」と「科目」の間には N 対 M 対応があり，「実習」に関して「科目」と「実習課題」には 1 対 N 対応があることを表している．この例にはないが，当然 1 対 1 対応も考えられる．

　別の制約の一つに**参加制約**（participation constraint）と呼ぶ制約がある．これは，ある関連集合とそれに係わる実体集合があった場合，その関連に関与しない実体があってよいか否かに関する制約である．「学生」と「履修」を例にとると，「履修」という関連に関与しない，すなわち一つも科目を履修していない学生が存在してよいか否かに関する制約ということになる．このような学

生を認めない場合,「学生」の「履修」への参加は全面的（total）であるとい
い,認める場合,参加は部分的（partial）であるという.

実体関連図では "1","N","M" などの代わりに "(min, max)" という記法
を用いて,上述した対応関係と参加制約を併せて表現する場合がある[ElmN94].
その記述例を**図 2.7** に示す.意味的には,(min, max) がある実体集合と関連
集合の間に書かれていた場合,min と max はその実体集合中の実体が関与す
る関連の個数の下限と上限をそれぞれ表す.したがって,min が 0 の場合は参
加は部分的であり,1 以上の場合は参加は全面的である.図 2.7 では,例えば
関連「履修」が「学生」と「科目」の N 対 M 対応であることと,「学生」の参
加は全面的であり「科目」の参加は部分的であることが同時に示されている.

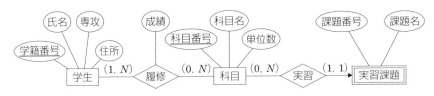

図 2.7 関連集合への実体集合の関与の仕方をより詳しく書いた実体関連図

上に述べた N 対 M 対応などや参加制約を表す記法を,次数が 3 以上の関連
集合に対しても準用することも可能である.例えば,実体集合 A, B, C を結
ぶ 3 次の関連集合 R があるとき,R と A を結ぶ線に "1",R と B を結ぶ線に
"N",R と C を結ぶ線に "M" を付した場合,B と C の実体を決めると A の実
体は一意に決まるという意味に解釈できる.しかし,次数が 3 以上の関連集合
における整合性制約はより複雑になり得るため,あまり一般的とはいえない.

データベースにおける基本的な整合性制約として**キー制約**（key constraint）
がある.例えば,実体集合「学生」中の各実体は,異なる学籍番号をもってお
り,属性「学籍番号」の値を指定することにより一意に識別可能である.この
ような性質をもつ属性あるいはその組合せのうち極小なもの[†]を**キー**（key）と
呼ぶ.実体集合によってはキーを複数もつ場合がある.この意味でキーのこと

[†] 極小とはキーとしての性質をもつ最小の組合せという意味.属性「学籍番号」と「氏名」
の組合せは各実体を一意に識別可能であるが,「氏名」は冗長なので極小ではない.

を**候補キー**（candidate key）と呼ぶ．また候補キーのうちデータ管理上最も適当と思われるものを選択して**主キー**（primary key）とする．

図 2.5 および図 2.7 では，各実体集合の主キーの属性を下線で示している．多くの実体集合は，それ自身のもつ属性またはその組合せをもって主キーを構成することができるが，この条件が満たされないケースも存在する．ここでの例では，実体集合「実習課題」がそれに当てはまる．「実習課題」は「課題番号」「課題名」を属性としてもつが，課題番号は該当する科目の中だけで一意であり，大局的にすべての科目の課題中で特定の実習課題を一意に識別することが可能とは限らない．この場合，「実習課題」はそれ自身の属性をもって主キーを構成することのできない実体集合となる．このような実体集合を**弱実体集合**（weak entity set）と呼ぶ．これに対して，弱実体集合以外の実体集合を，**通常実体集合**（regular entity set）あるいは**強実体集合**（strong entity set）と呼ぶ．実体関連図においては，弱実体集合を二重枠の矩形で表現する．弱実体集合「実習課題」の実体は，関連「実習」による「科目」実体との結びつきを通してのみ識別が可能である．このことを表すため，「実習」から「実習課題」への線には矢印を付すとともに，「科目」を「実習課題」の**識別上のオーナ**（identifying owner）と呼ぶ．また，属性「課題番号」は，ある科目に対する実習課題の識別のみに用いることができるという意味で，**部分キー**（partial key）と呼ばれる．実体関連図中で，部分キーを明示的に示すための記法なども提案されているが，ここでは説明を省略する．

（5）汎化階層

現実の対象をモデル化する場合，実体集合の間の階層的関係を考えるのがしばしば自然である．例えば，実体集合として「学生」と「TA（teaching assistant）」を考えたとき，ある学生は「TA」であると同時に「学生」の要素でもある．また，TA のもつべき属性のうち「学籍番号」「氏名」「専攻」「住所」などは，「TA」であることによる属性というよりは，むしろ「学生」としての属性をそのまま継承したものであり，TA はこれらに加えてさらに独自の属性として「経験年数」や「内線番号」などをもつと考えるほうが自然である．このような「学生」と「TA」の関係は**汎化階層**（generalization hierarchy）と呼ばれる[SmiS77]．多くの拡張実体関連モデルは汎化階層を扱っている．

図 2.8 は，汎化階層を導入した実体関連図の一例である．「TA」に対する上位の実体集合として「学生」が，「学生」に対する下位の実体集合として「TA」が記述されている．「TA」は「学生」の属性を**継承**（inherit）する．いくつかの拡張実体関連モデルでは，ある実体集合に複数の下位の実体集合がある場合，下位実体集合どうしに要素の重複があるか否か，あるいは上位の実体集合中の実体は必ずいずれかの下位の実体集合の要素でなければならないか否かなどを区別して記述する規則を導入している．また，ある実体集合からより一般化された実体集合を導く過程である**汎化**（generalization）と，その逆に特殊化された実体集合を導く過程である**専化**（specialization）を明示的に区別する拡張実体関連モデルもある．

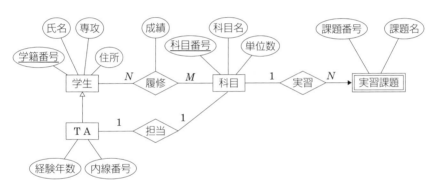

図 2.8 汎化階層を導入した実体関連図

2.5 さまざまな実体関連図

実体関連モデルを実際のデータモデリングに用いるうえで，これまでに述べた実体関連図以外に，さまざまな拡張や異なる記法や図式が提案されている．ここでは，そのなかから IDEF1X，UML，情報処理技術者試験における概念データモデルについて簡単に説明する．なお，これらにおいては，「entity」「relationship」に対する語としての「実体」「関連」よりも，「エンティティ」「リレーションシップ」のほうがより広く用いられているため，本節でもそれにしたがう．

2.5.1 IDEF1X

IDEF1X[Int93, Kus97] は，1970 年代終わりから 1980 年代初めの米空軍の ICAM（Integrated Computer–Aided Manufacturing）プロジェクトにおけるデータモデル化手法が起源となって生まれたものである．IDEF1X では，これまで実体集合と呼んでいたものを単に**エンティティ**（entity）と呼び，特に個々の実体を指す場合は**エンティティインスタンス**（entity instance）と呼ぶ．また，関連集合を単に**リレーションシップ**（relationship）と呼ぶ．

IDEF1X における実体関連図では，エンティティを矩形，リレーションシップを矩形どうしを結ぶ辺で表す．エンティティは，**識別子独立**（identifier independent）**なエンティティ**（**独立エンティティ**）か，**識別子依存**（identifier dependent）**なエンティティ**（**依存エンティティ**）のいずれかに区分される．独立エンティティは，他のエンティティとのリレーションシップを考えることなく，個別にそのインスタンスを識別可能なエンティティであり，2.4 節における通常実体集合に相当する．独立エンティティは**図 2.9** の「企業」「国」のように角張った矩形で表現し，線で区切られた矩形内の上部に主キーを記載し，それ以外の属性（attribute）を下部に記載する．属性のうち，主キー以外のキーに対しては "AKn"（AK は alternative key の意味で n は整数）を属性名の後に付ける．一般に，他のエンティティの主キーを参照する属性を**外部**

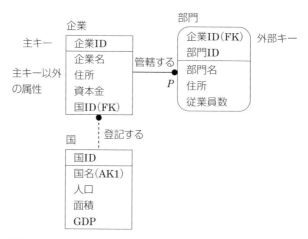

図 2.9 IDEF1X におけるエンティティとリレーションシップ

キー（foreign key）と呼ぶ．外部キーに対しては"FK"を属性名の後ろに付ける．一方，依存エンティティは弱実体集合に相当し，図2.9「部門」のように角が丸い矩形で表現する．通常，依存エンティティは他の**親エンティティ**に対する**子エンティティ**として識別リレーションシップ（後述）で接続され，依存エンティティの主キーは親エンティティの主キーあるいはそれを含む属性から構成される．

　IDEF1Xにおけるリレーションシップは，厳密には**接続リレーションシップ**（connection relationship）と呼ぶ．接続リレーションシップは，親子二つのエンティティどうしを接続するもので，親エンティティから子エンティティに辺を引き子エンティティ側の端点に黒丸を付したうえで，リレーションシップの意味を表すラベルを辺に付与する．IDEF1Xでは，このような次数2のリレーションシップのみを扱い，リレーションシップ固有の属性も考えない．また，親エンティティと子エンティティの対応関係は1対Nあるいは1対1であり，N対M対応は直接扱わない．

　リレーションシップは，**識別リレーションシップ**（identifying relationship）と**非識別リレーションシップ**（non-identifying relationship）に分かれる．識別リレーションシップは，依存エンティティを識別するのにどの親エンティティを用いるかを表すもので，子エンティティは必ず依存エンティティであり，通常，親エンティティはその依存エンティティの識別に用いる独立エンティティとなる．識別リレーションシップは，実線の辺で表現される．一方，識別リレーションシップ以外のリレーションシップは非識別リレーションシップであり，点線の辺で表現される．非識別リレーションシップは，さまざまなリレーションシップを表現するものであるため，その親エンティティ，子エンティティは，独立エンティティ，依存エンティティのいずれの場合もあり得る．

　リレーションシップにおける親子の対応関係を記載するため，**表2.1**のような記法が用いられる．なお，IDEF1XではN対M対応のリレーションシップは直接扱わないと記したが，モデル化の中間段階においては，N対M対応を表すリレーションシップ（non-specific relationship）の存在を許しており，両端に黒丸をもつ辺で表現する．しかし，最終的なモデル化の完了時点では，このようなリレーションシップはなくすものとしている．

表 **2.1**　IDEF1X におけるリレーションシップに関する記法

	リレーションシップの種類	親エンティティインスタンス	子エンティティインスタンス	親エンティティと関連しない子エンティティインスタンス
●——	識別リレーションシップ			否
●-----	非識別リレーションシップ	1 個	0 個以上任意	否
◇----●				可
——●Z	識別リレーションシップ			否
-----●Z	非識別リレーションシップ	1 個	0 または1 個	否
◇----●Z				可
——●P	識別リレーションシップ			否
-----●P	非識別リレーションシップ	1 個	1 個以上任意	否
◇----●P				可
——●n	識別リレーションシップ			否
-----●n	非識別リレーションシップ	1 個	n 個(n は整数)	否
◇----●n				可
——●n-m	識別リレーションシップ			否
-----●n-m	非識別リレーションシップ	1 個	n〜m 個(n, m は整数)	否
◇----●n-m				可
——●(n)	識別リレーションシップ			否
-----●(n)	非識別リレーションシップ	1 個	注記 n の通り	否
◇----●(n)				可

　IDEF1X においても，汎化階層は表現可能であり，**カテゴリ化リレーションシップ**（categorization relationship）と呼ぶ．カテゴリ化リレーションシップの記述例を**図2.10**に示す．カテゴリ化リレーションシップにおいては，下位

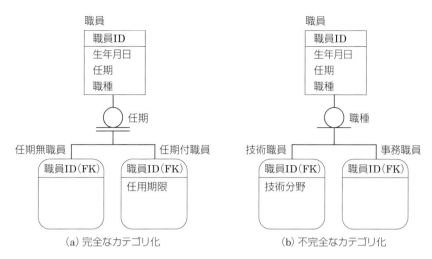

図 2.10 カテゴリ化リレーションシップ

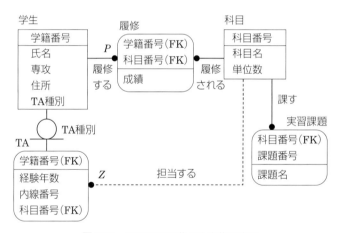

図 2.11 IDEF1X に基づく実体関連図

カテゴリを決めるための属性を明記する．図 2.10(a) では「任期」，(b) では
「職種」がそれに該当する．また，上位のエンティティが必ず下位カテゴリの
いずれか一つに分類される場合を**完全**（complete）**なカテゴリ化**，そうでない
場合は**不完全**（incomplete）**なカテゴリ化**と呼ぶ．図 2.8 とほぼ同じ内容を
IDEF1X で記述した例を**図 2.11** に示す．

2.5.2 UML

ソフトウェア設計のための **UML**（Unified Modeling Language）[OMG17] では各種の図式表現が用いられるが，その中の主に**クラス図**（class diagram）に準じた図式を用いて，実体関連図を記述する．図 2.8 を UML で記述した例を**図2.12** に示す．

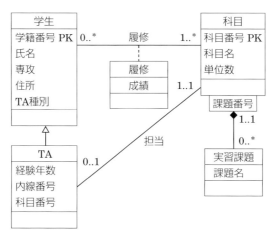

図 2.12 UML に基づく実体関連図

UML のクラス図は，オブジェクト指向設計における各種**クラス**（class）の性質やその関係を記述するのが主な目的である．クラスは，クラス名，属性，メソッドを有する．クラス図では，各クラスを矩形で表現し，その中を三つに区切って，それぞれクラス名，属性，メソッドを記述する．UML を実体関連図の記述に用いる場合は，各エンティティをクラスとしてクラス図を記述する．図 2.12 では四つのエンティティが記述されている．各矩形の最下部の部分はメソッドを記述する部分であるが，ここではメソッドの記述は割愛している．

UML では，クラスどうしの関連は**アソシエーション**（association）と呼ばれ，リレーションシップはアソシエーションとして記述される．2 次のリレーションシップは二つのエンティティ間を結ぶ辺で記述し，その名称をラベルとして記述する．また，2.4 節 (4) 項に述べた "(min, max)" の記法に準じて，"min..max" をリレーションシップを表す辺の両端に付すことで，対応関係と

参加制約を併せて表現する．ただし，辺上での配置位置は，2.4 節 (4) 項の
"(min, max)"の記法とは逆の位置になることに注意する必要がある．図 2.12
では，1 人の「学生」は一つ以上の「科目」を履修し（"*" は制約なしを表
す），一つの「科目」は 0 人以上の「学生」が履修していることが示されてい
る．なお，"1..1"，"0..*"を，単に"1"，"*"で簡約して記載することもあ
る．もし，リレーションシップ固有の属性がある場合は，図 2.12 の「履修」の
ように，リレーションシップに対応するクラスを表す矩形を用意し，その中に
属性を記述する．以前は，UML では 2 次のリレーションシップのみ記述可能
であったが，最新の UML では 3 次以上のリレーションシップも記述可能と
なっている．ここでは詳しい説明は省略する．

　UML では，クラス階層を表す記法を用いて，「学生」「TA」の間の汎化階層
を記述できる．複数のクラスへのカテゴリ分けも**図 2.13** に示すような記法で
記述することが可能である．UML のクラス図は本来クラスを記述するもので
あるため，弱実体集合やその識別上のオーナを直接記述する方法は提供されて
いない．そのため，**修飾付アソシエーション**（qualified association）と呼ぶ記
法を用いる方法が提案されている[ElmN16]．図 2.12 では，エンティティ「科目」
を「課題番号」で修飾することで，エンティティ「実習課題」を一意に識別可
能であることを示している．なお，「科目」と「実習課題」を結ぶ端点に菱形が
ついた辺は**コンポジション**（composition）を表し，「実習課題」が「科目」の
構成要素となっていることを示す．

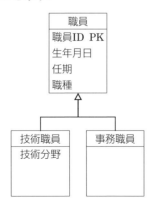

図 2.13　UML におけるクラス階層

2.5.3 情報処理技術者試験における概念データモデル

情報処理推進機構（IPA）が実施する情報処理技術者試験においては，**概念データモデル**の表記ルールとして，簡単な実体関連図に相当する図式を規定している．図 2.8 をその表記ルールにしたがって記述した例を**図 2.14** に示す．

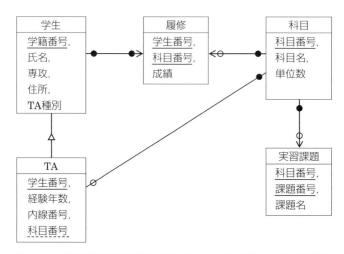

図 2.14 情報処理技術者試験の概念データモデルに基づく実体関連図

この図式では，実体集合を**エンティティタイプ**と呼び，矩形で表し，その内部に属性を記述する．主キーには実線の下線を，外部キーには破線の下線を付すが，もし主キーを構成する属性の一部が外部キーでもある場合は，破線の下線は省略する．この図式では，2 次の**リレーションシップ**のみを考え，二つのエンティティタイプを結ぶ辺で記述する．また，リレーションシップ固有の属性は考えない．リレーションシップが示す対応関係は辺の端点における矢印の有無で表す．すなわち，① 1 対 1 対応のリレーションシップを表す辺は両端点に矢印をつけない．② 1 対 N 対応のリレーションシップを表す辺は"N"側の端点にのみ矢印をつける．③ N 対 M 対応のリレーションシップを表す辺は両端点に矢印をつける．このように，N 対 M 対応のリレーションシップを直接記述可能であるが，リレーションシップ固有の属性を記述できないため，図 2.14 では，「履修」をリレーションシップではなく，エンティティタイプとして表現している．

　この図式では，対応関係に加えて，参加制約を記述する記法も提供している．エンティティタイプ A，B 間のリレーションシップにおいて，もし A の参加が全面的である場合は対応する辺の B 側に黒丸を，参加が部分的な場合は B 側に白抜きの丸を付す．図 2.14 の「科目」と「TA」を結ぶ辺は，「TA」には必ず対応する「科目」があるが，「科目」には「TA」がいない場合があり得ることを表している．エンティティタイプ間の汎化階層も図 2.14 の「TA」から「学生」への白矢印付の辺のように記述可能であり，複数のエンティティタイプへのカテゴリ分けも UML に類似した記法で記述することができる．

<h2 style="text-align:center">演 習 問 題</h2>

2.1　データモデルの三要素について説明せよ．

2.2　データモデルが果たす主な役割を述べよ．

2.3　リレーショナルデータモデルの概要を説明せよ．

2.4　ネットワークデータモデルの概要を説明せよ．

2.5　階層データモデルの概要を説明せよ．

2.6　データベース設計の大まかな流れを説明せよ．

2.7　下記のような情報を含むミニデータベースの概念モデルを 2.4 節の実体関連図で示せ．各実体集合の主キーも明示すること．

　実体集合に関する情報

　　①　商品（属性：商品番号，商品名，販売価格）

　　②　店舗（属性：店舗番号，店舗名，住所，メールアドレス）

　　③　問屋（属性：問屋番号，屋号，住所，メールアドレス）

　　④　顧客（属性：顧客番号，氏名，住所，メールアドレス）

　　⑤　注文（属性：注文番号，年月日）

　関連集合に関する情報

　　①　仕入れ（商品と問屋の間の関連．ただし，ある商品を仕入れる問屋は複数ある可能性があり，ある問屋は複数の商品を扱う．固有の属性として仕入れ価格をもつ）

　　②　販売商品（商品と店舗の間の関連．ただし，ある商品を販売する店舗は複数ある可能性があり，ある店舗は複数の商品を販売する）

③　注文内容（注文と商品の間の関連．ただし，ある注文には複数の商品が含まれる可能性があり，ある商品は複数の注文に含まれる可能性がある．固有の属性として個数をもつ）

④　注文受付（注文と注文を受け付けた店舗の間の関連．ただし，ある注文の受付は一つの店舗が行い，ある店舗は複数の注文を扱う）

⑤　注文顧客（注文と顧客の間の関連．ただし，ある注文の顧客は一人のみであり，ある顧客は複数の注文を行う可能性がある）

2.8　演習問題 2.7 の概念モデルを 2.4 節以外の実体関連図で示せ．

2.9　身のまわりの適当な対象を選択し，実体関連モデルによるモデル化を試みよ．

3章
リレーショナルデータモデル

　本章では，2章で概要を述べたリレーショナルデータモデル（関係データモ
デル）（relational data model）のデータ構造，整合性制約，データ操作系につ
いて詳述する．リレーショナルデータモデルは，今日に至るデータベースシス
テム研究の歴史のなかで最も大きなインパクトを与えたデータモデルであり，
1970 年の Codd によるその提案[Cod70] 以来，数多くの研究がリレーショナル
データモデルをもとに行われてきた．また，現在最も多くの商用 DBMS が支
援するデータモデルであり，そのデータベース言語 SQL（4 章参照）は 1987
年に国際標準規格と日本工業規格（現・日本産業規格）に制定されている．

3.1　リレーショナルデータモデルにおけるデータ構造

　2章においてリレーショナルデータモデルにおける基本的データ構造は，リ
レーション（関係）（relation）であることを述べた．リレーションの概念は，
数学的な n 項関係（n-ary relation）の概念に基づく．一般に，集合 $S_1, \cdots, S_n$
が与えられたとき，集合 $\{(X_1, \cdots, X_n) \mid X_1 \in S_1 \wedge \cdots \wedge X_n \in S_n\}$ を $S_1, \cdots, S_n$ の
直積集合と呼び，$S_1 \times \cdots \times S_n$ で表す．その部分集合を $S_1, \cdots, S_n$ 上の n 項関係
と呼ぶ．例えば，$S_1 = \{a, b\}$，$S_2 = \{c, d\}$ のとき，$S_1 \times S_2 = \{(a, c), (a, d), (b, c),$
$(b, d)\}$ であり，例えば $\{(a, c), (b, c)\}$ は S_1，S_2 上の二項関係である．

　リレーショナルデータモデルにおけるリレーションの構造は，**リレーション
スキーマ**（relation schema）$R(A_1, \cdots, A_n)$ によって記述される．ここで，R
は**リレーション名**（relation name）であり，$A_1, \cdots, A_n$ を**属性名**あるいは単に
属性（attribute）と呼ぶ．一つのリレーションスキーマの中では，属性名はそ
れぞれ異なっていなければならない．属性の個数 n をリレーションスキーマの
次数（degree）と呼ぶ．例えば，「科目（科目番号, 科目名, 単位数）」は 3 次の

リレーションスキーマである．各属性 A_i にはそのとり得る値の集合 D_i が付随し，各 D_i を**ドメイン**（**定義域**）（domain）と呼ぶ．例えば，科目番号としてとり得る値の集合，科目名としてとり得る名前の集合などがドメインである．

　リレーションスキーマ $R(A_1, \cdots, A_n)$ が与えられたとき，$D_1 \times \cdots \times D_n$ の有限部分集合 $r \subseteq D_1 \times \cdots \times D_n$ をリレーションスキーマ $R(A_1, \cdots, A_n)$ の**インスタンス**（instance）と呼ぶ．また，r の各要素を（次数 n の）**タプル**（**組**）（tuple）と呼ぶ．リレーション（relation）は，リレーションスキーマとそのインスタンスを包括したものである．ただし，以下では，特に混乱を生じるおそれのない場合には，リレーションのインスタンスをさして単にリレーションと呼ぶこともある．リレーションスキーマの次数に応じて，次数 1 のリレーションのことを単項リレーション（unary relation），次数 2 のリレーションのことを二項リレーション（binary relation），そして一般に次数 n のリレーションのことを n 項リレーション（n–ary relation）と呼ぶ．リレーションスキーマ「科目（科目番号，科目名，単位数）」を例とすると，$D_{\text{科目番号}} = \{001, 002, 003, \cdots\}$，$D_{\text{科目名}} = \{\text{データベース，システムプログラム}, \cdots\}$，$D_{\text{単位数}} = \{1, 2, 3\}$ のとき，$D_{\text{科目番号}} \times D_{\text{科目名}} \times D_{\text{単位数}} = \{(001, \text{データベース}, 1), (001, \text{データベース}, 2),$ $(001, \text{データベース}, 3), (001, \text{システムプログラム}, 1), \cdots\}$ の任意の有限部分集合がリレーションである．

　リレーションスキーマは，リレーションがもつある種の不変な構造と意味を抽出したものと考えることができる．一方，リレーションのインスタンスは，ある時点での具体的な対象実世界の状態をタプルの集合として表現したものととらえることができる．以下では，リレーションスキーマ $R(A_1, \cdots, A_n)$ をもつリレーションのことを，単にリレーション $R(A_1, \cdots, A_n)$ あるいはリレーション R と呼ぶ．

　図 3.1 は，各タプルを一つの行（row）とし，各ドメインからとる値（属性値）を順次並べることにより，リレーションを 2 次元の表として表現したものである．この場合，属性は表の各列（column）に対応する．上に定義したように，リレーションは集合であるので，全く同じ値をもつ重複したタプルは一つのリレーション中に存在してはならない．また，表形式での表現上は各タプルをなんらかの順番で記述することになるが，その順番はリレーションとしては

意味をもたない．さらにまた，リレーションスキーマにおいては各属性名は互いに異なるので，属性の並ぶ順序も実は本質的な意味はもっていないことに注意する必要がある．

科目

科目番号	科目名	単位数
001	データベース	2
002	システムプログラム	3
⋮	⋮	⋮

図3.1　リレーションの表形式の表現

　上述ではリレーションの定義を直積集合の概念に基づいて行ったが，リレーションを写像の集合として定義する考え方もある．この考え方では，リレーションスキーマ $R(A_1, \cdots, A_n)$（各属性のドメインを $D_1, \cdots, D_n$ とする）が与えられたとき，リレーションをタプル t_i の集合 $r = \{t_1 \cdots, t_m\}$ として定義する．ただし，各タプル t_i は以下のような写像で，かつ $t_i(A_k) \in D_k$（$1 \leq k \leq n, 1 \leq i \leq m$）という条件を満たすものとする．

$$t_i : \{A_1, \cdots, A_n\} \rightarrow D_1 \cup \cdots \cup D_n$$

この定義は，各タプル t_i を写像としてとらえたものであるが，リレーションの基本的な構造はいずれの定義に従った場合でも同じものである．例えば，図3.1のリレーション「科目」中の1行目のタプルを t_1 とすると，t_1 は t_1(科目番号)＝001，t_1(科目名)＝データベース，t_1(単位数)＝2 なる写像と考えることができる．

　これまで，ドメインは各属性のとり得る値の集合であると述べてきた．リレーショナルデータモデルでは，通常，これらのドメインとしてはモデリング上は分解不可能な単純値のみの集合を対象とする．このことを，**第一正規形**（first normal form，省略して 1NF とも記す）制約と呼ぶ．この制約を満たさないリレーションの例を**図3.2**に示す．このリレーションでは，属性「担当者」の値が担当者名の集合になっており，「実習課題」の値が属性「課題番号」「課題名」をもつリレーションとなっている．一般に，第一正規形制約を解除したリレーションを**非正規リレーション**（unnormalized relation, non-first-normal-form relation）と呼ぶが，特に，図 3.2 のように属性値としてリレーションが再帰的に出現することを許したものを**入れ子型リレーション**（nested relation）と呼ぶ[KitK89, Mak77, MiuA90]．リレーショナルデータモデルでは，図 3.2 のようなリレーションは対象としない．したがって，このようなデータは入れ子状になる部分を別のリレーションに分けるなどの方法で表現する．第一正規形制約により，リレーショナルデータモデルにおけるデータ構造はきわめて簡潔でわかりやすいものとなっている．また，このことは，この後述べる整合性制約やデータ操作系の単純化にも役立っている．

| 科目番号 | 科目名 | 単位数 | 担当者 | 実習課題 | |
			担当者名	課題番号	課題名
001	データベース	2	北山 山田	01 02 03	データモデリング データベース設計 SQL
002	システムプログラム	3	鈴木 佐藤	01 02	C プログラミング システムコール

図 3.2 第一正規形でないリレーション

あるリレーションを用いて実世界を表現しようとしたとき，タプルがもつべき具体的な属性値を与えられないという場合が時として発生する．例えばリレーション「履修」において，ある学生がある科目を履修しているがまだ成績は出ていないという状況が考えられる．この場合は，属性「成績」の具体的な値が今のところ存在しないというケースである．そのほか，何らかの属性値はあるはずだが具体的な値がわからない，属性値があるかどうかわからない，そもそもそのような属性値はもち得ないなど，各種のケースが考えられる．このような状況を表現するため，特殊な属性値である**空値**（NULL と記す）が用いられる．

すでに述べたように，リレーショナルデータベースはリレーションから構成される．**リレーショナルデータベーススキーマ**（relational database schema）は，リレーションスキーマと関連する整合性制約の集合として与えられる．一方，**リレーショナルデータベースインスタンス**（relational database instance) は，整合性制約を満足するような各リレーションスキーマのインスタンスの集まりである．ある時点での具体的なインスタンスは，データベースが表現する対象実世界がその時点においてどのような状態にあるかにより決定される．**図3.3** にリレーショナルデータベースの例を示す．

科目

科目番号	科目名	単位数
001	データベース	2
002	システムプログラム	3
⋮	⋮	⋮

学生

学籍番号	氏名	専攻	住所
00001	山田一郎	情報工学	東京都×××
00002	鈴木明	情報工学	茨城県△△△
00003	佐藤花子	知識工学	京都府○○○
⋮	⋮	⋮	⋮

履修

科目番号	学籍番号	成績
001	00001	90
001	00002	80
002	00001	90
002	00003	70
⋮	⋮	⋮

実習課題

科目番号	課題番号	課題名
001	01	データモデリング
001	02	データベース設計
001	03	SQL
002	01	C プログラミング
002	02	システムコール
⋮	⋮	⋮

図 3.3 リレーショナルデータベースの例

3.2 リレーショナルデータモデルにおける整合性制約

2章において，データモデルの役割の一つとして，データの整合性を表現するための仕組みを提供することがあることを述べた．前節で説明したリレーションの概念は，対象実世界を記述するうえでの基本的なデータ構造を定めたものであるが，そのデータが実世界の正しい表現となるために満たさなければならない条件については，何も規定していない．リレーショナルデータモデルにおける主な整合性制約としては以下のものがある．

（1）ドメイン制約

リレーション $R(A_1, \cdots, A_n)$ 中のタプルの各成分は，それぞれ $A_1, \cdots, A_n$ のド

メインの要素でなければならない．この基本的な制約を**ドメイン制約**（domain constraint）と呼ぶ．ドメインは各属性値が現実にとり得る値の集合であり，基本的には整数，文字列などのデータ型の規定を伴う．しかし，データ型を与えただけでは有効な値を指定するのに不十分な場合も多い．

例えば，リレーション「履修」の属性「成績」の値を 100 点満点で与えるとした場合には，その値は空値の場合を除いて 0 から 100 までの整数をとるべきであり，同じ整数値でもこの範囲外の値は実世界の正しい表現にならない．このような場合，「成績」のドメインとしては整数型でありかつその値の範囲は 0 から 100 までと指定されるべきである．

（2）キー制約

リレーションスキーマ $R(A_1, \cdots, A_n)$ が与えられたとき，そのいかなるインスタンスにおいても，二つ以上のタプルが（空値となる場合を除いては）同一の属性値をもつことがないような属性あるいは属性の集合を**超キー**（super-key）と呼ぶ．

例えば，一般には，リレーション「学生(学籍番号,氏名,専攻,住所)」においては，属性「学籍番号」の値が同じ複数個のタプルは存在し得ない．また，属性「学籍番号」と「氏名」のペアもこの性質をもつ．したがって，これらはいずれもリレーション「学生」の超キーであり，その属性値を指定することによりタプルを高々 1 個に特定することができる．ここで，これらのうち属性「学籍番号」と「氏名」のペアは，タプルを高々 1 個に特定するという目的からすると，明らかに「氏名」はむだであり，「学籍番号」のみで十分である．このような意味で極小な超キー（すなわち，そのいかなる真部分集合も超キーとならないもの）を，**キー**（key）あるいは**候補キー**（candidate key）と呼ぶ[†]．リレーション「学生」にもし属性「マイナンバー」があった場合には，当然「マイナンバー」もキーとなる．候補キーというのは，あるリレーションにおいてキーとなるものが一般には複数存在し得ることをより明確にした呼び方である．候補キーのうち，データ管理上最も適当であり，かつその属性値が空値に

[†] ある属性あるいは属性の集合がキー（候補キー）となるか否かは，そのリレーションにどのような範囲のデータを格納する可能性があるかという想定に依存して決まる．

なり得ないもの一つを選択して**主キー**（primary key）とする.

キー制約（key constraint）とは，リレーションスキーマに対して主キーとすべての候補キーが指定されたとき，そのいかなるインスタンスも主キーと候補キーに関する上記の条件を満たさなければならないという制約である. すなわち，（空値となる場合を除いて）候補キーの属性値が同じタプルが複数存在してはならず，また主キーについてはこの条件に加えて空値を属性値としてもってはならないという制約である. 主キー値は空値ではならないという制約を，**実体整合性制約**（entity integrity constraint）と呼ぶことがある.

（3）参照整合性制約

図 3.3 に示したリレーション「履修」において，属性「科目番号」はある科目を指し示す意味で用いられており，その科目番号をもつ科目がリレーション「科目」中に存在しないという状況は，データベースとしての整合性を欠くことになる. 同様のことは，リレーション「履修」の属性「学籍番号」や「実習課題」の「科目番号」についても当てはまる. このような二つのリレーション間で成り立つべき整合性を規定するため，外部キーという概念を導入する.

リレーションスキーマ $R_1(\cdots, FK, \cdots)$ と $R_2(PK, \cdots)$ が与えられ，PK は R_2 の主キーであり，FK のドメインと PK のドメインは一致するものとする（上記の主キーの議論から明らかなように，FK および PK は単一の属性ではなく複数の属性の集合でもよい）. このとき R_1 と R_2 のいかなるインスタンス r_1 および r_2 においても次が成り立つ場合，FK を**外部キー**（foreign key）であるという.

「r_1 中の任意のタプルがもつ FK の値は，それが空値である場合を除き，r_2 中に存在するあるタプルがもつ PK の値でなければならない.」

また，リレーションスキーマに対して外部キーが指定されたとき，そのいかなるインスタンスも外部キーに関する上述の条件を満たさなければならないという制約のことを，**参照整合性制約**（referential integrity constraint）と呼ぶ. 一般に，参照整合性制約は二つのリレーション間の整合性を規定するが，特殊な場合としてそれらが同一のリレーションである場合もある[†].

[†] 例えば「社員(社員番号，氏名，基本給与，住所，上司社員番号)」において，「上司社員番号」は「社員番号」を参照する外部キーとなる.

（4）従属性

リレーショナルデータモデルでは，上記のキー制約や参照整合性制約に加えて，実世界の各種整合性制約を記述するための手段として，**従属性**（dependency）の概念が用いられる．その最も基本的なものが**関数従属性**（functional dependency）である[Cod72a]．リレーションスキーマ $R(\cdots, X, \cdots, Y, \cdots)$（$X$ と Y は属性集合）が与えられたとき，その任意のインスタンス中の任意の2タプルに関して，もしその X の値が等しいならば Y の値も必ず等しいという制約が成り立つとき，関数従属性 $X \rightarrow Y$ が成立する．この関数従属性の概念を用いると，リレーションスキーマ $R(A_1, \cdots, A_n)$ において属性集合 SK が超キーであるとは，関数従属性 $SK \rightarrow \{A_1, \cdots, A_n\}$ が成立することであると言い換えることができる．なぜならば，SK の値を決めるとタプルのすべての属性値の値が決まることになるため，リレーションが集合であることより，タプルが一つに決まるからである．

関数従属性により，より一般的に属性間の関係を記述することができる．例えば，図 3.3 のリレーション「学生」に仮に属性「郵便番号」があるとすると，「住所」から「郵便番号」が決まるという関係は，関数従属性を用いて表現することができる．これらの従属性は，データ更新時の振舞いに優れたリレーショナルデータベースを設計するうえでの大切な情報として用いられる．従属性に関しては，7章においてリレーショナルデータベース設計論との関連でより詳しく議論する．

3.3　リレーショナル代数

リレーショナルデータモデルにおけるデータ操作を規定した体系として，リレーショナル代数とリレーショナル論理がある．これらは，リレーショナルデータベースにおけるデータ操作の理論的基盤を提供する．これらの体系は，リレーションを対象としたデータ操作結果が再びリレーションになるという意味で閉じている点が特徴である．本節では，リレーショナル代数について述べ，リレーショナル論理については6章で説明する．

3.3.1 基本的なリレーショナル代数演算子

リレーショナル代数（**関係代数**）（relational algebra）[Cod70, Ull88] では，リレーションに対するデータ操作を提供する代数演算子を順次適用することにより，目的とするリレーションを導出する．リレーショナル代数には各種の代数演算子があるが，基本的な代数演算子は以下の五つである．

（1）和（union）

3.1 節で述べたように，リレーションはタプルの集合である．和は二つのリレーション $R(A_1, \cdots, A_n)$ および $S(B_1, \cdots, B_n)$ の和集合をとる二項演算であり，その結果のリレーション $R \cup S$ は以下のように与えられる．

$$R \cup S = \{t \mid t \in R \vee t \in S\}$$

ただし，$R \cup S$ はリレーションとしての条件を満たさなければならないので，R と S の次数は同じでかつ対応する属性のドメインも同じでなければならない．このことを**和両立**（union compatibility）条件と呼ぶ．和演算の例を**図3.4** に示す．なお，和演算の結果のリレーションがもつ属性名は R と同一とする．

（2）差（difference）

差は，和集合の代わりに差集合をとる二項演算であり，その結果のリレー

R

A	B	C
a	b	c
d	a	e
a	d	c

S

A	B	C
b	f	a
d	a	e

$R \cup S$

A	B	C
a	b	c
d	a	e
a	d	c
b	f	a

$R - S$

A	B	C
a	b	c
a	d	c

図3.4 和演算と差演算

ション $R-S$ は以下のように与えられる.

$$R-S = \{t \mid t \in R \wedge \neg\, t \in S\}$$

　差演算の対象となる二つのリレーション R と S は，和両立条件を満たさなければならない．差演算の例を図3.4に示す．なお，差演算の結果のリレーションがもつ属性名は R と同一とする.

(3) 直積（Cartesian product）

　二つのリレーション $R(A_1, \cdots, A_n)$ および $S(B_1, \cdots, B_m)$ が与えられたとき，直積 $R \times S$ は以下のリレーションを導出する二項演算である.

$$R \times S = \{t * u \mid t \in R \wedge u \in S\}$$

　ただし，$t * u$ はタプル t と u を連結したタプルを表す．直積演算の例を**図3.5**に示す．直積演算の結果のリレーションがもつ属性名は，図3.5の例のように R と S がもつ属性名に同じものがなければ，それらをそのまま引き継ぐものとする．同じものがあるときには，結果のリレーションがもつ属性名で衝突するものは $R.A_i$ や $S.B_i$ として区別するものとする．この点については後で補足の説明を行う.

R

A	B	C
a	b	c
d	a	e
a	d	c

S

D	E	F
a	f	d
d	c	b

$R \times S$

A	B	C	D	E	F
a	b	c	a	f	d
a	b	c	d	c	b
d	a	e	a	f	d
d	a	e	d	c	b
a	d	c	a	f	d
a	d	c	d	c	b

図3.5　直積演算

（4）射影（projection）

射影は，リレーション $R(A_1, \cdots, A_n)$ がもつ属性のうち，指定した属性だけを残し他の属性を削除する単項演算である．$\{A_1', \cdots, A_m'\} \subseteq \{A_1, \cdots, A_n\}$ のとき，射影 $\pi_{A_1', \cdots, A_m'}(R)$ は以下のリレーションを導出する．

$$\pi_{A_1', \cdots, A_m'}(R) = \{t[A_1', \cdots, A_m'] \mid t \in R\}$$

ただし，$t[A_1', \cdots, A_m']$ は，タプル t から属性 $A_1', \cdots, A_m'$ の値だけを残して他の値を削除したタプルである．射影演算の例を**図 3.6** に示す．リレーションは集合であるので，全く同じ値をもつ重複したタプルは一つに統合されることに注意して欲しい．なお，射影演算の結果のリレーションがもつ属性名は，R における名前を引き継ぐものとする．

（5）選択（selection）

選択はリレーション $R(A_1, \cdots, A_n)$ がもつタプルのうち，指定した選択条件を満たすものだけを残し，他のタプルを削除する単項演算である．選択条件としては，通常，以下を考える．

① 属性 A_i の値と定数 c の比較演算子 θ（具体的には，$=$，$<$，$>$，$\leq$，$\geq$，$\neq$ などを通常は考える）による比較条件 $A_i \theta c$．ただし，属性 A_i のドメインにおいてこの条件の真偽が判定可能なものに限る．

② 属性 A_i と属性 A_j の値の比較演算子 θ（同上）による比較条件 $A_i \theta A_j$．ただし，属性 A_i と A_j のドメインに対して，この条件の真偽が判定できるものに限る．

③ 上記①②の条件を論理和（$\vee$），論理積（$\wedge$），否定（$\neg$）を用いて組み合わせたもの．

選択条件 F を用いた選択 $\sigma_F(R)$ は以下のリレーションを導出する演算である．

R

A	B	C
a	b	c
d	a	e
a	d	c

$\pi_{A, C}(R)$

A	C
a	c
d	e

$\sigma_{C=c}(R)$

A	B	C
a	b	c
a	d	c

図 3.6 射影演算と選択演算

$$\sigma_F(R) = \{t \mid t \in R \wedge P_F(t)\}$$

ただし，$P_F(t)$ はタプル t が選択条件 F を満足するとき真となる述語とする．選択演算の例を図 3.6 に示す．なお，選択演算の結果のリレーションがもつ属性名は R と同一とする．

3.3.2　その他のリレーショナル代数演算子

　上に述べた五つが基本的なリレーショナル代数演算子であり，原理的にはこれでリレーショナル代数は規定されたことになる．しかし，実際の問合せ記述などではこれらの基本的な演算子の一定の組合せパターンがしばしば出現し，それらの中にはリレーショナルデータベース操作を考えるうえで重要なものがある．そこで，そのようなパターンに対応した以下のような演算子を定義し，併せてリレーショナル代数演算子とする．

（1）結合（join）

　直積 $R \times S$ では，リレーション R のタプルと S のタプルのすべての組合せが結果のリレーション中に生成される．しかし，実際の利用の場ではある条件を満たすタプルの組合せだけを結果のリレーションに残したいという場合が多い．結合条件 F を R の属性 A_i と S の属性 B_j の比較演算子 θ（具体的には，$=$，$<$，$>$，$\leq$，$\geq$，$\neq$ などを通常は考える）による比較条件 $A_i \theta B_j$ とするとき，結合 $R \bowtie_F S$ は以下のリレーションを導出する二項演算である．

$$R \bowtie_F S = \{t * u \mid t \in R \wedge u \in S \wedge P_F(t, u)\}$$

　ただし，$t * u$ はタプル t と u を連結したタプルを表し，$P_F(t, u)$ は t と u が結合条件 F を満足するとき真となる述語とする．結合演算は以下のように，直積と選択の組合せとして表現できる．

$$R \bowtie_F S = \sigma_F(R \times S)$$

　結合条件における比較演算子 θ が $=$ の結合を**等結合**（equi-join），それ以外の結合を **θ 結合**（θ-join）と呼んで区別することがある．また，結合条件は選択演算子の選択条件と同様に，論理和，論理積，否定を用いた一般形へと拡張することができる．等結合演算と θ 結合演算の例を**図 3.7** に示す．

R　　　　S

A	B
1	3
2	5
3	4

C	D	E
4	5	3
4	4	6
5	5	7

$R\bowtie_{B=C}S$

A	B	C	D	E
2	5	5	5	7
3	4	4	5	3
3	4	4	4	6

$R\bowtie_{B<C}S$

A	B	C	D	E
1	3	4	5	3
1	3	4	4	6
1	3	5	5	7
3	4	5	5	7

図 3.7　結合演算

（2）自然結合（natural join）

通常の問合せでは，結合のうち等結合が最も多く発生する．しかし，図 3.7 の左下のリレーションにおける属性 B および C のように，等結合の結果には同じ属性値の重複が生じ，むだである．また，等結合の結合条件の判定に用いられる属性の名前（この例の属性 B と C に相当）が同じであるという状況がしばしば生じる．このような状況で用いられるのが，ここに述べる自然結合である．

　二つのリレーション $R(A_1, \cdots, A_n, B_1, \cdots, B_m)$，および $S(B_1, \cdots, B_m, C_1, \cdots, C_k)$（ただし，同じ名前の属性のドメインは同一であるとする）に対し，自然結合 $R\bowtie S$ は以下のように表される演算である．

$$R\bowtie S = \pi_{A_1, \cdots, A_n, B_1, \cdots, B_m, C_1, \cdots, C_k}(\sigma_{R.B_1=S.B_1 \wedge \cdots \wedge R.B_m=S.B_m}(R\times S))$$

自然結合演算の例を**図 3.8** に示す．リレーションスキーマにおける属性 $B_1, \cdots, B_m$ の位置や順序には本質的な意味はない．自然結合はリレーショナルデータベース操作において頻繁に用いられる重要な演算子の一つである．

R

A	B	C
a	b	c
b	c	d
c	d	e
d	e	f

S

B	C	D
b	c	f
d	e	a
d	e	c

R⋈S

A	B	C	D
a	b	c	f
c	d	e	a
c	d	e	c

図 3.8　自然結合演算

（3）共通部分（intersection）

　共通部分は，二つのリレーション R および S の集合としての交わりをとる二項演算で，その結果のリレーション $R \cap S$ は以下のように与えられる．

$$R \cap S = \{t \mid t \in R \land t \in S\}$$

　R と S は和両立条件を満たさなければならない．共通部分演算は以下のように差をもって表現することができる．

$$R \cap S = R - (R - S)$$

（4）商（division, quotient）

　図 3.9 に示すように，ある部門で進行中のプロジェクトを登録した「プロジェクト」と，各プロジェクトのメンバの情報を格納した「プロジェクトメンバ」という二つのリレーションがあると仮定する．このとき，「登録されているすべてのプロジェクトのメンバとなっている人の従業員番号を求めよ」という問合せは，商演算「プロジェクトメンバ÷プロジェクト」として表現できる．

　一般には，二つのリレーション $R(A_1, \cdots, A_n)$ および $S(A_m, \cdots, A_n)$（ただし，$1 < m \leq n$ で同じ名前の属性のドメインは同一であるとする）に対し，商 $R \div S$ は以下のように定義される．

$$R \div S = \pi_{A_1, \cdots, A_{m-1}}(R) - \pi_{A_1, \cdots, A_{m-1}}((\pi_{A_1, \cdots, A_{m-1}}(R) \times S) - R)$$

この演算が商と呼ばれる理由は,二つのリレーションRとSに対して$(R \times S)$ $\div S = R$ が成立するからである.ただし,$(R \div S) \times S = R$ は一般には成立しない.

直積演算に関して,演算結果のリレーションの属性名が衝突する可能性があることを述べた.同様のことは結合演算についても当てはまる.また,自然結合および商演算では属性名の一致不一致が重要である.このようなことから,David Maier は上記の代数演算子に加えて**改名**演算子 δ を用いて,リレーション R の属性 A の名前を B に変更する操作を $\delta_{A \leftarrow B}(R)$ と記している[Mai83].本書でも必要な場合にはこの記法を用いるものとする.

プロジェクトメンバ

プロジェクト番号	従業員番号
p1	1
p1	2
p1	3
p2	2
p2	3
p3	2
p3	3

プロジェクト

プロジェクト番号
p1
p2
p3

プロジェクトメンバ
÷プロジェクト

従業員番号
2
3

R

A	B	C	D
a	b	c	d
a	b	e	f
b	c	e	f
d	e	c	d
d	e	c	f
d	e	e	f

S

C	D
c	d
e	f

$R \div S$

A	B
a	b
d	e

図 3.9 商演算

3.3.3 リレーショナル代数式
上に述べたリレーショナル代数演算子から構成される**リレーショナル代数式**

（relational algebra expression）を用いることで，各種の問合せを表現することができる．リレーショナル代数式は以下のルールで構成される．

① リレーション名はリレーショナル代数式である．

② リレーション定数はリレーショナル代数式である．

③ リレーショナル代数式をオペランドとしたリレーショナル代数演算子の適用はリレーショナル代数式である．

ここで，リレーション定数とはデータベース中に存在するリレーションではなく，問合せ記述の目的だけに用いるリレーションを値とする定数のことである[†]．図3.3のリレーショナルデータベースを対象としたリレーショナル代数式による問合せ記述の例を以下に示す．

例

Q1 科目番号005の科目の履修者の学籍番号と成績の一覧（**図3.10**）

$$\pi_{\text{学籍番号,成績}}(\sigma_{\text{科目番号}='005'}(\text{履修}))$$

履修

科目番号	学籍番号	成績
001	00001	90
001	00002	80
002	00001	90
002	00003	70
⋮	⋮	⋮

$\sigma_{\text{科目番号}='005'}$

科目番号	学籍番号	成績
005	00001	80
005	00002	70
⋮	⋮	⋮

$\pi_{\text{学籍番号,成績}}$

学籍番号	成績
00001	80
00002	70
⋮	⋮

図3.10 問合せQ1

[†] 具体的には，$\{(001, 00005, 80)\}$，$\{(003, 00100, 75)\}$ など，リレーションとみなすことのできるタプルの集合のことを指す．以下に示す例を含めて，あまり多く用いられることはない．

Q2 学籍番号 00100 の学生が履修した科目の科目番号，科目名，成績の一覧（**図 3.11**）

$$\pi_{\text{科目番号, 科目名, 成績}}(\text{科目} \bowtie (\sigma_{\text{学籍番号} = \text{'00100'}}(\text{履修})))$$

科目

科目番号	科目名	単位数
001	データベース	2
002	システムプログラム	3
⋮	⋮	⋮

科目番号	科目名	単位数	学籍番号	成績
001	データベース	2	00100	80
002	システムプログラム	3	00100	70
⋮	⋮	⋮	⋮	⋮

履修

科目番号	学籍番号	成績
001	00001	90
001	00002	80
002	00001	90
002	00003	70
⋮	⋮	⋮

科目番号	学籍番号	成績
001	00100	80
002	00100	70
⋮	⋮	⋮

$\sigma_{\text{学籍番号='00100'}}$

$\pi_{\text{科目番号, 科目名, 成績}}$

科目番号	科目名	成績
001	データベース	80
002	システムプログラム	70
⋮	⋮	⋮

図 3.11 問合せ Q2

Q3 情報工学専攻のいずれかの学生が履修した科目の科目番号と科目名の一覧（**図 3.12**）

$$\pi_{科目番号,科目名}(科目 \bowtie 履修 \bowtie (\sigma_{専攻 = '情報工学'}(学生)))$$

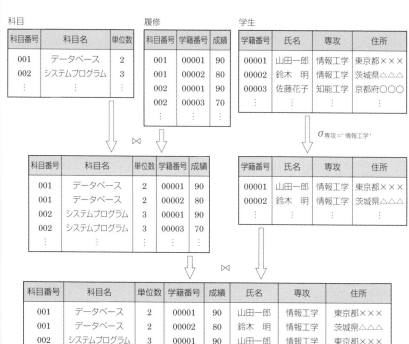

図 3.12 問合せ Q3

Q4 科目番号 005 の科目に関して学籍番号 00100 の学生よりも成績の良かった学生の学籍番号の一覧（**図 3.13**）

$$\pi_{\text{学籍番号}}((\sigma_{\text{科目番号} = '005'}(\text{履修}))\bowtie_{\text{成績} > \text{成績} 00100}$$
$$(\delta_{\text{成績} \leftarrow \text{成績} 00100}(\pi_{\text{成績}}(\sigma_{\text{科目番号} = '005' \wedge \text{学籍番号} = '00100'}(\text{履修})))))$$

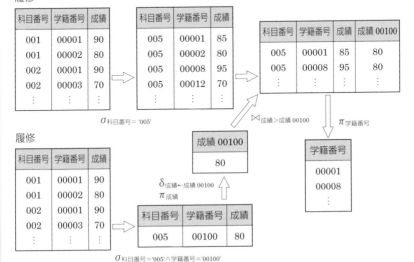

図 3.13 問合せ Q4

Q5　実習課題のない科目の科目番号と科目名の一覧（**図 3.14**）

$$\pi_{\text{科目番号, 科目名}}(\text{科目}) - (\pi_{\text{科目番号, 科目名}}(\text{科目} \bowtie \text{実習課題}))$$

科目

科目番号	科目名	単位数
001	データベース	2
002	システムプログラム	3
003	情報理論	2
⋮	⋮	⋮

実習課題

科目番号	課題番号	課題名
001	01	データモデリング
001	02	データベース設計
001	03	SQL
002	01	C プログラミング
002	02	システムコール
⋮	⋮	⋮

$\pi_{\text{科目番号, 科目名}}$

$\bowtie$

科目番号	科目名
001	データベース
002	システムプログラム
003	情報理論
⋮	⋮

科目番号	科目名	単位数	課題番号	課題名
001	データベース	2	01	データモデリング
001	データベース	2	02	データベース設計
001	データベース	2	03	SQL
002	システムプログラム	3	01	C プログラミング
002	システムプログラム	3	02	システムコール
⋮	⋮	⋮	⋮	⋮

$\pi_{\text{科目番号, 科目名}}$

科目番号	科目名
001	データベース
002	システムプログラム
⋮	⋮

$-$

科目番号	科目名
003	情報理論
⋮	⋮

図 3.14　問合せ Q5

演 習 問 題

3.1 リレーションスキーマとリレーションの定義を述べよ.

3.2 第一正規形制約について説明せよ.

3.3 超キー，候補キー，主キーがすべて同一であるようなリレーションは存在するか.もし存在するならば例を示せ.

3.4 次のリレーションスキーマをもつ五つのリレーションからなるデータベースにおいて成立すべき参照整合性制約をあげよ.ただし，各リレーションの主キーの属性は下線を付したものである.

部門（<u>部門番号</u>，部門名）

従業員（<u>従業員番号</u>，部門番号，氏名，住所，職級）

部品（<u>部品番号</u>，部品名）

業者（<u>業者番号</u>，業者名，住所，電話番号）

供給（<u>部門番号</u>，<u>部品番号</u>，<u>業者番号</u>，単価，数量）

3.5 演習問題 3.4 のリレーショナルデータベースに対する以下の問合せを，リレーショナル代数式で記せ.

① 部門番号 1 の部門に所属する従業員の氏名と住所の一覧

② 山田一郎という氏名の従業員が所属する部門の部門名

③ 職級が 2 以下の従業員が所属する部門の部門番号と部門名の一覧

④ 業者番号 3 の業者が部門 7 に部品 5 を供給する単価よりも安い単価で，部品 5 をいずれかの部門に供給している業者の業者番号の一覧

⑤ 登録されているすべての部品の供給を受けている部門の部門番号の一覧

⑥ 全従業員の職級が 3 以上の部門の部門番号と部門名の一覧（ただし，所属する従業員がいない部門はないものとする）

4 章
リレーショナルデータベース言語 SQL

4.1 背　　景

　1970 年の Codd のリレーショナルデータモデルの提案[Cod70]を受けて，1970 年代にいくつかの組織で本格的なリレーショナル DBMS の研究開発が行われた．その中でも，IBM サンノゼ研究所の System R[Ast*76, Cha*81]とカリフォルニア大学バークレー校の INGRES[Sto*76, Sto86]の研究開発はリレーショナルデータベースシステムの研究に大きなインパクトを与えた．それらの研究開発を受けて，1980 年代からは，リレーショナル DBMS の製品化と実用化が始まっていく．

　3 章で述べたように，リレーショナルデータモデルでのデータ操作を規定した体系としては，リレーショナル代数がある．これは，リレーショナルデータベースにおけるデータ操作の基盤を提供するものである．しかし，実用的な DBMS におけるデータベース言語としてリレーショナル代数を直接用いることにはいくつかの問題がある．現実の DBMS 利用においては，問合せ以外に，データの更新，スキーマの定義，アクセス権の制御などの各種の処理が要求されるが，リレーショナル代数はそのような処理まで含めた包括的な体系とはなっていない．また，問合せ処理においても，問合せ結果に対する各種の集計計算処理やソーティングなどの機能がしばしば必要となる．さらには，形式的体系であるリレーショナル代数を直接一般ユーザが用いるうえでの使い勝手の問題も考えられる．リレーショナル DBMS におけるデータベース言語はこのような要求に対応するものである．

　今日，数多くのリレーショナル DBMS が製品化されているが，リレーショナルデータベースに対するデータベース言語の国際的な標準として規定されているのが SQL である．SQL は，System R の研究開発のなかで生まれた言語である．当初は SEQUEL（Structured English Query Language）[ChaB74]と呼

ばれたが，その後 SQL と名称変更され，それをもとに ISO（International Organization for Standardization）において標準リレーショナルデータベース言語 SQL の規格制定が行われている．

　DBMS は工業製品であり，特に各種アプリケーションユーザやプログラムとの直接のインタフェースとなるデータベース言語の標準化の意義はきわめて大きい．具体的なメリットとしては以下のような点がある．

① ユーザは一つのデータベース言語を学ぶことで，各種 DBMS を利用できる．

② 異なる DBMS 間のアプリケーションプログラムの移植や連携が容易になる．

③ 標準データベース言語を用いた汎用性のあるツールやユーティリティを開発したり利用したりすることが容易になる．

④ 異なるユーザ間での DBMS 利用技術のノウハウの共有が促進される．

　SQL に対する最初の標準規格の制定は，1986 年，ANSI（American National Standards Institute）により行われた．その後，ISO でも 1987 年に SQL 規格の第 1 版が制定され，日本でも同年に日本工業規格（Japanese Industrial Standards, JIS．現・日本産業規格）として制定された．また，整合性制約などの機能拡張した改訂版が，1989 年に ISO および ANSI で，1990 年に JIS でそれぞれ規格化された．さらに，SQL2 という名称のもとに検討が積み重ねられてきた大幅な機能拡張や見直しを伴った新しい SQL が，1992 年に ISO および ANSI で規格化され[ISO92, ANS92]，1995 年には JIS 規格化[JIS95]も行われている．この規格は，しばしば SQL-92 と呼ばれる．SQL 規格の改訂作業はその後も継続的に進められ，SQL：1999（SQL3）[Gal94, MatD94]，SQL：2003[EisM04, TsuK04]，SQL：2008，SQL：2011[Zem12]，SQL：2016[Mic*18]や関連するいくつかの規格が策定されている．以下では，SQL によるデータ定義およびデータ操作の基本的記述例を用いてその概要を紹介し，5 章ではより高度な SQL の機能について説明する．SQL の構文規則や各種規定内容の詳細については，参考文献［DatD97, MelS02, Yam*04］を参照してもらいたい．また，本章および次章に述べる SQL の機能のどこまでが実装され利用可能かは，DBMS の種類やバージョンに依存するので，注意が必要である．

4.2 基本概念

　SQL は，リレーショナルデータベースに対する標準データベース言語であるが，その対象とするデータの構造には，リレーショナルデータモデルで規定されたデータ構造と以下の点で違いがある．

A）重複したタプルの存在

　　リレーショナルデータモデルではリレーションはタプルの集合として規定され，全く同じ属性値の並びからなる重複したタプルの存在は許されなかった．しかし，現実のデータ操作においては，重複した値が自動的に除去されては都合が悪いという場合がある．例えば，ある属性値について平均値を計算したい場合，その属性のみを残すような射影演算の結果の中で重複した値が除去されてしまうと正しい平均値を計算することはできない．このような理由から，SQL では必要に応じて重複したタプルの存在を許すことができる．一般に，重複した要素の存在を許すような集まりを**マルチ集合**と呼ぶ．したがって，SQL は集合ではなくマルチ集合を基礎とした体系である．

B）属性やタプルの順序づけ

　　リレーショナルデータモデルにおけるリレーションスキーマにおいては，属性の並ぶ順序には本質的に意味がないとこれまでに述べてきた．SQL では，属性および属性値は明示的に順序づけられたものとして扱う．また，問合せ結果をアプリケーションに渡す時点においてはタプルどうしが並ぶ順序を明示的に指定することができる．

　以上のような相違点があることから，SQL においては，リレーションという用語は用いず，**表**（table）という用語を用いる．また，タプルおよび属性のことを，それぞれ**行**（row）および**列**（column）と呼ぶ．

　1 章において，データベース言語の利用形態としては，大きく分けて直接ユーザに用いられる場合と，プログラミング言語記述と組み合わせて用いられるホスト言語方式があることを述べた．SQL では，前者は**直接起動**（direct invocation）と呼ばれる．また，ホスト言語方式の利用形態としては，**API**，**埋込み SQL**，**モジュール言語**などの各種方式がある．また，実行すべき SQL

文をあらかじめ与えておくのではなく，プログラム実行時に動的に構成する，**動的 SQL**（dynamic SQL）と呼ばれる機構を用いることもできる．本章の以下では，主に直接起動を想定して SQL 記述の例を示し，ホスト言語方式に関しては，主に API を用いる方式について 5 章で紹介する．

4.3 データ定義

SQL では，データの実体を伴う表を**実表**（base table）と呼ぶ．実表以外の表としては，ビューを表現する表（ビュー表（viewed table））や問合せ結果として一時的にできる表（導出表（derived table））がある．本節では，実表の定義の例を示す．図 3.3 で示したリレーション「科目」に対応する実表の SQL による定義の例は以下のようになる．

```
CREATE TABLE 科目
    (科目番号 CHAR(3) NOT NULL,
    科目名   NCHAR(16) NOT NULL,
    単位数   INTEGER,
    PRIMARY KEY(科目番号),
    CHECK(単位数 BETWEEN 1 AND 12))
```

実表の定義では，各列の列名とそのデータ型を指定する．SQL が提供する主なデータ型としては，文字列，数，ビット列，日時，時間隔などがある．ここでは，文字長 3 の固定長文字列型 CHAR(3)，文字長 16 の固定長漢字文字列型 NCHAR(16)†，整数型 INTEGER を用いている．文字列としては必要ならば可変長文字列を用いることもできる．また，数は真数値（exact numeric value）と概数値（approximate numeric value）に分類される．真数値を表すデータ型の例としては INTEGER，SMALLINT，DECIMAL がある．概数値を表すデータ型の例としては REAL や FLOAT がある．

実表の定義においては，各種の整合性制約を記述することができる．上記の例では「NOT NULL」という指定が二つの列に対してあるが，指定された列の

---

† システムによっては，CHAR 型でも全角文字列を扱うことができる．

値は空値（NULL）をとることができない.「PRIMARY KEY（科目番号）」は,
「科目」表の主キーが「科目番号」であることを示したキー制約の記述である.
主キー以外に候補キーを指定することもできる. また,「CHECK（単位数
BETWEEN 1 AND 12)」は「単位数」の値が1から12までの範囲になければ
ならないという整合性制約を記述したものである. これは, 3.2節のドメイン
制約に相当するものである. SQLでは, 以下のようなCREATE DOMAIN文
で定義された対象を**定義域**（domain）と呼ぶ.

```
CREATE DOMAIN 単位数 INTEGER
    CHECK(VALUE BETWEEN 1 AND 12)
```

このように定義された定義域を, 上記の実表定義の際のデータ型に代わって
用いることも可能であり, その場合はCHECKで記述された整合性制約が適用
される.

図3.3のリレーション「履修」に対応する実表の定義の例は以下のようにな
る.

```
CREATE TABLE 履修
    (科目番号 CHAR(3) NOT NULL,
    学籍番号 CHAR(5) NOT NULL,
    成績     INTEGER,
    PRIMARY KEY(科目番号,学籍番号),
    FOREIGN KEY(科目番号)
        REFERENCES 科目(科目番号),
    FOREIGN KEY(学籍番号)
        REFERENCES 学生(学籍番号),
    CHECK(成績 BETWEEN 0 AND 100))
```

「履修」においては, 主キーは「科目番号」と「学籍番号」のペアとして指定
される. また, FOREIGN KEYで記述されているのは外部キーの指定であり,
3.2節で述べた参照整合性制約の記述に相当する.

4.4　問　合　せ

4.4.1　問合せの基本形

SQL における最も典型的な問合せ記述は，次の形式によるものである．

```
SELECT  T_{i_1}.C_1,…,T_{i_m}.C_m
FROM    T_1,…,T_n
WHERE   ψ
```

ただし，$T_1,…,T_n$ は表名であり，$C_1,…,C_m$ はそれぞれ $T_1,…,T_n$ 中の表 $T_{i_1},…,$ T_{i_m} の列名である．また，$ψ$ は条件式である．表とリレーションの違いを無視してこの問合せの直観的意味をリレーショナル代数式で表すと，$π_{T_{i_1}.C_1,…,T_{i_m}.C_m}$ $(σ_{ψ'}(T_1×…×T_n))$ となる．ただし，$ψ'$ は $ψ$ に対応する選択条件とする．

上記のことからわかるように，SQL の記述は上記のような順番になっているが，実際の SQL 問合せを理解するうえでは，次のような順番で処理が進むと考えるとわかりやすい．

① 　FROM 句に基づく表の作成

② 　WHERE 句の条件に基づく行の選択

③ 　条件を満たした行に対して SELECT で指定された値を導出

図 3.3 のリレーションに対応する実表が定義されているものとし，このデータベースを対象として，以下に SQL による具体的な問合せ記述例を示す．以下では議論を簡単にするため，空値はないものと仮定する．まず，3.3 節においてリレーショナル代数式で記述した問合せのうち，Q1〜Q4 は以下のように記述できる（Q5 については，本章では Q12 として後で SQL による記述を示す）．

例

Q1　科目番号 005 の科目の履修者の学籍番号と成績の一覧

```
SELECT  履修.学籍番号,履修.成績
FROM    履修
WHERE   履修.科目番号='005'              ■
```

図 **4.1** に Q1 の SQL 文の各要素の意味を図示する．「履修.学籍番号」は，

「履修」表の「学籍番号」列のことを表す．しかし，Q1 では FROM 句に指定
された表は一つであり，列名「学籍番号」や「成績」で参照される列を他の表
の同一名の列と取り違える心配はない．このような場合には，表名を省略して
Q1 を以下のように書くこともできる．

```
SELECT  学籍番号，成績
FROM    履修
WHERE   科目番号='005'
```

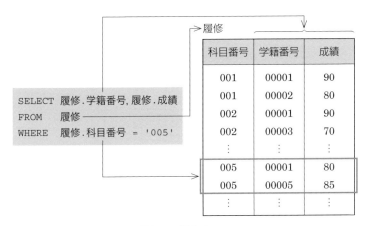

図 4.1　問合せ Q1

Q2 は，複数の表を参照する問合せの例である．

例

Q2　学籍番号 00100 の学生が履修した科目の科目番号，科目名，成績の
　　　一覧

```
SELECT  科目.科目番号,科目名,成績
FROM    科目，履修
WHERE   科目.科目番号=履修.科目番号 AND 学籍番号='00100'
```
　　　　　　　　　　　　　　　　　　　　　　　　　　　　■

　上に述べたように，この SQL 問合せは概念的にはまず「科目」と「履修」
に対する直積演算を行い，その後 WHERE 句で指定した選択演算を行った後，

最後に SELECT の後ろに指定された列だけを取り出す射影演算を行う問合せを意味することになる（**図4.2**）．したがって，「科目」と「履修」の両者が共通にもつ列名である「科目番号」については，そのどちらを意味するかがあいまいとなるため，列名の前の表名を省略することができない．しかし，それ以外の列については表名を省略可能である．

```
SELECT …
FROM 科目, 履修
WHERE …
```

科目. 科目番号	科目.科目名	科目. 単位数	履修. 科目番号	履修. 学籍番号	履修. 成績
001	データベース	2	001	00001	90
001	データベース	2	001	00002	80
001	データベース	2	002	00001	90
001	データベース	2	002	00003	70
⋮	⋮	⋮	⋮	⋮	⋮

科目

科目番号	科目名	単位数
001	データベース	2
002	システムプログラム	3
⋮	⋮	⋮

履修

科目番号	学籍番号	成績
001	00001	90
001	00002	80
002	00001	90
002	00003	70
⋮	⋮	⋮

図4.2 複数の表を対象とする問合せ

例

Q3 情報工学専攻のいずれかの学生が履修した科目の科目番号と科目名の一覧

```
SELECT  科目.科目番号, 科目名
FROM    科目, 履修, 学生
WHERE   科目.科目番号=履修.科目番号
        AND 履修.学籍番号=学生.学籍番号 AND 専攻=N'情報工学'
```
■

「N'情報工学'」は NCHAR 型の定数を表す記法である．さらに，Q3 におい
て科目番号順（昇順）にソートして問合せ結果を出力することとすると以下の
ようになる．

```
SELECT  科目.科目番号,科目名
FROM    科目,履修,学生
WHERE   科目.科目番号=履修.科目番号
        AND 履修.学籍番号=学生.学籍番号 AND 専攻=N'情報工学'
ORDER BY 科目番号 ASC
```

昇順にソートする場合は，ASC を省略して「ORDER BY 科目番号」とする
ことが可能である．もし降順でソートする場合は，「ORDER BY 科目番号
DESC」と記述する．なお，ソートのキーとなる列を列名ではなく何番目の列
かで指定することもできる．上記の例は，「ORDER BY 1 ASC」と記述するこ
とが可能である．

問合せの中には，同一表を複数回参照する必要があるものもある．Q4 はそ
の一例である．

例

Q4 科目番号 005 の科目に関して学籍番号 00100 の学生よりも成績の良
かった学生の学籍番号の一覧

```
SELECT  x.学籍番号
FROM    履修 AS x, 履修 AS y
WHERE   x.科目番号='005' AND y.学籍番号='00100'
        AND y.科目番号='005' AND x.成績>y.成績       ■
```

Q4 では，「履修」を二重の意味で参照する（**図 4.3**）．すなわち，リレーショ
ナル代数式では「履修」どうしの結合演算が必要であることに対応する．この
ような場合，上の x や y といった別名を「履修」に与えることにより区別して
「履修」を参照することができる．x や y は**相関名**（correlation name）と呼ば
れる．なお，「AS」を省略して，「履修 x，履修 y」のように記述することも
可能である．なお，Q4 では「履修」を 2 回参照するため，相関名の利用が必
須であったが，相関名はそのような場合に限らず，問合せ中で表に別名を用い

て参照する場合は広く一般的に用いることができる.

```
SELECT …
FROM 履修 AS x, 履修 AS y
WHERE …
```

x.科目番号	x.学籍番号	x.成績	y.科目番号	y.学籍番号	y.成績
001	00001	90	001	00001	90
001	00001	90	001	00002	80
001	00001	90	002	00001	90
001	00001	90	002	00003	70
⋮	⋮	⋮	⋮	⋮	⋮

履修：x

科目番号	学籍番号	成績
001	00001	90
001	00002	80
002	00001	90
002	00003	70
⋮	⋮	⋮

履修：y

科目番号	学籍番号	成績
001	00001	90
001	00002	80
002	00001	90
002	00003	70
⋮	⋮	⋮

図 4.3 同一表の複数回参照

以上, 3.3 節の Q1〜Q4 の SQL 記述を示したが, 次の Q5 のように特に問合せ条件を指定する必要がない場合には, WHERE 句を省略することができる.

例

Q5 全科目の科目名と単位数の一覧

```
SELECT 科目名,単位数
FROM   科目
```
∎

科目の中には, 科目番号は異なるが同じ科目名で同じ単位数をもつものが複数存在する可能性がある. この場合, 4.2 節で述べたように SQL が扱うのはマルチ集合であるので, 上記の問合せ結果の中には同じ値をもつ重複した行が含まれる可能性がある. もし, そのような重複を除去したい場合には, 以下のように DISTINCT という指定を行う.

```
SELECT DISTINCT 科目名,単位数
FROM   科目
```

FROM 句で指定した表のすべての列を問合せ結果に含めたい場合には，SELECT の後ろにすべての列名をリストする代わりに次のように「*」を用いることができる．

例

Q6 単位数が 3 単位以上の科目の科目番号，科目名，単位数の一覧

```
SELECT *
FROM   科目
WHERE  単位数>=3
```
■

4.4.2 集合関数

SQL には，データに対する集計計算を行うための関数として，COUNT（行数のカウント），SUM（合計），AVG（平均値），MAX（最大値），MIN（最小値）がある．これらは**集合関数**（set function）と呼ばれる．次の Q7 は AVG を用いた問合せの例である．

例

Q7 科目番号 005 の科目の平均点

```
SELECT AVG(成績)
FROM   履修
WHERE  科目番号='005'
```
■

集合関数を用いる際，集約計算の対象とする列名の前に DISTINCT をつけることもできる．この場合，集計計算を行う前に同じ値の重複が除去される．例えば，Q7 を以下のようにした場合，同一の点数は 1 回しかカウントされないので，本来の正しい平均値にはならない．

```
SELECT AVG(DISTINCT 成績)
FROM   履修
WHERE  科目番号='005'
```

COUNT は，しばしば COUNT(*) の形で利用され，行数をカウントする（Q10 参照）．以下のように，COUNT 内で DISTINCT を用いた場合は，対象の列の異なる値の数をカウントする．

```
SELECT COUNT(DISTINCT 成績)
FROM    履修
WHERE   科目番号='005'
```

この例では，005 の科目の成績の値の種類の数が計算される．

4.4.3　グループ表

Q7 では，科目番号 005 の科目の平均点を求めたが，以下のようにして全科目について平均点を出した一覧を求めることができる．

例

Q8　全科目について科目番号と平均点の一覧
```
SELECT  科目番号,AVG(成績)
FROM     履修
GROUP BY 科目番号
```
　■

GROUP BY 句「GROUP BY 科目番号」の指定により，**図 4.4** に示すように同じ科目番号の値をもつ行が一つのグループにまとめられた**グループ表**（grouped table）が一時的に作成される．グループ表においては SELECT の後ろにリストすることができるのは，各グループに対して一意的にその値が決ま

科目番号	学籍番号	成績
001	00001	90
001	00002	80
002	00001	90
002	00003	70
⋮	⋮	⋮

図 4.4　グループ表

るような項目のみである.

Q8 において，成績の平均点を求めた列に「平均点」という新たな列名を付与したい場合は，以下のように記述する.

```
SELECT  科目番号, AVG(成績) AS 平均点
FROM    履修
GROUP BY  科目番号
```

また，平均点順（昇順）でソートしたい場合は，以下のように記述すればよい.

```
SELECT  科目番号, AVG(成績) AS 平均点
FROM    履修
GROUP BY  科目番号
ORDER BY  平均点 ASC
```

上の例のように，「平均点」という列名を付与した場合は，「ORDER BY 平均点 ASC」と記述できるが，列名を付与しない場合は，以下のような記述を行えばよい.

```
SELECT  科目番号, AVG(成績)
FROM    履修
GROUP BY  科目番号
ORDER BY 2 ASC
```

GROUP BY 句は，次の Q9 のように WHERE 句と組み合わせて用いることもできる.

例

Q9 情報工学専攻の学生が履修した科目の科目番号と情報工学専攻の学生に関する平均点の一覧

```
SELECT  履修.科目番号, AVG(成績)
FROM    履修, 学生
WHERE   履修.学籍番号=学生.学籍番号 AND 専攻=N'情報工学'
GROUP BY  履修.科目番号
```
■

WHERE 句が行の選択を行うのに対し, HAVING 句は次のようにグループ表の中からグループの選択を行うために用いる.

例

Q10 履修者が 30 名以上の科目の科目番号, 履修者数, 平均点の一覧

```
SELECT 科目番号,COUNT(*),AVG(成績)
FROM   履修
GROUP BY 科目番号
HAVING COUNT(*)>=30
```
■

4.4.1項の最初に, SQL問合せを理解するうえで有用な処理順序を示したが, GROUP BY 句や HAVING 句がある場合は, 以下のような順番となる.

① FROM 句に基づく表の作成

② WHERE 句の条件に基づく行の選択

③ GROUP BY 句に基づくグループ表の作成

④ HAVING 句の条件に基づくグループの選択

⑤ 条件を満たしたグループに対して SELECT で指定された値を導出

4.4.4 集合演算

SQL では表どうしの集合演算に相当する UNION (和), EXCEPT (差), INTERSECT (共通部分) が提供される. SQL では基本的には行の重複は自動的には除去しないことを上に述べたが, これらの集合演算子に限り, 行の重複除去が行われる. 逆に重複除去を行わないためには UNION ALL, EXCEPT ALL, INTERSECT ALL という指定をする.

例

Q11 実習課題があるか, あるいは単位数が 5 単位以上の科目の科目番号, 科目名, 単位数の一覧

```
SELECT 科目.*
FROM   科目,実習課題
WHERE  科目.科目番号=実習課題.科目番号
UNION
```

```
SELECT  *
FROM    科目
WHERE   単位数>=5                              ■
```

Q11 の「科目.*」は，「科目」表に対応した列を問合せ結果として返すことの指定である．

3.3 節の問合せ Q5 は，EXCEPT を用いて以下のように記述することができる．

例

Q12　実習課題のない科目の科目番号と科目名の一覧

```
SELECT  科目番号,科目名
FROM    科目
EXCEPT
SELECT  科目.科目番号,科目名
FROM    科目,実習課題
WHERE   科目.科目番号=実習課題.科目番号          ■
```

4.4.5　ビュー

　1章では，リレーショナルデータモデルにおける外部レベルの記述のことをビューと呼ぶことを述べた．SQL では**ビュー表**（viewed table）と呼ぶ仮想的な表を定義することができる．例えば，実習を伴う科目に対する実習補助のTA の割当てを行う業務では，実習を伴う科目だけに注目して各種の処理を行うものとする．この場合，実表としての「科目」ではなく実習を伴う科目のデータのみを集めた仮想的な「実習科目」という表があったほうが便利である．このようなビュー表「実習科目」は以下のように定義できる．

```
CREATE VIEW 実習科目(科目番号,科目名,単位数) AS
  SELECT 科目.*
  FROM    科目,実習課題
  WHERE   科目.科目番号=実習課題.科目番号
```

ビュー表「実習科目」は，実表と同様に問合せ記述に用いることができる．

これにより，実習を伴う科目を選択するための条件を，問合せのたびに記述する必要がなくなる．また，ある列の値は他の人には見せたくないという場合にはその列を除いたビュー表を定義し，そのビュー表のみをアクセス可能とすることで機密保護を行うことができる．しかし，ビュー表はあくまで仮想的なものであるので，それを直接更新してしまうと問題が生じる場合がある．例えば，上の「実習科目」においても「実習課題」の登録なしに「実習科目」に新たな科目を追加することはできない．このような問題は，ビュー更新問題（view update problem）と呼ばれる．SQL ではビュー表を更新可能とできるのは，いくつかの制約条件を満たす場合のみである．

4.5　データ更新

　データ更新を行うための SQL 文としては，行を追加するための INSERT，行を削除するための DELETE，列の値を変更するための UPDATE などがある．以下にそれぞれを用いたデータ更新操作の例を示す．

例

U1　科目番号 002 の科目の実習課題 03 として「シェル作成」を追加

```
INSERT INTO 実習課題
VALUES ('002','03',N'シェル作成')
```

U2　科目番号 010 の科目の履修者として学籍番号が '00099' 以下の学生を全員登録

```
INSERT INTO 履修(科目番号,学籍番号)
SELECT '010',学籍番号
FROM   学生
WHERE  学籍番号<='00099'
```
■

　SELECT の後ろの選択リストには，U2 における「'010'」のように定数を指定することもできる．また，「履修」表には「科目番号」，「学籍番号」以外に「成績」があるが，追加された行の「成績」の値は与えられていないので，初期状態では空値となる．

例

U3 科目番号 005 の科目の実習課題をすべて削除

  DELETE FROM 実習課題

  WHERE　科目番号='005'

U4 科目番号 010 の科目の単位数を 3 単位に変更

  UPDATE 科目

  SET　　単位数=3

  WHERE　科目番号='010'　　　　　　　　　　　　■

演 習 問 題

4.1 3章に述べたリレーショナルデータモデルにおけるリレーションと SQL における表の主な違いを述べよ.

4.2 図 3.3 のリレーション「学生」および「実習課題」に対応する SQL の実表の定義を与えよ.

4.3 次のリレーションスキーマをもつ五つのリレーションからなるデータベースを考える. ただし, 各リレーションの主キーの属性は下線を付したものである.

 部門 (部門番号, 部門名)

 従業員 (従業員番号, 部門番号, 氏名, 住所, 職級)

 部品 (部品番号, 部品名)

 業者 (業者番号, 業者名, 住所, 電話番号)

 供給 (部門番号, 部品番号, 業者番号, 単価, 数量)

このデータベースに対する以下の問合せを, SQL で記せ.

 ① 部門番号 1 の部門に所属する従業員の氏名と住所の一覧

 ② 山田一郎という氏名の従業員が所属する部門の部門名

 ③ 職級が 2 以下の従業員が所属する部門の部門番号と部門名の一覧

 ④ 業者番号 3 の業者が部門 7 に部品 5 を供給する単価よりも安い単価で, 部品 5 をいずれかの部門に供給している業者の業者番号の一覧

 ⑤ 業者番号 3 の業者から部品の供給を受けているか, あるいは職級が 3 以上の従業員が所属する部門の部門番号

⑥ 全従業員の職級が 3 以上の部門の部門番号と部門名の一覧（ただし，所属する従業員がいない部門はないものとする）

4.4 演習問題 4.3 と同じデータベースに対する以下の問合せを SQL で記せ．

① 部門番号 1 の部門に所属する従業員数

② 部門ごとの部門番号と従業員数の一覧

③ 部品ごとの部品番号，最低単価，最高単価，平均単価をリストした一覧．ただし，部品 p の最低単価，最高単価，平均単価は「供給」表中の p の供給を表すすべての「単価」の値の最低値，最高値，平均値とする．

④ 最高単価と最低単価の差が 100〔円〕以上の部品の部品番号，部品名，最低単価，最高単価の一覧

⑤ 部門番号 1 の部門に供給されている部品ごとの部品番号，最低単価，最高単価，平均単価をリストした一覧．ただし，最低単価，最高単価，平均単価は「供給」表中の部門 1 に対する供給のデータのみから算出する．

⑥ ⑤と同様の一覧．ただし，⑤と異なり，複数の業者から供給を受けている部品に関するデータのみを含む一覧とする．

4.5 リレーショナル代数の基本的代数演算子に対応するデータ操作が SQL で記述可能であることを示せ．

5章
より高度な SQL

　4章において，SQL の基本機能について述べた．本章では，より高度な SQL
の問合せ機能，トリガー，ストアドプロシージャ，アクセス権限の管理，ホス
ト言語や Web アプリケーションにおける SQL の利用について概説する．本章
で説明する SQL の問合せ機能の中には，SQL-92，SQL：1999 などの比較的
新しい規格で導入された機能もあり，DBMS によってはその機能が実装され
ていないこともあるので，実際の利用に当たっては留意する必要がある．

5.1　空　　　値

　3章にて，空値（NULL）について述べたが，4章の大部分では，データベース
中に空値はないものと仮定して説明を行った．本節では，データベース中に空
値が存在する場合の SQL 問合せの評価について概要を説明する．4章と同様に，
特に断わりのない場合は図 3.3 のリレーショナルデータベースを例に用いる．
　SQL では値が空値かどうかを判定する述語を提供する．

例

Q1　成績が空値となっている科目番号と学籍番号の組合せの一覧

```
SELECT  科目番号, 学籍番号
FROM    履修
WHERE   成績 IS NULL                                    ■
```

　述語 IS NULL は空値の場合に真となり，それ以外の場合は偽となる．述語
IS NOT NULL はこの逆の真偽値判定となる．
　一般に，値を計算する式を評価するなかで空値が出現した場合，その式全体
の評価結果が空値となる．また，真偽を判定する述語（IS NULL と IS NOT

NULL を除く）や条件式のなかで空値が出現した場合，その評価結果は**不定**（unknown）という値となる．すなわち，述語や条件式の通常の評価結果である真，偽に加えて，不定という評価結果があり得る．不定を含む場合の AND/OR/NOT の真理値表を**表5.1** に示す．

表5.1　不定を含む AND/OR/NOT の真理値表

AND	真	偽	不定
真	真	偽	不定
偽	偽	偽	偽
不定	不定	偽	不定

OR	真	偽	不定
真	真	真	真
偽	真	偽	不定
不定	真	不定	不定

NOT	真	偽	不定
	偽	真	不定

　問合せにおいて，ある行に対して WHERE 句で指定された条件を評価した結果が不定の場合，当該行は条件を満たさないと判断する．また，DISTINCT や GROUP BY で同じ値をもつ行かどうかを比べる際は，同一列に対して両者が空値をもつ場合，その値は一致していると見なす．つまり，DISTINCT においては，（'001', NULL）と（'001', NULL）は同一行と見なされ，重複除去の対象となる．

　なお，式の評価のなかで空値が出現した場合は，式全体の評価結果は空値となると述べたが，集合関数においては異なる扱いがされる．COUNT（列名）は，該当する列が空値でない行の数をカウントする．SUM（列名），AVG（列名），MAX（列名），MIN（列名）は，空値以外の該当する列の値を用いて集計計算を行う．COUNT（DISTINCT 列名）は，空値を除いた該当する列の値の種類の数をカウントする．SUM（DISTINCT 列名），AVG（DISTINCT 列名）は，空値以外の該当する列の値から重複を除去したうえで集計計算を行う．COUNT（*）は，空値の有無にかかわらず全体の行数をカウントする．このように，COUNT（*）以外の場合は，該当する列が空値の行は無視して集約計算がされる．なお，空値以外の値が存在しなかった場合の集合関数の評価結果

は，COUNT（列名）および COUNT（DISTINCT 列名）の場合は 0，それ以外は
空値となる．

5.2 結 合 表

5.2.1 さまざまな結合の指定

これまでの複数の表を対象とする問合せでは，FROM 句に対象の表を列挙
し，その直積に対して WHERE 句の評価などが行われた．しかし，直積ではな
く，自然結合などを直接 FROM 句で指定できれば，問合せ記述の簡潔化など
を図ることができる．SQL-92 では，各種結合の概念が導入された．自然結合
を表す NATURAL JOIN を用いると，4 章の Q2 は，以下の Q2 のように記述
できる．

```
─ 例 ─────────────────────────────
Q2  学籍番号 00100 の学生が履修した科目の科目番号，科目名，成績の
    一覧
      SELECT  科目番号, 科目名, 成績
      FROM    科目 NATURAL JOIN 履修
      WHERE   学籍番号='00100'                        ■
```

この場合，FROM 句の結果は「科目」と「履修」を自然結合した表になるた
め，もとの表中の「科目番号」は一つの列に集約されるため，SELECT におい
て「科目.科目番号」と表名を付けない†．

なお，これまでの直積をとる演算を CROSS JOIN と表記することも可能で
ある．したがって，4 章の Q2 は，以下の Q3 のようにも記述できる．

```
─ 例 ─────────────────────────────
Q3  学籍番号 00100 の学生が履修した科目の科目番号，科目名，成績の
    一覧
      SELECT  科目.科目番号, 科目名, 成績
```

---

† 「科目.科目番号」と「科目.」を付けるのは通常エラーとなる．

```
FROM    科目 CROSS JOIN 履修
WHERE   科目.科目番号=履修.科目番号 AND 学籍番号='00100'
```
■

3つ以上の表を NATURAL JOIN で結合することも可能である．4章の Q3
は，以下の Q4 のようにも記述できる．

例

Q4 情報工学専攻のいずれかの学生が履修した科目の科目番号と科目名
の一覧
```
SELECT  科目番号, 科目名
FROM    科目 NATURAL JOIN 履修 NATURAL JOIN 学生
WHERE   専攻=N'情報工学'
```
■

NATURAL JOIN ではなく，結合条件や結合に用いる共通列名を明示的に指
定することも可能である．4章の Q2 は，以下の Q5 のようにも記述できる．

例

Q5 学籍番号 00100 の学生が履修した科目の科目番号，科目名，成績の
一覧
```
SELECT  科目.科目番号, 科目名, 成績
FROM    科目 JOIN 履修 ON 科目.科目番号=履修.科目番号
WHERE   学籍番号='00100'
```
■

JOIN ON を用いた場合，FROM の評価結果として生成される表は，「科目」
と「履修」の両方の列をもち，ON で指定した条件を満たす「科目」と「履修」
の行を連結した行を含むものとなる．したがって，SELECT の記述では，「科
目.科目番号」と記述する必要がある．ON の後には，等結合（＝）以外の条件
を含めてさまざまな結合条件を記述することができる．また，二つの表が共通
にもつ列名を用いた結合の場合は，JOIN USING を用いてどれを結合に用い
る共通列名とするかを明示的に指定することが可能である．4章の Q2 は，
JOIN USING を用いて，以下の Q6 のようにも記述できる．

例

Q6 学籍番号 00100 の学生が履修した科目の科目番号, 科目名, 成績の
一覧

```
SELECT  科目番号, 科目名, 成績
FROM    科目 JOIN 履修 USING(科目番号)
WHERE   学籍番号='00100'
```                                                    ■

JOIN USING を用いた場合は, USING で指定された列名の列のみが結合条件の評価に用いられる. Q6 では USING で指定された列「科目番号」は, 結合結果の表のなかでは 1 列に集約されるため, NATURAL JOIN と同様に, SELECT では単に「科目番号」と記述する. もし, 表 T_1 と T_2 が列 C_1 と C_2 を共通にもつ場合に C_1 のみを結合条件として用いたい場合は, 「FROM T_1 JOIN T_2 USING(C_1)」と記述すればよい[†].

NATURAL JOIN と同様, JOIN ON や JOIN USING を用いて 3 個以上の表を結合することも可能である.

例

Q7 情報工学専攻のいずれかの学生が履修した科目の科目番号と科目名
の一覧

```
SELECT  科目.科目番号, 科目名
FROM    科目 JOIN 履修 ON 科目.科目番号=履修.科目番号
        JOIN 学生 ON 履修.学籍番号=学生.学籍番号
WHERE   専攻=N'情報工学'


SELECT  科目番号, 科目名
FROM    科目 JOIN 履修 USING(科目番号)
        JOIN 学生 USING(学籍番号)
WHERE   専攻=N'情報工学'
```                                                    ■

[†] 「FROM T_1 JOIN T_2 USING(C_1)」とした場合, 同様の理由により, C_1 は 1 列に集約されるが, T_1 の C_2 と T_2 の C_2 は別の列として残る.

5.2.2 外結合

　これまで述べてきた結合においては，一方の表の行 r に対して，結合条件を満たすもう一方の表の行が一つもない場合は，r からは結合結果が全く生成されない．すなわち，結合結果の中に r に関する情報は残らない．しかし，そのような場合でも r に関する情報は保持したいというような場合もある．例としては以下のような要求が考えられる．

　　「全科目について，科目番号，実習課題番号の一覧を求める．ただし，実習
　　課題がない科目については，実習課題番号は空値を出力.」

　この問合せの記述として，以下が考えられる．

　　　SELECT 科目番号, 課題番号 AS 実習課題番号
　　　FROM　　科目 NATURAL JOIN 実習課題

　しかし，この記述では，実習課題のない科目の情報は結合結果に残らないことになってしまい，「実習課題がない科目については，実習課題番号は空値を出力」の条件を満たさない．このような場合は，以下のように**外結合**（outer join）（OUTER JOIN）を用いることで適切な結果を得ることができる．

例

Q8　全科目について，科目番号，実習課題番号の一覧を求める．ただし，
　　　実習課題がない科目については，実習課題番号は空値を出力する．

　　　SELECT 科目番号, 課題番号 AS 実習課題番号
　　　FROM　　科目 NATURAL LEFT OUTER JOIN 実習課題　　■

　Q8 では，結合対象の左側の表として指定されている「科目」中の各行に対しては，もし「実習課題」表に結合条件を満たす行がない場合でも一つ行が作成され，本来「実習課題」表中の行の値から決まる「課題番号」「課題名」の列の値は空値となる．上記の記述は，「科目 NATURAL LEFT JOIN 履修」と省略することができる．同様に，結合対象の右側の表の行を全て結合結果に残す場合は RIGHT OUTER JOIN，左右両方の表の行をすべて結合結果に残す場合は FULL OUTER JOIN と記述する．また，上記の例は NATURAL JOIN を用いたが，JOIN ON や JOIN USING と組み合わせることも可能である．

　外結合に対比して，これまで述べてきた結合は**内結合**（inner join）と呼ば

R

A	B
1	3
2	5
3	4

S

C	D	E
4	5	3
4	4	6
5	5	7
6	3	5

R INNER JOIN *S* ON *R.B=S.C*

A	B	C	D	E
2	5	5	5	7
3	4	4	5	3
3	4	4	4	6

R LEFT OUTER JOIN *S* ON *R.B=S.C*

A	B	C	D	E
1	3	NULL	NULL	NULL
2	5	5	5	7
3	4	4	5	3
3	4	4	4	6

R RIGHT OUTER JOIN *S* ON *R.B=S.C*

A	B	C	D	E
3	4	4	5	3
3	4	4	4	6
2	5	5	5	7
NULL	NULL	6	3	5

R FULL OUTER JOIN *S* ON *R.B=S.C*

A	B	C	D	E
1	3	NULL	NULL	NULL
2	5	5	5	7
3	4	4	5	3
3	4	4	4	6
NULL	NULL	6	3	5

図 5.1 内結合と外結合の例

れる．これまで述べてきた Q2，Q4～Q7 において，JOIN を INNER JOIN と
置き換えても意味は同じである．内結合と外結合の例を**図 5.1** に示す．5.1 節
に述べた COUNT の性質を使うと以下のような記述が可能である．

例

Q9 全科目について，科目番号，実習課題数の一覧を求める．ただし，実
習課題がない科目については，実習課題数は 0 を出力する．

```
SELECT 科目番号, COUNT(課題番号)AS 実習課題数
FROM    科目 NATURAL LEFT OUTER JOIN 実習課題
GROUP BY 科目番号
```
■

5.3　副問合せ

5.3.1　WHERE句における副問合せ

　これまでに述べてきた問合せのためのSQL記述は，入れ子にして用いることができる．これは一般に**副問合せ**（subquery）と呼ばれる機能であり，より複雑な問合せを記述することができる．WHERE句にこの機能を用いることにより，4章のQ3は，以下のQ10のように書くこともできる．

例

Q10　情報工学専攻のいずれかの学生が履修した科目の科目番号と科目名の一覧

```
SELECT  科目番号, 科目名
FROM    科目
WHERE   科目番号 IN
    (SELECT 科目番号
     FROM    履修, 学生
     WHERE   履修.学籍番号=学生.学籍番号 AND 専攻=N'情報工学')
```
■

　この例では，「科目」表の「科目番号」の値が副問合せの結果である「科目番号」の値のマルチ集合の中に含まれているかどうかを判定するのに，IN述語が用いられている．また，4章のQ4は副問合せを用いて以下のQ11のように書くこともできる．

例

Q11　科目番号005の科目に関して，学籍番号00100の学生よりも成績の良かった学生の学籍番号の一覧

```
SELECT  x.学籍番号
FROM    履修 AS x
WHERE   x.科目番号='005' AND x.成績>
    (SELECT y.成績
     FROM    履修 AS y
```

```
        WHERE   y.科目番号='005' AND y.学籍番号='00100')
```

■

　この例では，副問合せの結果得られた成績の値を比較演算子 > で比較している．このような比較が可能なのは，副問合せの結果が単一の値の場合のみである．Q11 の場合は，副問合せの結果は常に単一の値となるが，もし複数の行が含まれる場合は，この問合せはエラーとなる．

　副問合せの結果に複数の行が含まれる場合には，比較演算子 >ALL，>SOME，>ANY を用いることができる．>ALL では，以下の Q12 に示すように，副問合せの全結果に対して > が成立することが必要である．>SOME，>ANY では，副問合せの結果のいずれか 1 件以上に対して > が成立すれば条件を満たすと判断する．ALL，SOME，ANY は，> 以外の他の比較演算子とも組合せ可能である．

例

Q12　科目番号 005 の科目に関して最高点の学生の学籍番号

```
    SELECT  x.学籍番号
    FROM    履修 AS x
    WHERE   x.科目番号='005' AND x.成績>=ALL
        (SELECT  y.成績
         FROM    履修 AS y
         WHERE   y.科目番号='005')
```

■

　副問合せとともによく用いられる述語に，EXISTS がある．4 章の Q12 は副問合せと EXISTS を用いて以下の Q13 のように書くこともできる．

例

Q13　実習課題のない科目の科目番号と科目名の一覧

```
    SELECT  科目番号, 科目名
    FROM    科目
    WHERE   NOT EXISTS
        (SELECT  *
```

```
        FROM      実習課題
        WHERE     実習課題.科目番号=科目.科目番号)          ■
```

　Q13 で用いられる EXISTS 述語は，副問合せの結果が空でないとき真となり，空のとき偽となる．したがって，NOT EXISTS とすることにより，「実習課題」表に対応する行のない科目のデータのみを取り出すことができる．上記の副問合せはこれまで述べてきた副問合せとは異なり，外側の主問合せが対象とする行に応じて，副問合せの条件が異なるという性質をもっている．すなわち，「科目」の各行が WHERE 句の条件を満たしているかを判定するために，毎回，副問合せの結果を求める必要がある．このような副問合せを**相関副問合せ**と呼ぶことがある．

5.3.2　HAVING 句における副問合せ

　グループ表のグループを選択する HAVING 句において，副問合せを用いることも可能である．

― 例 ―

Q14　履修者数が最大の科目の科目番号と履修者数

```
        SELECT  科目番号, COUNT(*)
        FROM      履修
        GROUP BY  科目番号
        HAVING COUNT(*)>=ALL
            (SELECT  COUNT(*)
             FROM      履修
             GROUP BY  科目番号)              ■
```

5.3.3　FROM 句における副問合せ

　SQL では，その標準化の初期の頃より WHERE 句や HAVING 句の中で副問合せを使用することが許されていたが，SQL-92 ではこれら以外でも副問合せを使用することを可能とした．4 章の Q10 は FROM 句における副問合せを用

いて，以下の Q15 のように記述することができる．

例

Q15 履修者が 30 名以上の科目の科目番号，履修者数，平均点の一覧

```
SELECT *
FROM    (SELECT 科目番号, COUNT(*), AVG(成績)
         FROM    履修
         GROUP BY 科目番号)
         AS x(科目番号, 履修者数, 平均成績)
WHERE   履修者数>=30
```
■

---

4 章の Q10 では HAVING 句で書かれていた条件が，Q15 では WHERE 句での条件に変わっている点に注意してほしい．次の Q16 は HAVING 句では書き換えられない問合せの例である．

例

Q16 履修学生の所属専攻別の平均成績の最高値と最低値に 30 点以上の差がある各科目の科目番号およびその最高値と最低値

```
SELECT 科目番号, MAX(平均成績), MIN(平均成績)
FROM    (SELECT 科目番号, 専攻, AVG(成績)
         FROM    履修 NATURAL JOIN 学生
         GROUP BY 科目番号, 専攻)
         AS x(科目番号, 専攻, 平均成績)
GROUP BY 科目番号
HAVING  MAX(平均成績)-MIN(平均成績)>=30
```
■

FROM 句における副問合せの結果を，他の表と結合することも可能である．

例

Q17 履修した科目の中にその成績が平均点の 50 ％未満だった科目のある学生の専攻別人数

```
SELECT 専攻, COUNT(DISTINCT 学籍番号)
FROM    学生 JOIN 履修 USING(学籍番号)
```

```
            JOIN （SELECT 科目番号,AVG(成績)
                    FROM   履修
                    GROUP BY 科目番号)
                    AS 成績統計(科目番号,平均成績)
         ON 履修.科目番号=成績統計.科目番号 AND
            成績<平均成績*0.5
       GROUP BY 専攻                                    ■
```

5.4　CASE 式

　CASE 式は，SQL-92 で導入されたもので，条件に応じて元の値を別の値に変換して問合せ処理することが可能である．Q18 に簡単な利用例を示す．

例

Q18　各学生の科目番号 005 の科目の成績評定．ただし，成績評定は成績の点数に応じて，A〜D とする．

```
SELECT 学籍番号,CASE WHEN 成績>=80 THEN 'A'
                    WHEN 成績<80 AND 成績>=70 THEN 'B'
                    WHEN 成績<70 AND 成績>=60 THEN 'C'
                    WHEN 成績<60 THEN 'D'
                ELSE 'X' END AS 成績評定
FROM   履修
WHERE  科目番号='005'                               ■
```

　Q18 では，データベース中に点数として格納されている成績の値を，その値に応じて A〜D の評定値に変換している．

　CASE 式を用いることで，Q19 のような記述も可能である．

例

Q19　各科目の情報工学専攻学生の履修者数と知識工学専攻学生の履修者数の一覧

```
SELECT  科目番号,
        SUM(CASE WHEN 専攻=N'情報工学' THEN 1 ELSE 0 END)
        AS 情報工学履修者数,
        SUM(CASE WHEN 専攻=N'知識工学' THEN 1 ELSE 0 END)
        AS 知識工学履修者数
FROM    履修 NATURAL JOIN 学生
GROUP BY 科目番号                                        ■
```

Q19 では,「履修」と「学生」の自然結合を取った後,「科目番号」でグループ化してグループ表を作成している. SELECT では, 各グループに対して「科目番号」と SUM を用いた集計計算の結果を出力している. この集計計算の元となっている値は,「専攻」の値であり, 本来は合計を取ることができない文字列値であるが, SUM のなかで CASE 式を用いて文字列値を 0 か 1 の数値に変換してから評価することで, SUM の計算を可能としている. 結果的には, 各グループに対して,「専攻」の'情報工学'と'知識工学'の数が二つの SUM で計算されることになる.

Q20 は, FROM 句の副問合せで CASE 式を用いた例である.

例

Q20　各学生の科目番号 005 の科目の成績評定 A〜D のそれぞれの人数

```
SELECT  成績評定,COUNT(*)
FROM    (SELECT 学籍番号,CASE WHEN 成績>=80 THEN 'A'
                            WHEN 成績<80 AND 成績>=70
                            THEN 'B'
                            WHEN 成績<70 AND 成績>=60
                            THEN 'C'
                            WHEN 成績<60 THEN 'D'
                        ELSE 'X' END
        FROM    履修
        WHERE   科目番号='005')
        AS 成績(学籍番号,成績評定)
```

```
GROUP BY 成績評定                                      ■
```

5.5　WITH 句

　WITH 句は SQL：1999 で導入された．その問合せ中だけで有効な一時的に
導出される表を定義し，FROM 句でその表を参照することを可能とする．

──── 例 ────────────────────────────────────

Q21　履修者数が最大の科目の科目番号と履修者数

```
    WITH 履修者数(科目番号, 人数)
        AS (SELECT 科目番号, COUNT(*)
            FROM    履修
            GROUP BY 科目番号)
    SELECT x.科目番号, x.人数
    FROM    履修者数 AS x
    WHERE   x.人数=(SELECT MAX(y.人数) FROM 履修者数 AS y) ■
```

──

　Q21 では，主問合せとその WHERE 句中の副問合せのなかで「履修者数」
を参考している．このように，同じ表の導出を複数回指定することが必要な問
合せ記述では特に有効である．もちろん，WITH 句で定義した表を必ずしも複
数回参照しなくてはならないということはない．

　Q22 は，やや複雑な問合せの例である．

──── 例 ────────────────────────────────────

Q22　その科目の専攻ごとの履修者数がすべて全履修者数の 50 ％未満と
　　　　なっている科目の科目番号

```
    WITH 専攻別履修者数(科目番号, 専攻, 人数)
        AS (SELECT 科目番号, 専攻, COUNT(*)
            FROM    学生 NATURAL JOIN 履修
            GROUP BY 科目番号, 専攻)
    SELECT 科目番号
```

```
FROM    専攻別履修者数 AS x
GROUP BY 科目番号
HAVING 0.5*SUM(x.人数)>ALL
        (SELECT y.人数
         FROM    専攻履修者数 AS y
         WHERE   y.科目番号=x.科目番号)
```
■

　Q22 では，WITH 句を用いて，「学生」と「履修」から科目と専攻ごとの履修
者数を計算した表である「専攻別履修者数」を定義している．本体の問合せでは
「専攻別履修者数」をさらに「科目番号」ごとにグループ化し，HAVING 句を評
価する．HAVING 句では「科目番号」ごとのグループ内の全履修者数を SUM
を用いて算出し，「専攻別履修者数」を用いて算出されるその科目の専攻ごと
の履修者数が，すべて全履修者数の 50 ％未満となっているかを判定している．
最終的に，この条件を満たした科目の「科目番号」が結果として出力される．

5.6　再帰問合せ

　SQL：1999 では，WITH 句を拡張することで再帰問合せの記述を可能とし
ている．再帰問合せの例を説明するため，以下のような「社員」表があると仮
定する．これは，図 1.2 に示した「社員」表に「上司社員番号」の列を追加し
たものである．

```
CREATE TABLE 社員
(社員番号 CHAR(3) NOT NULL,
 氏名     NCHAR(12) NOT NULL,
 基本給与 INTEGER,
 住所     NCHAR(24) NOT NULL,
 上司社員番号 CHAR(3),
 PRIMARY KEY(社員番号),
 FOREIGN KEY(上司社員番号)
     REFERENCES 社員(社員番号))
```

社員

社員番号	氏　名	基本給与	住　所	上司社員番号
001	山田太郎	500	東京都○○○	003
002	佐藤　恵	550	川崎市△△△	003
003	北山花子	650	東京都××××	005
004	後藤栄司	600	千葉市□□□	005
005	石井和子	700	さいたま市▽▽	006
006	鈴木一郎	750	つくば市◎◎◎	008
⋮	⋮	⋮	⋮	⋮

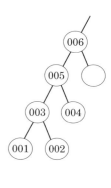

図 5.2　社員の上司部下の関係

　図 5.2 に示すように，この表は各社員の直属の上司部下の関係を「上司社員番号」で表している．このデータに対して，ある社員の直接間接の上司部下の関係を求めるには，「社員」どうしを結合して直属の上司部下の関係を多段にたどる必要がある．この際，このような操作を何ステップ繰り返すと図 5.2 右の木構造をたどりきるかがあらかじめわかっていれば，これまで述べてきた問合せの枠組みをもって記述することが可能である．しかし，そのステップ数が未知の場合は，これ以上はたどれないという点に到達するまで再帰的にこの操作を繰り返す必要がある．一般にこのような探索は**推移的閉包**（transitive closure）を求める問題と呼ばれている．この問合せは，再帰問合せとして以下の Q23 のように記述できる．

例

　Q23　すべての社員について，その直接間接の上司部下の関係

```
WITH RECURSIVE 上司部下 (上司, 部下)
    AS (SELECT 上司社員番号, 社員番号
        FROM 社員
        WHERE 上司社員番号 IS NOT NULL
        UNION
        SELECT 上司部下.上司, 社員.社員番号
```

```
            FROM      社員,上司部下
            WHERE     社員.上司社員番号=上司部下.部下)
    SELECT  *
    FROM     上司部下                                    ■
```

　RECURSIVE を伴う WITH 句のなかでは，二つの問合せ結果の和集合によ
り，「上司部下」という表を定義している．UNION の前の問合せ（非再帰項）
は，「社員」表に対する通常の問合せである．注目すべきは，UNION の後の問
合せ（再帰項）において本来定義しようとしている「上司部下」自身を参照し
ている点であり，この点において Q23 は再帰問合せになっている．Q23 では，
まず非再帰項の問合せが評価され，その後再帰項を評価してその結果を
UNION で追加する処理が繰り返される．そして，もうこれ以上追加される行
がなくなった時点で問合せ評価が終了する．再帰問合せでは，繰り返すことで
結果が減少するような問合せになってはならないなどの制約が実際には課され
るが，詳細は省略する．

5.7　トリガー

　データベースに対してデータの追加・削除などの更新が発生したとき，それ
に応じて他の処理を実行したいことがある．このような動機から導入されたの
が**トリガー**（trigger）という機能である．
　ここでは，具体例を用いてその考え方を説明する．ショッピングサイトを管
理するデータベースにおいて，購入記録を管理する表「購入（購入 ID, 日付, 商
品 ID, 個数, 購入者 ID)」があるとする．一方，商品の在庫を管理する表「在庫
（商品 ID, 在庫数)」があるとする．購入が発生したときは，自動的に在庫数の
値を減らしたい．そのような場合，例えば以下のようなトリガーを登録する．

```
    CREATE TRIGGER 在庫更新 AFTER INSERT ON 購入
    REFERENCING NEW ROW AS NEWROW
        FOR EACH ROW
            UPDATE 在庫
```

```
SET      在庫数 = 在庫数 - NEWROW.個数
WHERE    在庫.商品ID = NEWROW.商品ID
```

「在庫更新」はトリガー名である．**AFTER INSERT** は，「購入」表に対して行の挿入が行われた直後にこのトリガーが起動されることを示している．また，ここでは挿入された新たな行を**NEWROW**という名前で参照している．下の3行は更新処理の文であり，そこで**NEWROW**が用いられている．トリガーは行の挿入時だけでなく，変更・削除のときにも用いることができる．なお，トリガーの削除は

```
DROP TRIGGER 在庫更新
```

のように実行する．

　トリガーは，データベースシステムに手続き的な処理を導入するための仕組みであり，適切に使えば有効であるものの，使用には注意が必要である．特に，表の更新処理が背後で自動的に行われてしまうため，アプリケーションのプログラムを見ただけではデータベースにどのような更新がなされるかが理解しにくくなるという問題がある．さらに，上記の例では1行の挿入ごとにトリガー処理が起動されることになり，効率が良いとはいえない．また，トリガーについては，DBMS ごとに個別の機能拡張がされている場合が多いという点にも注意が必要である．

　トリガーの機能を用いると，参照整合性制約の維持のための手続きも記述できる．ただし，SQL には参照整合性制約を記述する機能が含まれており，実行性能も優れているため，あえてトリガーを使う必要は一般には少ない．

5.8　ストアドプロシージャ

　DBMSでは，しばしば，データベース操作を含む簡単な手続きを記述するためのスクリプト言語が提供される．たとえば，Oracle の PL/SQL[Ash14]，PostgreSQL の PL/pgSQL[Ish06]がそれにあたる．これらを用いると，データベースへのアクセスを伴い，かつ，繰り返しや条件分岐などの制御構文を含む処理が容易に記述できる．また，別の言語を用意するのではなく，SQL 自体を制御構文で拡張している DBMS もある．これらの手続きは DBMS 上で即座に

実行することができる.

　ストアドプロシージャ（stored procedure）とは，このような手続きを DBMS に名前を付けて登録したものである．多くの DBMS でストアドプロシージャの機能が提供されている．ストアドプロシージャの利点としては以下がある.

① 　一連のデータベース操作を，その機能をもとに一つにまとめることができ，把握がしやすくなる.

② 　登録時に構文解析や最適化を済ませておくことで，実行時の処理が高速になる.

③ 　ストアドプロシージャは SQL と一体で DBMS 内で実行されるので効率が良い．これに対し，通常のプログラミング言語に SQL を埋め込む場合（5.10 節を参照）は，プログラムの実行時にプログラミング言語処理系と DBMS の間でのやり取りが必要になる.

一方で，欠点としては以下がある.

① 　データベースベンダごとに提供する言語が異なっており，DBMS 間でのコードの再利用が難しい．SQL 標準では，SQL を拡張して手続きを記述するための言語 **SQL/PSM**（Persistent Storage Module）[JIS19] が標準として制定されているが，実際の DBMS で利用できる言語と SQL/PSM との互換性は高くはない.

② 　アプリケーションが，主たるアプリケーションプログラムとストアドプロシージャに分離されてしまうので，管理に注意が必要となる.

③ 　スクリプト言語の能力は高くなく，また，開発環境も十分ではない.

　以上により，トリガーと同様，ストアドプロシージャは適材適所で使う必要がある.

5.9　アクセス権限の管理

　DBMS の重要な機能の一つに，各ユーザに，それぞれの表に対してどのような操作を可能とするかという権限の管理がある．このことを**アクセス制御**と呼ぶ．SQL では，そのために GRANT 文が用いられる．主な権限としては以下の

ようなものがある.

　・SELECT 権限：表を検索するための権限

　・INSERT 権限：表に行を追加するための権限

　・DELETE 権限：表から行を削除するための権限

　・UPDATE 権限：表の列の値を変更するための権限

　・REFERENCES 権限：外部キーを用いた参照を許すための権限

　GRANT 文の構文は以下のようになる.

```
GRANT 権限 ON 表名

TO 権限受領者

[WITH GRANT OPTION]
```

　権限には，SELECT などの権限名を指定する．複数の権限名をコンマで区切って並べてもよい．また，権限を ALL PRIVILEGES と指定すると，すべての権限を与えることになる．TO の後には権限を与えられるユーザの識別子を書く．複数名の場合はコンマで並べて記述する．なお，権限受領者を PUBLIC と指定すると，すべてのユーザに対して権限を付与することになる．WITH GRANT OPTION を入れた場合，自分のもつ権限を他のユーザに与える能力も付与することを意味する.

　簡単な例をもとに説明する.

```
GRANT ALL PRIVILEGES ON 学生 TO USER1
```

　上記は，識別子が USER1 であるユーザに対し，「学生」表に対するすべての権限を与える例である．また

```
GRANT SELECT ON 学生 TO USER2 WITH GRANT OPTION
```

は，USER2 に「学生」表に対する SELECT 権限を与える例である．WITH GRANT OPTION が指定されているので，USER2 自身も他のユーザに対し，「学生」表に対する SELECT 権限を与えることができる.

　なお，GRANT 文はビュー表に対しても適用することができ，よりきめ細かいアクセス制御が可能となる．以下の例では，「履修」表に対するビュー表「履修 00001」を作成し，USER3 に SELECT の権限を与えている.

```
CREATE VIEW 履修00001 AS

SELECT * FROM 履修 WHERE 学籍番号 = '00001'
```

```
GRANT SELECT ON 履修00001 TO USER3
```

USER3 が「履修」に対する SELECT 権限を有していない場合でも，USER3はビューとして開示された範囲の情報にはアクセスできることになる．

アクセス権限の削除は REVOKE 文により行う．例えば

```
REVOKE INSERT ON 学生 FROM USER1
```

は，USER1 の学生に対する INSERT 権限を削除する．REVOKE 文については，どこまで権限の削除を波及させるかなどの機能があるが，詳細は省略する．

各ユーザがどのような役割を果たしているかによって，アクセス権限を制御したいことがある．**ロール**（role）に基づくアクセス制御について簡単に説明する．以下の例を考える．

```
CREATE ROLE 営業部ロール

GRANT ALL PRIVILEGES ON 営業 TO 営業部ロール

GRANT 営業部ロール TO EMP1, EMP2
```

まず，営業部に所属する従業員に対応するロール「営業部ロール」を作成し，次いで，「営業」表に対するアクセス権を「営業部ロール」に与えている．最後に，「営業部ロール」の権限を 2 人のユーザ EMP1 と EMP2 に与えている．ロールの機能により，ユーザに個別に権限を付与する煩雑さを避けることができる．

5.10 SQL プログラミング

データベースシステムを用いたアプリケーションを構築する場合，プログラムと DBMS の間の連携が必要となる．その際には，プログラムから SQL による問合せを発行することになる．以下では，そのアプローチについて，考え方を中心に簡単に説明する．より具体的な方法やシステム設定などについては，他のテキストを参照してほしい．

5.10.1 ODBC と JDBC

プログラミング言語から SQL を用いてデータベースにアクセスするには，SQL を発行し，実行結果を受け取るための仕組みが必要となる．その役割を果

たすのが，DBMS とプログラミング言語の間の**アプリケーションプログラミングインタフェース**（**API**）である．ソフトウェア開発の立場から見ると，DBMS ベンダごとに異なるインタフェースを用いるのでは開発の負担が大きくなるため，API の共通化が求められる．

　そのような背景に基づく DBMS に対する古典的な API として **ODBC**（open database connectivity）がある．元々は，C 言語のプログラムから異なるデータベースシステムにも統一的にアクセスできるようにするために Microsoft が開発したものであるが，その後，業界標準として使われるようになり，他の言語にも拡張された．なお，ODBC が業界標準であるのに対し，ISO における SQL 標準化の取組みの中で，ODBC に準拠した **SQL/CLI**（call-level interface）[JIS96]が標準として制定されている．

　Java 言語では，ODBC と同様の考え方に基づく **JDBC** があり，広く利用されている[MatT17]．以下ではその使用例を簡単に説明する．JDBC は特定の DBMS に依存しない仕様となっている．JDBC を用いて DBMS にアクセスするには，使用する DBMS が提供する JDBC ドライバを用いる必要がある（**図5.3**）．JDBC ドライバは，Java プログラム側に JDBC に従った共通のアプリケーションインタフェースを提供し，要求に応じて DBMS にアクセスする．

　図5.4 に示す Java プログラムは，JDBC によるデータベースアクセスの例である．ただし，概要を示すにとどめており，詳細なエラー処理については省略している．

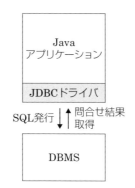

図5.3　JDBC によるデータベースへのアクセス

図 5.4　JDBC を用いた Java プログラムの例

```java
1  import java.sql.*;
2
3  public class SQLSample {
4    public static void main(String[] args) {
5      Connection db = null;
6      int min_score = 90;
7      try {
8        // JDBCドライバを読み込む.ここではPostgreSQLを想定している.
9        Class.forName("org.postgresql.Driver");
10
11       // データベースへ接続
12       db = DriverManager.getConnection("jdbc:postgresql:sam
         ple_db", "postgresql", "pass");
13
14       // SQL文を準備し,実行する
15       String sql = "SELECT 学籍番号, 成績 FROM 履修 WHERE 成績 >= "
         + min_score;
16       PreparedStatement stmt = db.prepareStatement(sql);
17       ResultSet rs = stmt.executeQuery();
18
19       // 結果を出力
20       while (rs.next()) {
21         String id = rs.getString("学籍番号");
22         String score = rs.getString("成績");
23         System.out.println("学籍番号:" + id);
24         System.out.println("成績:" + score + "\n");
25       }
26
27       rs.close();
28       stmt.close();
29       db.close();
30     } catch(…) {
31       … // 各種エラー時の処理
32     }
33   }
34 }
```

簡単に概要を説明する．5 行目に宣言している Connection クラスのオブジェクト db は，データベースに対する接続（コネクション）情報を保持するためのものである．プログラムは最初に 9 行目で JDBC ドライバを読み込む．結果として，指定された名前のドライバが DriverManager に登録される．次いで 12 行目でデータベースへの接続を行う．第 1 引数は接続先のデータベースを，第 2 引数と第 3 引数はデータベースのユーザ名とパスワードである．なお，ここでは，接続対象の DBMS 内に対応するデータベース（sample_db）が存在していることを前提としている．データベースのユーザとそのパスワードも事前に設定されている必要がある．

14 行目からが SQL を用いた問合せ処理である．15 行目では文字列として SQL 文を準備している．16 行目では，問合せに用いる PreparedStatement オブジェクト stmt を作成している．SQL 問合せを実行するのが 17 行目であり，結果が ResultSet クラスのオブジェクト rs に入る．20 行目からの while 文では，SQL の実行結果の各行について出力処理を行っている．最後に，29 行目で DBMS との接続を切断している．

このプログラム例では，6 行目で min_score の値を設定しており，実行時に発行される SQL 文はプログラム記述時に決定している．min_score の値をプログラムの引数で受け取るようにするか，もしくはプログラム内で動的に取得・設定するように変更すれば，問合せ条件となっている最低点を動的に設定できる．複雑な問合せについても，SQL 文を表す文字列をプログラム内で組み立てることで，動的に SQL 問合せを構成することが可能である．

ODBC や JDBC を含め，多くのプログラミング言語では，データベースとの接続を行い，SQL を発行し実行結果を受け取るようなアプリケーションインタフェースが提供されている．

5.10.2 O/R マッピング

リレーショナルデータベースを用いたアプリケーション開発では，しばしば Java などのオブジェクト指向プログラミング言語が用いられるが，それらの言語におけるクラスの構造と，データベースにおける表構造の違いが大きく，プログラムの側でデータ構造の変換をしなければいけないという問題が発生す

る．この問題は，しばしば**インピーダンスミスマッチ**と呼ばれる．この問題を解決する一つのアプローチとしてオブジェクト指向データベースシステムがあり，それについては 12 章で述べる．もう一つのアプローチとして，オブジェクト指向言語のデータ構造とリレーショナルデータベースのデータ構造を自動的に相互変換する仕組みを導入することがある．そのような仕組みのことをしばしば **O/R マッピング**（object-relational mapping）と呼ぶ．

ここでは，Ruby 言語における **Active Record** という O/R マッピングのライブラリの事例を用いて，そのアイデアを簡単に説明する．Active Record は，Ruby の Web アプリケーションフレームワークとして広く用いられている Ruby on Rails に含まれている[KurS18]．

以下では，次のような表からなるデータベースが存在しているとする．

```
students(id, sname, address, department_id)
courses(id, cname, credit)
grades(student_id, course_id, score)
departments(id, dname, location)
```

students は，学生を表す表で，列として id（学籍番号），sname（氏名），address（住所），およびその学生が所属する department_id（学科番号）をもつ．courses は科目を表す表で，列として id（科目番号），cname（科目名），credit（単位数）をもつ．grades は成績を表す表で，列として student_id（学籍番号），course_id（科目番号），score（成績）をもつ．departments は学科を表す表で，列として id（学科番号），dname（学科名），location（所在地）をもつ．これら四つの表は，外部キーにより関係づけられている．Ruby on Rails では，アプリケーションの構築を容易にするため，以下のような規則が用いられている．

・各表の主キーは id という列名とする．
・外部キーに当たる列の列名は表名の単数形 _id とする．
・各表に対してクラスが対応し，クラス名は表名の単数形とする．つまり，上の例については Student，Course，Grade，Department という Ruby のクラスが存在する．

このようなマッピングが存在した場合，例えば以下のような Ruby の処理を

記述できる.

```
student = Student.find(1)
```

これは,「id（学籍番号）」が 1 である学生について,対応する Student オブジェクトを作成して変数 student に代入することを表す.実行した場合には,システムの内部で SQL が DBMS に発行され,その問合せ結果をもとにオブジェクトが生成されるが,Ruby のプログラムのレベルからはその詳細は隠蔽される.また

```
students = Student.where(sname: "山田一郎")
```

という文については,「sname（氏名）」が山田一郎であるようなすべての Student オブジェクトを得ることができる.

複数のクラスにまたがった処理を書くために,**対応づけ（アソシエーション）** という機能も提供されている.これは Ruby on Rails に,各クラスの他のクラスとの関係が,1 対 1,1 対多,多対多のどれであるかを教える機能である.具体的な記述方式は省略するが,この機能を用いると,クラスの間の関係をたどる問合せを書くことができる.例えば以下の例では,データベースの科目で 90 点以上をとった学生を選んでいる.

```
good_students =
  Course.where(cname: "データベース").grades.where("score
  >= 90").students
```

「cname（科目名）」の値としてデータベースをもつ Course オブジェクトを検索し,その「id（科目番号）」をもとにデータベースに関する Grade オブジェクトの集合,ならびに「score（成績）」が 90 点以上の学生に対する「id（学籍番号）」の集合を得て,最後に対応する Student オブジェクトの集合を得るものである.このような記述に対して,内部的には外部キーに基づく結合処理を含む SQL 文が自動生成され,結果の Student オブジェクトが取得されることになる.

O/R マッピングの機能により,オブジェクト指向言語の立場からは自然な形でのデータベースへのアクセスが可能となることは大きいメリットとなる.一方で,記述の仕方によっては効率の良くない SQL が発行されてしまう場合もある.また,複雑な SQL に対応する処理を書くことが難しい場合もあり,場

合によっては SQL 文で直接問合せを記述したほうが容易なこともある.

5.11　Web データベースプログラミング

　本節では,Web アプリケーションとデータベースシステムをどのように連携させるかについて,プログラミングの観点から概要を述べる.例として PHP[Yam16] を用いた Web アプリケーションのプログラミングを用いる.ただし,基本的な考え方を中心に紹介し,言語の詳細やシステムの設定などについては省略する.

　今日では,さまざまなプログラミング言語を用いて Web アプリケーションを構築することが可能である.そのなかで,PHP は Web アプリケーションの構築に特化している点が特徴となる.言語としては Perl などのスクリプト言語に近く,それらの言語に対する経験があれば容易に理解できる.なお,「PHP」はプログラミング言語の名称であると同時に,PHP プログラムが実行されるシステムの名称でもある.

　PHP による簡単なプログラムの例を**図 5.5** に示す.PHP は埋込み型の言語であり,Web ページを記述する HTML 言語に埋め込む形で記述する.<?php で始まり ?> で終わる部分が PHP のコードであり,そこを無視してしまえば通常の HTML ファイルである.このプログラムを PHP からアクセスできるような所定の場所(例えば http://localhost/testdb.php)に置き,この URL をアクセスすることで PHP プログラムが実行される.

　実際に上記の URL に対しアクセスがあったときの動作について説明する.まず,PHP による記述を含むこのスクリプト testdb.php が,Web サーバ上で稼働する PHP インタプリタに渡される.PHP のインタプリタは,<?php … ?> の部分については PHP のプログラムとして解釈し,それ以外の部分については元々の内容をそのまま出力する.プログラムの最初のほうでは,DBMS への接続を行う.ここでは PostgreSQL を想定しており,pg_connect() という関数に対して,DBMS が稼働しているホスト名やデータベースの名前を与えている.接続が成功すると,その接続情報が変数 $db に入れられる.

図 5.5 PHP プログラムの例（dbtest.php）

```
<html>
<head>
<title>データベース問合せの例</title>
</head>
<body>
<h1>問合せ結果</h1>
<?php
$db = pg_connect("host=localhost dbname=sample_db
                  user=postgresql password=pass")
    or die("接続に失敗しました");

$result = pg_query($db, "SELECT id, name FROM students");
if (!$result) {
    die("問合せに失敗しました");
}
?>

<ul>
<?php
while ($row = pg_fetch_row($result)) {
    print("<li>$row[0], $row[1]</li>\n")
}
?>
</ul>

<?php
pg_close($db);
?>
</body>
</html>
```

　次に，pg_query()を用いて SQL 問合せを発行する．この例では「students
（学生）」表から「id（学生番号）」と「name（氏名）」を検索している．問合せ
結果は $result という変数に入れられる．その後，while ループにより，問合
せ結果を 1 行ごとに読みだして出力をしている．pg_fetch_row()は 1 行ごとに
結果を読み出す関数である．最後に，pg_close()により接続を閉じて終了して

図 5.6　PHP インタプリタの出力例

```
<html>
<head>
<title>データベース問合せの例</title>
</head>
<body>
<h1>問合せ結果</h1>
<ul>
<li>1，山田太郎</li>
<li>2，田中花子</li>
</ul>
</body>
</html>
```

いる．

　以上が簡単な流れとなる．PHP インタプリタは，渡されたスクリプトに対して動的にデータベースを読み出し，問合せ結果を埋め込んでいく．埋め込んだ結果は，例えば**図 5.6** のような HTML ファイルとなる．この HTML ファイルが問合せ結果として返され，それが Web ブラウザで表示されることで，上記の URL にアクセスしたユーザには，その時点におけるデータベースの内容が表示されることになる．

演 習 問 題

5.1　次のリレーションスキーマをもつ五つのリレーションからなるデータベースを考える．ただし，各リレーションの主キーの属性は下線を付したものである．

　　　部門（<u>部門番号</u>，部門名）

　　　従業員（<u>従業員番号</u>，部門番号，氏名，住所，職級）

　　　部品（<u>部品番号</u>，部品名）

　　　業者（<u>業者番号</u>，業者名，住所，電話番号）

　　　供給（<u>部門番号</u>，<u>部品番号</u>，<u>業者番号</u>，単価，数量）

このデータベースに対する以下の問合せを，結合表を用いた SQL で記せ．

　　①　山田一郎という氏名の従業員が所属する部門の部門名

　　②　職級が 2 以下の従業員が所属する部門の部門番号と部門名の一覧

 ③　最高単価と最低単価の差が 100〔円〕以上の部品の部品番号，部品名，最低
  単価，最高単価の一覧

 ④　業者番号 3 の業者が部門 7 に部品 5 を供給する単価よりも安い単価で，部
  品 5 をいずれかの部門に供給している業者の業者番号の一覧

 ⑤　従業員番号 1 の従業員が所属する部門の中で，従業員番号 1 の従業員より
  も職級が上の従業員の従業員番号の一覧

 ⑥　全部門を対象に部門番号とその部門と部品供給関係のある業者の業者番号
  の一覧（部品供給関係のある業者がない部門に対しては，業者番号の値とし
  て空値を出力）

5.2 演習問題 5.1 と同じデータベースに対する以下の問合せを，副問合せを用いた
SQL で記せ．

 ①　業者番号 3 の業者が部門 7 に部品 5 を供給する単価よりも安い単価で，部
  品 5 をいずれかの部門に供給している業者の業者番号の一覧

 ②　部品 5 を最も安い単価で供給している業者の業者番号と供給先の部門番号

 ③　全従業員の職級が 3 以上の部門の部門番号と部門名の一覧（ただし，所属
  する従業員がいない部門はないものとする．EXCEPT を用いないこと）

 ④　登録されているすべての部品の供給を受けている部門の部門番号の一覧

 ⑤　部門番号 1 の部門に供給されている部品に関して，部品ごとの部品番号，
  最低単価，最高単価，平均単価をリストした一覧．ただし，部品 p の最低単
  価，最高単価，平均単価は「供給」表中のすべての部門に対する p の供給デー
  タから算出する．

 ⑥　同じ部品を異なる単価で供給している業者について，その業者番号，部品
  番号，最低単価，最低単価での供給先部門番号，最高単価，最高単価での供
  給先部門番号の一覧

5.3 身のまわりの適切な対象を選択し，JDBC を用いたデータベースアプリケー
ションプログラムの開発を試みよ．

6章
リレーショナル論理

　3.3 節において，リレーショナルデータモデルにおけるデータ操作を規定した体系であるリレーショナル代数について述べた．本章では，リレーショナル代数と並ぶもう一つの体系である，**リレーショナル論理（関係論理）**（relational calculus）について説明する．リレーショナル論理は，一階述語論理を基礎としたデータ操作体系である．リレーショナル代数では，リレーションに対して代数演算子を順次適用することにより，目的とするリレーションを導出した．リレーショナル論理では目的とするリレーションを論理式を用いて宣言的に記述する．リレーショナル論理には，タプルリレーショナル論理とドメインリレーショナル論理の 2 種類がある．

6.1　タプルリレーショナル論理

6.1.1　タプルリレーショナル論理式

　リレーションはタプルの集合である．したがって，どのような条件を満たすタプルの集合かを規定すれば目的とするリレーションを記述できることになる．**タプルリレーショナル論理**（tuple relational calculus）[Cod72b] では，タプルを表す**タプル変数**（tuple variable）とリレーション名に対応した述語記号を導入し，それらを用いた式を条件記述に用いる．**タプルリレーショナル論理式**（tuple relational calculus expression）は，$\{t \mid \Psi(t)\}$ の形式をもつ．ここで，t はある次数のタプルを表すタプル変数であり，$\Psi(t)$ は t が満たすべき条件を記述した式である．タプル変数 t の次数が i のとき，それを明示するために $t^{(i)}$ と記すこともある．タプルリレーショナル論理式を定義するため，まずアトムおよび式を定義する．

【定義：アトム（atom）】

① R を n 項リレーション名，u を次数 n のタプル変数とするとき，$R(u)$ はアトムである．

② u および v をタプル変数，A_i および B_j を属性名，θ を比較演算子（$=$，$<$，$>$，$\leqq$，$\geqq$，$\neq$ などを通常は考える）とするとき，$u[A_i]\theta v[B_j]$ はアトムである．

③ u をタプル変数，A_i を属性名，c を定数，θ を比較演算子とするとき，$u[A_i]\theta c$ はアトムである．

意味的には，①はリレーション R がタプル u を要素として含む条件を，②③はタプルの属性値どうしあるいは属性値と定数の比較条件を表す．　　　■

【定義：式（formula）】

① アトムは式である．アトム中に現れるタプル変数はすべて自由である．

② Φ を式とするとき，$\neg\Phi$ は式である．Φ で自由なタプル変数は，$\neg\Phi$ でも自由である．

③ Φ_1 および Φ_2 を式とするとき，$\Phi_1\wedge\Phi_2$，$\Phi_1\vee\Phi_2$ は式である．Φ_1 および Φ_2 で自由なタプル変数は，$\Phi_1\wedge\Phi_2$，$\Phi_1\vee\Phi_2$ でも自由である．

④ $\Phi(u)$ をタプル変数 u を自由変数として含む式とするとき，$(\exists u)\Phi(u)$，$(\forall u)\Phi(u)$ は式である．$(\exists u)\Phi(u)$，$(\forall u)\Phi(u)$ では，u は束縛変数となり自由変数ではなくなる．　　　■

$\Psi(t)$ をタプル変数 t のみを自由変数としてもつ式とするとき，$\{t\,|\,\Psi(t)\}$ をタプルリレーショナル論理式という．以下にリレーショナル代数の基本的代数演算を表すタプルリレーショナル論理式を示す．

① $R\cup S$：$\{t\,|\,R(t)\vee S(t)\}$

② $R-S$：$\{t\,|\,R(t)\wedge\neg S(t)\}$

③ $R\times S$：$\{t^{(n+m)}\,|\,(\exists u)(\exists v)(R(u)\wedge S(v)\wedge t[A_1]=u[A_1]$
$\wedge\cdots\wedge t[A_n]=u[A_n]\wedge t[B_1]=v[B_1]\wedge\cdots\wedge t[B_m]=v[B_m])\}$

ただし，リレーションスキーマを $R(A_1,\cdots,A_n)$ および $S(B_1,\cdots,B_m)$ とする．

④ $\pi_{A_1',\cdots,A_m'}(R)$：
$\{t^{(m)}\,|\,(\exists u)(R(u)\wedge t[A_1']=u[A_1']\wedge\cdots\wedge t[A_m']=u[A_m'])\}$

⑤ $\sigma_F(R)$: $\{t \mid R(t) \land F'\}$

ただし，F' は F における属性 A_i の値の参照を $t[A_i]$ で置き換えたものである．

3.3 節でリレーショナル代数式で記述した問合せ例をタプルリレーショナル論理式で記すと，以下のようになる．

例

Q1 科目番号 005 の科目の履修者の学籍番号と成績の一覧（**図 6.1**）

$$\{t^{(2)} \mid (\exists u)(\text{履修}(u) \land u[\text{科目番号}] = \text{'005'} \land t[\text{学籍番号}] = u[\text{学籍番号}] \land t[\text{成績}] = u[\text{成績}])\}$$

	学籍番号	成績
	⋮	⋮
t	x	y
	⋮	⋮

履修

	科目番号	学籍番号	成績
	⋮	⋮	⋮
u	005	x	y
	⋮	⋮	⋮

図 6.1 問合せ Q1（タプルリレーショナル論理式）

Q2 学籍番号 00100 の学生が履修した科目の科目番号，科目名，成績の一覧（**図 6.2**）

$$\{t^{(3)} \mid (\exists u)(\exists v)(\text{科目}(u) \land \text{履修}(v) \land v[\text{学籍番号}] = \text{'00100'} \land u[\text{科目番号}] = v[\text{科目番号}] \land t[\text{科目番号}] = u[\text{科目番号}] \land t[\text{科目名}] = u[\text{科目名}] \land t[\text{成績}] = v[\text{成績}])\}$$

	科目番号	科目名	成績
	⋮	⋮	⋮
t	x	y	z
	⋮	⋮	⋮

科目

	科目番号	科目名	単位数
	⋮	⋮	⋮
u	x	y	?
	⋮	⋮	⋮

履修

	科目番号	学籍番号	成績
	⋮	⋮	⋮
v	x	00100	z
	⋮	⋮	⋮

図 6.2 問合せ Q2（タプルリレーショナル論理式）

Q3 情報工学専攻のいずれかの学生が履修した科目の科目番号と科目名
の一覧（**図 6.3**）

$$\{t^{(2)} \mid (\exists u)(\exists v)(\exists w)(科目(u) \wedge 履修(v) \wedge 学生(w)$$
$$\wedge u[科目番号] = v[科目番号] \wedge v[学籍番号] = w[学籍番号]$$
$$\wedge w[専攻] = \text{'情報工学'} \wedge t[科目番号] = u[科目番号]$$
$$\wedge t[科目名] = u[科目名])\}$$

科目

	科目番号	科目名	単位数
	⋮	⋮	⋮
u	x	y	?
	⋮	⋮	⋮

	科目番号	科目名
	⋮	⋮
t	x	y
	⋮	⋮

履修

	科目番号	学籍番号	成績
	⋮	⋮	⋮
v	x	z	?
	⋮	⋮	⋮

学生

	学籍番号	氏名	専攻	住所
	⋮	⋮	⋮	⋮
w	z	?	情報工学	?
	⋮	⋮	⋮	⋮

図 6.3 問合せ Q3（タプルリレーショナル論理式）

Q4 科目番号 005 の科目に関して学籍番号 00100 の学生よりも成績の良
かった学生の学籍番号の一覧（**図 6.4**）

$$\{t^{(1)} \mid (\exists u)(\exists v)(履修(u) \wedge 履修(v) \wedge u[科目番号] = \text{'005'}$$
$$\wedge u[学籍番号] = \text{'00100'} \wedge v[科目番号] = \text{'005'}$$
$$\wedge u[成績] < v[成績] \wedge t[学籍番号] = v[学籍番号])\}$$

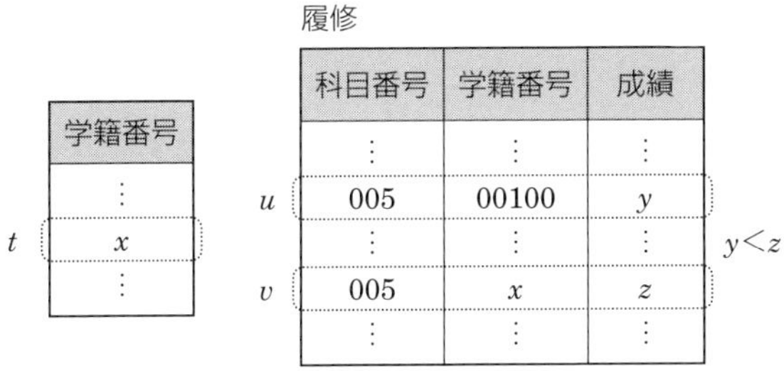

履修

科目番号	学籍番号	成績
⋮	⋮	⋮
005	00100	y
⋮	⋮	⋮
005	x	z
⋮	⋮	⋮

学籍番号
⋮
x
⋮

$y < z$

図 6.4 問合せ Q4（タプルリレーショナル論理式）

Q5 実習課題のない科目の科目番号と科目名の一覧（**図 6.5**）

$$\{t^{(2)} \mid (\exists u)(科目(u) \land \neg(\exists v)(実習課題(v) \land$$
$$u[科目番号] = v[科目番号]) \land t[科目番号] = u[科目番号]$$
$$\land t[科目名] = u[科目名])\}$$

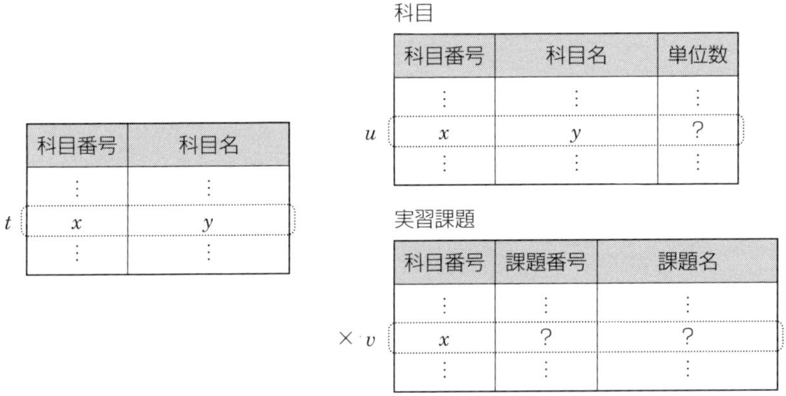

科目

科目番号	科目名	単位数
⋮	⋮	⋮
x	y	?
⋮	⋮	⋮

科目番号	科目名
⋮	⋮
x	y
⋮	⋮

実習課題

科目番号	課題番号	課題名
⋮	⋮	⋮
x	?	?
⋮	⋮	⋮

図 6.5 問合せ Q5（タプルリレーショナル論理式）

■

6.1.2 安全なタプルリレーショナル論理式

上に定義したタプルリレーショナル論理式のなかには，実はリレーショナルデータベースに対する意味のある問合せを記述するうえでは不適切なものが含まれる．例としては，$\{t \mid \neg R(t)\}$ や $\{t \mid R(t) \land (\exists u)(u[A] > t[A])\}$ など

がある．前者では，リレーション R に含まれないタプルを探すということが，データベースに対する問合せとして意味をもつかという疑問が生じる．また，タプル変数 t のとり得る値の範囲が規定されていない．仮にリレーション R の各属性のドメインの直積集合をその範囲と仮定した場合でも，集合 $\{t \mid \neg R(t)\}$ は無限個の要素をもつ可能性がある．後者では，タプル変数 u のとり得る値の範囲について同様の問題があり，データベースインスタンスだけからは $(\exists u)(u[A] > t[A])$ の真偽を判定できない．

このような問題が発生するのを防ぐため，安全なタプルリレーショナル論理式と呼ぶ制限付きのタプルリレーショナル論理式を定義する．その準備として式の**ドメイン**を定義する．式 Ψ に対してそのドメイン $\mathrm{DOM}(\Psi)$ とは，Ψ 中に現れるすべての定数および Ψ 中に現れるすべてリレーションの全属性値の集合である．例えば，$\Psi : R(t) \wedge t[A_1] = 1$ とすると，$\mathrm{DOM}(\Psi) = \{1\} \cup \pi_{A_1}(R) \cup \cdots \cup \pi_{A_n}(R)$ である．タプルリレーショナル論理式 $\{t \mid \Psi(t)\}$ が**安全**（safe）であるとは，以下の三つの条件を満たすときである[Ull82]．

① $\Psi(t)$ が真となるならば，t の各成分は $\mathrm{DOM}(\Psi)$ の要素である．

② $\Psi(t)$ 中の任意の部分式 $(\exists u)\Phi(u)$ において，タプル u に対して $\Phi(u)$ が真となるならば，u の各成分は $\mathrm{DOM}(\Phi)$ の要素である．

③ $\Psi(t)$ 中の任意の部分式 $(\forall u)\Phi(u)$ において，タプル u に対して $\Phi(u)$ が偽となるならば，u の各成分は $\mathrm{DOM}(\Phi)$ の要素である．本条件は，$(\forall u)\Phi(u) \equiv \neg(\exists u)(\neg \Phi(u))$ であることより条件②から導出される．

$\Psi : \neg R(t)$ の場合，$\mathrm{DOM}(\Psi)$ はリレーション R 中のすべての値の集合である．t が $\mathrm{DOM}(\Psi)$ 中の値以外からなるタプルの場合でも $\Psi(t)$ すなわち $\neg R(t)$ は真となる．したがって，条件①に反するので，$\{t \mid \neg R(t)\}$ は安全ではない．また，$\{t \mid R(t) \wedge (\exists u)(u[A] > t[A])\}$ の場合は，$\Phi : u[A] > t[A]$ に関して $\mathrm{DOM}(\Phi)$ は空集合となるが，R 中のタプル t の A 値 $t[A]$ よりも大きい値は原理的には存在し得るため，条件②に反する．これらを除くとこれまでに例として示したタプルリレーショナル論理式はすべて安全である．タプルリレーショナル論理による通常の問合せ記述では，安全なタプルリレーショナル論理式のみを用いる．

6.2　ドメインリレーショナル論理

6.2.1　ドメインリレーショナル論理式

　タプルリレーショナル論理では変数としてタプル変数を用いた．タプル変数の代わりに属性のドメインの要素をその値としてとる**ドメイン変数**（domain-variable）を用いるのが，**ドメインリレーショナル論理**（domain relational calculus）[LacP77]である．**ドメインリレーショナル論理式**（domain relational calculus expression）は，$\{x_1 \cdots x_n \mid \Psi(x_1, \cdots, x_n)\}$ の形式をもつ．ここで，x_1, $\cdots, x_n$ はドメイン変数であり，$\Psi(x_1, \cdots, x_n)$ は $x_1, \cdots, x_n$ が満たすべき条件を記述した式である．ドメインリレーショナル論理式におけるアトムおよび式は以下のように定義される．

【定義：アトム（atom）】

①　R を n 項リレーション名，$x_1, \cdots, x_n$ をドメイン変数または定数とするとき，$R(x_1, \cdots, x_n)$ はアトムである．

②　x および y をドメイン変数，θ を比較演算子（＝，＜，＞，≦，≧，≠などを通常は考える）とするとき，$x \theta y$ はアトムである．

③　x をドメイン変数，c を定数，θ を比較演算子とするとき，$x \theta c$ はアトムである．

【定義：式（formula）】

①　アトムは式である．

②　Φ を式とするとき，$\neg\Phi$ は式である．

③　Φ_1 および Φ_2 を式とするとき，$\Phi_1 \wedge \Phi_2$, $\Phi_1 \vee \Phi_2$ は式である．

④　$\Phi(u)$ をドメイン変数 u を自由変数として含む式とするとき，$(\exists u)\Phi(u)$, $(\forall u)\Phi(u)$ は式である．

　なお，ドメイン変数の自由，束縛はタプルリレーショナル論理式の場合と同様に決まる．

　$\Psi(x_1, \cdots, x_n)$ をドメイン変数 $x_1, \cdots, x_n$ のみを自由変数としてもつ式とするとき，$\{x_1 \cdots x_n \mid \Psi(x_1, \cdots, x_n)\}$ をドメインリレーショナル論理式という．以下に 3.3 節の問合せ例をドメインリレーショナル論理式で記す．

例

Q1　科目番号 005 の科目の履修者の学籍番号と成績の一覧（**図 6.6**）

$$\{x_1 x_2 \mid 履修('005', x_1, x_2)\}$$

履修

学籍番号	成績
⋮	⋮
x_1	x_2
⋮	⋮

科目番号	学籍番号	成績
⋮	⋮	⋮
005	x_1	x_2
⋮	⋮	⋮

図 6.6　問合せ Q1（ドメインリレーショナル論理式）

Q2　学籍番号 00100 の学生が履修した科目の科目番号，科目名，成績の一覧（**図 6.7**）

$$\{x_1 x_2 x_3 \mid (\exists y)(科目(x_1, x_2, y) \wedge 履修(x_1, '00100', x_3))\}$$

科目

科目番号	科目名	単位数
⋮	⋮	⋮
x_1	x_2	y
⋮	⋮	⋮

科目番号	科目名	成績
⋮	⋮	⋮
x_1	x_2	x_3
⋮	⋮	⋮

履修

科目番号	学籍番号	成績
⋮	⋮	⋮
x_1	00100	x_3
⋮	⋮	⋮

図 6.7　問合せ Q2（ドメインリレーショナル論理式）

Q3　情報工学専攻のいずれかの学生が履修した科目の科目番号と科目名の一覧（**図 6.8**）

$$\{x_1 x_2 \mid (\exists y_1)(\exists y_2)(\exists y_3)(\exists y_4)(\exists y_5)(科目(x_1, x_2, y_1)$$
$$\wedge 履修(x_1, y_2, y_3) \wedge 学生(y_2, y_4, '情報工学', y_5))\}$$

科目

科目番号	科目名	単位数
$\vdots$	$\vdots$	$\vdots$
x_1	x_2	y_1
$\vdots$	$\vdots$	$\vdots$

履修

科目番号	科目名
$\vdots$	$\vdots$
x_1	x_2
$\vdots$	$\vdots$

履修

科目番号	学籍番号	成績
$\vdots$	$\vdots$	$\vdots$
x_1	y_2	y_3
$\vdots$	$\vdots$	$\vdots$

学生

学籍番号	氏名	専攻	住所
$\vdots$	$\vdots$	$\vdots$	$\vdots$
y_2	y_4	情報工学	y_5
$\vdots$	$\vdots$		$\vdots$

図 6.8 問合せ Q3（ドメインリレーショナル論理式）

Q4 科目番号 005 の科目に関して学籍番号 00100 の学生よりも成績の良
かった学生の学籍番号の一覧（**図 6.9**）

$$\{x \mid (\exists y_1)(\exists y_2)(履修('005', '00100', y_1) \land 履修('005', x, y_2)$$
$$\land y_1 < y_2)\}$$

履修

学籍番号
$\vdots$
x
$\vdots$

科目番号	学籍番号	成績
$\vdots$	$\vdots$	$\vdots$
005	00100	y_1
$\vdots$	$\vdots$	$\vdots$
005	x	y_2
$\vdots$	$\vdots$	$\vdots$

$y_1 < y_2$

図 6.9 問合せ Q4（ドメインリレーショナル論理式）

Q5 実習課題のない科目の科目番号と科目名の一覧（**図6.10**）

$$\{x_1x_2 \mid (\exists y_1)(科目(x_1, x_2, y_1)$$
$$\wedge \neg(\exists y_2)(\exists y_3)(実習課題(x_1, y_2, y_3)))\}$$

科目

科目番号	科目名	単位数
$\vdots$	$\vdots$	$\vdots$
x_1	x_2	y_1
$\vdots$	$\vdots$	$\vdots$

科目番号	科目名
$\vdots$	$\vdots$
x_1	x_2
$\vdots$	$\vdots$

実習課題

科目番号	課題番号	課題名
$\vdots$	$\vdots$	$\vdots$
x_1	y_2	y_3
$\vdots$	$\vdots$	$\vdots$

$\times$

図6.10 問合せ Q5（ドメインリレーショナル論理式）

■

6.2.2 安全なドメインリレーショナル論理式

　タプルリレーショナル論理の場合と同じ理由により，安全なドメインリレーショナル論理式を定義し，通常の問合せ記述に用いる．タプルリレーショナル論理式のときと同様，式 Ψ のドメイン $\mathrm{DOM}(\Psi)$ を，Ψ 中に現れるすべての定数および Ψ 中に現れるすべてのリレーションの全属性値の集合として定義する．ドメインリレーショナル論理式 $\{x_1 \cdots x_n \mid \Psi(x_1, \cdots, x_n)\}$ が安全であるとは，以下の三つの条件を満たすときである．

① $\Psi(x_1, \cdots, x_n)$ が真となるならば，各 x_i は $\mathrm{DOM}(\Psi)$ の要素である．

② $\Psi(x_1, \cdots, x_n)$ 中の任意の部分式 $(\exists x)\Phi(x)$ において，$\Phi(x)$ が真となるならば x は $\mathrm{DOM}(\Phi)$ の要素である．

③ $\Psi(x_1, \cdots, x_n)$ 中の任意の部分式 $(\forall x)\Phi(x)$ において，$\Phi(x)$ が偽となるならば x は $\mathrm{DOM}(\Phi)$ の要素である．

上に例として示したドメインリレーショナル論理式はすべて安全である．

6.3 リレーショナル完備

これまでに，リレーショナルデータベースにおけるデータ操作系としてリレーショナル代数とリレーショナル論理を定義した．また，リレーショナル論理にはタプルリレーショナル論理とドメインリレーショナル論理があることを述べた．リレーショナル論理においては安全な論理式のみを考えることにすると，これらのデータ操作系はすべて同じデータ操作記述力をもつという極めて重要な性質がある．すなわち，これらのいずれかをもって記述可能な問合せは他のいずれをもっても記述可能であり，また，いずれかで記述できない問合せは他のいずれをもっても記述不可能なのである．Ullman は以下の三つの定理を証明することでこの証明を与えている[Ull82]．

【定理 6.1】

任意のリレーショナル代数式に対し，等価な安全なタプルリレーショナル論理式が存在する． ■

【定理 6.2】

任意の安全なタプルリレーショナル論理式に対し，等価な安全なドメインリレーショナル論理式が存在する． ■

【定理 6.3】

任意の安全なドメインリレーショナル論理式に対し，等価なリレーショナル代数式が存在する． ■

このような性質を考えると，リレーショナル代数やリレーショナル論理はリレーショナルデータベースに対する最も基本的なデータ操作を規定しているとみなすことができる．したがって，リレーショナルデータベースに対する他のデータ操作系やデータベース言語においても，リレーショナル代数やリレーショナル論理で記述可能なデータ操作は最低限記述可能であることが望まれる．あるデータ操作系がこの条件を満たすとき，そのデータ操作系を**リレーショナル完備**（**関係完備**）（relational complete）[cod72b]であるという．なお，リレーショナル完備なデータ操作系を用いれば，リレーショナルデータベースに対して通常考えられる操作がすべて記述可能ということではない点には注意する必要がある．例えば，リレーショナル代数やリレーショナル論理では，5.6

節に述べた推移的閉包（transitive closure）をとるデータ操作は記述できないことが知られている[AhoU79].

演習問題

6.1 次のリレーションスキーマをもつ五つのリレーションからなるデータベースを考える．ただし，各リレーションの主キーの属性は下線を付したものである．

部門（<u>部門番号</u>，部門名）

従業員（<u>従業員番号</u>，部門番号，氏名，住所，職級）

部品（<u>部品番号</u>，部品名）

業者（<u>業者番号</u>，業者名，住所，電話番号）

供給（<u>部門番号</u>，<u>部品番号</u>，<u>業者番号</u>，単価，数量）

このデータベースに対する以下の問合せを，タプルリレーショナル論理式，ドメインリレーショナル論理式でそれぞれ記せ．

① 部門番号1の部門に所属する従業員の氏名と住所の一覧

② 山田一郎という氏名の従業員が所属する部門の部門名

③ 職級が2以下の従業員が所属する部門の部門番号と部門名の一覧

④ 業者番号3の業者が部門7に部品5を供給する単価よりも安い単価で，部品5をいずれかの部門に供給している業者の業者番号の一覧

⑤ 登録されているすべての部品の供給を受けている部門の部門番号の一覧

⑥ 全従業員の職級が3以上の部門の部門番号と部門名の一覧（ただし，所属する従業員がいない部門はないものとする）

6.2 演習問題6.1で書いたタプルリレーショナル論理式およびドメインリレーショナル論理式が安全であることを確かめよ．

6.3 定理6.1，6.2，6.3の証明を試みよ．

7章
リレーショナルデータベース設計論

2章において，データベース設計は概念設計と論理設計の二つの段階に分けて通常行われることを述べた．そして，概念設計にしばしば用いられる実体関連モデルについて説明した．本章では，リレーショナルデータベースを対象とした論理設計に関して議論する．まず最初に，実体関連モデルで記述された概念モデルからのリレーショナルデータモデルによる論理モデルの導出について述べる．次に，3章で簡単に触れた従属性についてより詳しい説明を行い，従属性に基づくリレーションの正規化について述べる．正規化の理論は，データ更新時の振舞いに優れたリレーショナルデータベースを設計するうえでの一つの客観的な基準を与えるものである．

7.1 実体関連モデルからのリレーショナルデータベーススキーマの導出

実体関連モデルで記述された概念モデルからリレーショナルデータベーススキーマを導出する方法が，これまでにいくつか提案されている．以下に，Toby J. Teorey らの手法[Teo*86]をベースにした導出法を示す．

（1）実体集合の扱い

A）通常実体集合

通常実体集合 E に対してリレーション R を定義し，E のすべての属性を R の属性とする．また，E の主キーを R の主キーとする．

B）弱実体集合

実体集合 E' を識別上のオーナとする弱実体集合 E に対してはリレーション R を定義し，E のすべての属性を R の属性とする．さらに，E' に対応するリレーションの主キーを R の属性に加え，これと E の部分キーの組合

せを R の主キーとする.

C）汎化階層の扱い

実体集合 E に関する汎化階層があり，E の上位の実体集合 E' が存在する場合には，E' に対応するリレーションの主キーを E に対応するリレーション R の属性に加えてこれを R の主キーとする.

（2）関連集合の扱い

A）次数2の関連集合

関連集合により関係づけられる二つの実体集合に対応するリレーションを R_1, R_2 とする.

① 1対1対応の場合

R_1 あるいは R_2 のいずれかにもう一方のリレーションの主キーおよび（もしあれば）関連集合自身の属性を付加する.

② 1対 N 対応の場合

R_1 および R_2 がそれぞれ1側および N 側の実体集合に対応したリレーションであるとする．このとき，R_2 に R_1 の主キーおよび（もしあれば）関連集合自身の属性を付加する.

③ N 対 M 対応の場合

R_1 の主キー，R_2 の主キー，および（もしあれば）関連集合自身の属性からなる新たなリレーションを定義する．通常，R_1 の主キーと R_2 の主キーの組合せをこのリレーションの主キーとすることができる.

B）次数3以上の関連集合

上記③に準じて新たなリレーションを定義する．このリレーションの主キーは，関係づけられる実体集合間の対応関係に応じて決定しなければならない.

図2.8に示した実体関連図に対して上記の導出手順を適用すると以下のようになる．ただし，下線を付した属性を主キーとする.

① 通常実体集合に関する規則により以下のリレーションを導出する.

　　　学生（<u>学籍番号</u>, 氏名, 専攻, 住所）

　　　科目（<u>科目番号</u>, 科目名, 単位数）

② 弱実体集合に関する規則により以下のリレーションを導出する.

　　　　実習課題（<u>科目番号</u>, <u>課題番号</u>, 課題名）

③　汎化階層に関する規則により以下のリレーションを導出する.

　　　　TA（<u>学籍番号</u>, 経験年数, 内線番号）

④　関連集合に関する規則によりリレーション「TA」のリレーションス
　　キーマを以下のように変更する.

　　　　TA（<u>学籍番号</u>, 経験年数, 内線番号, 科目番号）

⑤　関連集合に関する規則により以下のリレーションを導出する.

　　　　履修（<u>科目番号</u>, <u>学籍番号</u>, 成績）

以上のように, 五つのリレーションスキーマからなるリレーショナルデータ
ベーススキーマが導出される. 手順④では「TA」に属性「科目番号」を加えて
関連集合「担当」を表現したが, 「科目」のほうを選ぶことも可能である. この
選択には参加制約なども考慮することが望ましい. また, 関連集合「実習」に
対する処理を明示的には行っていないが, これはすでにこの情報がリレーショ
ン「実習課題」中に表現されているからである.

7.2　好ましくないリレーションスキーマ

　7.1 節の導出手順によって得られたリレーショナルデータベーススキーマ
は, 実体関連モデルで表現された概念モデルをできるだけ素直にリレーショナ
ルデータモデルの枠組みの中に焼き直したものである. したがって, そのデー
タベーススキーマが理解しやすく種々の点で好ましい性質をもつものであるか
は, 元の概念モデルにおいて適切な概念の切分けと構造化がされているかに依
存する. 例えば, ある会社の営業データベース設計において実体集合「商品」
「顧客」「営業マン」が定義され, それらの間に属性「販売価格」をもつ関連集
合「営業」があるとデータベース設計者がとらえたとする. このとき, この関
連集合から「営業（商品番号, 顧客番号, 社員番号, 販売価格）」というリレー
ションが導出される. しかし, もしここである顧客を担当する営業マンは 1 人
というルールが仮にあったとすると, リレーション「営業」は以下に示す点で
好ましくない性質をもつことになる. なお, この場合「営業」の主キーは「商
品番号」と「顧客番号」のペアとなり, 「販売価格」は各商品の各顧客に対する

販売価格を表す.

A) **修正不整合**（modification anomaly）

顧客 c が購入する商品ごとに担当営業マン s の社員番号が繰り返し格納され，冗長である（**図 7.1**）．したがって，c の担当営業マンが変更になるときには，c が購入している商品の種類の数だけ繰り返し「社員番号」の値を変更しなければならない.

B) **挿入不整合**（insertion anomaly）

リレーション「営業」は，各顧客の担当営業マンの情報を保持しているとみなすことができる．しかし，ある新しい顧客 c に対して担当営業マンを s と決めたもののまだ具体的な取引対象の商品は決まっていないという場合，この情報をリレーション「営業」に入れることはできない．なぜならば，それを行うためには（NULL, c, s, NULL）というタプルを挿入することになるが，主キーの一部である属性「商品番号」の値として NULL を与えるのは，キー制約に反してしまうからである.

C) **削除不整合**（deletion anomaly）

営業マン s が担当する顧客 c が唯一購入していたある商品を，製品変更のために取扱い中止にしたとする．このとき，該当するタプルを削除すると，c の担当営業マンが s であったという情報も失われてしまう．顧客と担当営業マンの関係だけを残すのは，B）に述べた通り不可能である.

　上記のA）B）C）の不整合をまとめて**更新不整合**（update anomaly）と呼ぶ．このような問題が生じる原因は，顧客と担当営業マンの関係が商品の販売情報にまぎれて表現されていることにある．すなわち，リレーション「営業」には，独立な二つの情報が混在して表現されている．「営業」のもつ問題点を解決する一つの方法は，このリレーションを二つのリレーション「販売（商品番号, 顧客番号, 販売価格）」と「営業担当（顧客番号, 社員番号）」に分解することである（図 7.1）．この場合，「販売」の主キーは「商品番号」と「顧客番号」のペア，「営業担当」の主キーは「顧客番号」になる．このような分解によって得られたリレーションは，元のリレーション「営業」におけるような問題点はもたない．実は，「販売」や「営業担当」は更新不整合を解消するための高次の正規形に分類される形式をなしている．一方，元の「営業」はこのような条件

営業

商品番号	顧客番号	社員番号	販売価格
$i1$	$c1$	$s1$	100
$i1$	$c2$	$s2$	120
$i2$	$c1$	$s1$	200
$i2$	$c2$	$s2$	210
$i3$	$c1$	$s1$	250
$i3$	$c2$	$s2$	250
$i4$	$c1$	$s1$	150

販売

商品番号	顧客番号	販売価格
$i1$	$c1$	100
$i1$	$c2$	120
$i2$	$c1$	200
$i2$	$c2$	210
$i3$	$c1$	250
$i3$	$c2$	250
$i4$	$c1$	150

営業担当

顧客番号	社員番号
$c1$	$s1$
$c2$	$s2$

図 7.1 リレーション「営業」の分解

を満たさないため上記の問題が発生しているといえる.

7.3 関数従属性

　本節以降では，代表的な従属性とそれに基づいて定義される正規形について説明する．また，与えられたリレーションが適当な正規形となっていないときに，分解により正規形を得るための手法についても併せて述べる．これまで繰り返し述べてきたように，リレーションスキーマ $R(A_1, \cdots, A_n)$ において，属性 $A_1, \cdots, A_n$ の順序には本質的な意味はない．したがって，リレーションスキーマ $R(A_1, \cdots, A_n)$ はリレーション名 R とその属性集合 $\{A_1, \cdots, A_n\}$ を対応

づけて示しているが，リレーションの構造自体は $\{A_1, \cdots, A_n\}$ で与えられる．本章の以下の部分では記法を単純化するため，特に必要のある場合以外はリレーション名を無視して，リレーションスキーマを属性集合 $\{A_1, \cdots, A_n\}$ のみをもって $RS = \{A_1, \cdots, A_n\}$ と表すこととする．

関数従属性（functional dependency，省略して FD とも記す）[Cod72a] の概念については，すでに 3.2 節で述べた．より形式的な関数従属性の定義を示すと，リレーションスキーマ RS と属性集合 $X, Y \subseteq RS$ が与えられた場合，RS の任意のインスタンス R において，$(\forall t \in R)(\forall u \in R)(t[X] = u[X] \rightarrow t[Y] = u[Y])$ が成立するとき，関数従属性 $X \rightarrow Y$ が成り立つという．ただし，$t[X]$ はタプル t の属性 X の値を示す記法である．関数従属性 $X \rightarrow Y$ が成り立つとき，X は Y を関数的に決定するといい，Y は X に関数従属するという．上に述べたリレーション「営業」のリレーションスキーマ〔商品番号, 顧客番号, 社員番号, 販売価格〕においては，「商品番号, 顧客番号→販売価格」「顧客番号→社員番号」などが成立する．なお，本来これらは，「｛商品番号, 顧客番号｝→｛販売価格｝」などと記すべきであるが，しばしばこのように｛ ｝を省略して記す．関数従属性は，リレーションスキーマに対して出現し得るすべてのインスタンスに対する整合性制約の一種であり，どのような関数従属性が成立するかは対象となる実世界の規約に応じて決まる．したがって，ある一つのインスタンスだけをとらえてそこに成立する関数従属性を判断することはできない点には注意する必要がある．

関数従属性の概念を用いると，リレーションスキーマ RS において属性集合 X が超キーであるとは

① $X \rightarrow RS$

が成立することである．また，①に加えて

② X のいかなる真部分集合 Y についても $Y \rightarrow RS$ は成立しない．

が成り立つとき，X は候補キーである．

リレーションスキーマ $\{A, B, C\}$ において，関数従属性 $A \rightarrow B$, $B \rightarrow C$ が成立するならば，関数従属性の定義から明らかに $A \rightarrow C$ も成立する．このようなとき，関数従属性の集合 $\{A \rightarrow B, B \rightarrow C\}$ は $A \rightarrow C$ を**論理的に含意**（logically imply）するといい，$\{A \rightarrow B, B \rightarrow C\} \models A \rightarrow C$ と記す．このように，ある関数従

属性の集合 F が与えられた際には，F の要素として明示的に示された関数従属性に加え，それらが論理的に含意する関数従属性が通常は存在する．これらすべての関数従属性の集合を F の**閉包**（closure）と呼び，F^+ で表す．すなわち，$F^+ = \{X \to Y \mid F \models X \to Y\}$ である．

　閉包は関数従属性の集合が規定する整合性制約の全体を明示的に示したものといえる．多くの場合，関数従属性集合の閉包に含まれる関数従属性はきわめて多岐にわたる．そこで，関数従属性集合が与えられたとき，その要素が論理的に含意するすべての関数従属性をもれなく数えあげる規則があれば有用である．**アームストロングの公理系**[Arm74, Bee*77] はその規則を与えるものである．アームストロングの公理系は以下の三つの規則からなる．ただし，X, Y, Z はリレーションスキーマ RS の属性集合とする．

①　反射律（reflexivity law）

　　$Y \subseteq X$ のとき，$X \to Y$ が成立する．

②　増加律（augmentation law）

　　$X \to Y$ のとき，$XZ \to YZ^\dagger$ が成立する．

③　推移律（transitivity law）

　　$X \to Y$ かつ $Y \to Z$ のとき，$X \to Z$ が成立する．

　反射律により導出される関数従属性は，$Y \subseteq X$ の条件さえ満たせば整合性制約とは無関係にどんなリレーションスキーマにおいても成立する．この意味で，自明（trivial）な関数従属性と呼ばれる．

　アームストロングの公理系は，健全（sound），かつ完全（complete）であることが証明されている[Arm74, Ull88]．健全であるとは，関数従属性集合 F が与えられたとき，公理系を用いて導出されるすべての関数従属性は F が論理的に含意するもの，すなわち F^+ の要素であるということである．一方，完全であるとは，F^+ 中のすべての関数従属性が公理系の規則を適用することで導出可能であるということである．アームストロングの公理系の健全性および完全性の証明に興味ある読者は，参考文献［Ull88］などを参照してもらいたい．

　アームストロングの公理系を用いて，さらに以下のような関数従属性に関す

---

†　$X \cup Z \to Y \cup Z$ をしばしばこのように簡単化して記す．

る規則を導くことができる.

① 合併律（union law）

$X{\to}Y$ かつ $X{\to}Z$ のとき，$X{\to}YZ$ が成立する.

② 擬推移律（pseudotransitivity law）

$X{\to}Y$ かつ $WY{\to}Z$ のとき，$XW{\to}Z$ が成立する.

③ 分解律（decomposition law）

$X{\to}Y$ かつ $Z{\subseteq}Y$ のとき，$X{\to}Z$ が成立する.

関数従属性集合 F, G があるとき，それぞれが表す整合性制約の全体は上に述べたように F^+ および G^+ により与えられる．したがって，F と G の要素が完全に一致しなくとも F^+ と G^+ が一致する場合には，F と G は本質的には同じ整合性制約を表現していることになる．この意味で $F^+ = G^+$ が満たされるとき，F と G は**等価**（equivalent）であるという．関数従属性集合の等価性が定義されると，ある従属性集合に等価な従属性集合のうちで，何らかの意味で冗長性のない簡潔なものを求めたいという問題が考えられる．関数従属性集合 F に等価な関数従属性集合のうち，以下の三つの条件を満たす M を F の**極小被覆**（minimal cover）と呼ぶ[Ull88].

① M 中のすべての関数従属性の右辺は単一の属性である.

② M 中のいかなる関数従属性 $X{\to}A$ に対しても，$M - \{X{\to}A\}$ と M は等価でない.

③ M 中のいかなる関数従属性 $X{\to}A$ および $Z{\subset}X$ に対しても，$(M - \{X{\to}A\}) \cup \{Z{\to}A\}$ と M は等価でない.

関数従属性集合 F の極小被覆は以下のアルゴリズムで求めることができる.

【極小被覆を求めるアルゴリズム】

```
Result:=F
for each X→{A₁,…,Aₙ}(n≧2)in Result do
  Result:=(Result-{X→{A₁,…,Aₙ}})∪{X→A₁,…,X→Aₙ}
while 上記条件②または③に違反する X→A が Result 中にあり do
  if 条件②に違反 then Result:=Result-{X→A}
  else if 条件③に違反 then Result:=(Result-{X→A})∪{Z→A}     ■
```

ある関数従属性集合 F の極小被覆は複数個存在し得る．例えば，リレーショ

ンスキーマ $\{A, B, C\}$ において $F = \{A \rightarrow BC, B \rightarrow C, C \rightarrow B\}$ とする．まず，条件①を満たすように $\{A \rightarrow B, A \rightarrow C, B \rightarrow C, C \rightarrow B\}$ に変形する．$A \rightarrow B$ は $\{A \rightarrow C, C \rightarrow B\}$ から論理的に含意されるので，$A \rightarrow B$ を除去しても F^+ は変わらない．したがって，条件②に違反するものとして $A \rightarrow B$ を除去すれば $\{A \rightarrow C, B \rightarrow C, C \rightarrow B\}$ が得られる．一方，$A \rightarrow C$ は $\{A \rightarrow B, B \rightarrow C\}$ から論理的に含意されるので，$A \rightarrow C$ を除去すれば $\{A \rightarrow B, B \rightarrow C, C \rightarrow B\}$ が得られる．このいずれも F の極小被覆である．あるリレーションスキーマにおいて成立する関数従属性は，通常，極小被覆の条件を満たす関数従属性の集合を用いて表す．

7.4 第三正規形

　リレーションが 7.2 節で述べたような問題点を伴わないための条件を，リレーションスキーマに関する従属性を用いて与えることができる．その条件の程度に応じて，リレーションスキーマに対するいくつかの正規形が定義される．3.1 節において，リレーショナルデータモデルにおけるリレーションは，その基本的形式として，第一正規形の条件を満たさなければならないことを述べた．本章で述べる正規形を得る過程は，第一正規形制約に加えてさらにリレーションに制約を与えるという意味で，高次の正規化と呼ばれる．

　更新不整合を解消するための正規形のうち最も基本的なものに，リレーショナルモデルを提案した Codd 自身の提案による第三正規形がある[Cod72a]．一般に，リレーションスキーマ RS の属性のうち，いずれかの候補キーの構成要素となる属性を**素属性**（prime attribute）と呼ぶ．また，素属性以外の属性を**非素属性**（nonprime attribute）と呼ぶ．リレーションスキーマ RS が**第三正規形**（third normal form，省略して 3NF とも記す）であるとは，属性集合 X と属性 A に対して関数従属性 $X \rightarrow A$（$X \subseteq RS$, $A \in RS$, $A \notin X$）が成り立つ場合には以下の二つの条件のいずれかが常に満たされるときをいう．

① X が RS の超キーである．
② A が素属性である．

　7.2 節で述べたリレーションスキーマ $\{$商品番号, 顧客番号, 社員番号, 販売価格$\}$ における関数従属性の極小被覆は，「商品番号, 顧客番号→販売価格」と

「顧客番号→社員番号」からなる．よって，唯一の候補キーは〔商品番号, 顧客番号〕であり，「商品番号」と「顧客番号」は素属性，「社員番号」と「販売価格」は非素属性になる．したがって，「商品番号, 顧客番号→販売価格」は第三正規形の条件①を満たすが，「顧客番号→社員番号」は上記①②のいずれの条件も満たさない．よって，〔商品番号, 顧客番号, 社員番号, 販売価格〕は第三正規形ではない．一方，図 7.1 のようにこれを分解して得られるリレーションスキーマ〔商品番号, 顧客番号, 販売価格〕および〔顧客番号, 社員番号〕の関数従属性集合の極小被覆は，それぞれ「商品番号, 顧客番号→販売価格」および「顧客番号→社員番号」である．上記と同様の考察を行うことで，分解後は両リレーションスキーマとも第三正規形となることがわかる．

上記の第三正規形か否かの判定では，極小被覆に含まれる関数従属性のみについて，第三正規形の①②の条件が成立するかどうかを判断した．しかし，第三正規形の定義では，自明でない，いかなる関数従属性についても①または②の条件の成立を求めており，上記の判定では不十分に思われるかもしれない．実は，もしある関数従属性が①または②の条件を満たす場合は，アームストロングの公理系によって導出される関数従属性も①または②の条件を満たすことが示せるため，第三正規形か否かの判定は極小被覆内の関数従属性についてのみ行えばよい．このことは，以下に示す他の正規形の判定においても同様である．

これまでに第一正規形と第三正規形について述べた．Codd は第三正規形にいたる中間段階として第二正規形を定義した[Cod72a]．リレーションスキーマ *RS* が**第二正規形**（second normal form，省略して 2NF とも記す）であるとは，属性集合 X と属性 A に対して関数従属性 $X{\rightarrow}A$（$X{\subseteq}RS$，$A{\in}RS$，$A{\notin}X$）が成り立つ場合には以下の二つの条件のいずれかが常に満たされるときをいう．

① X は *RS* のいかなる候補キーの真部分集合でもない．

② A が素属性である．

ここでの条件①は，第三正規形の条件①を緩めたものである．したがって，第三正規形のリレーションスキーマは常に第二正規形でもある．リレーションスキーマ〔商品番号, 顧客番号, 社員番号, 販売価格〕が，第三正規形の条件のみでなく第二正規形の条件をも満たしていないことは，上記の定義を当てはめれ

ば明らかであろう．リレーショナルデータベース設計において更新不整合を解消するための一つの指針は，すべてのリレーションスキーマを第三正規形とすることである．一方，第二正規形はリレーショナルスキーマに関するある種の問題点を除去するものであるが，上に述べたように第三正規形にいたるまでの中間段階としての性質が強く，データベース設計上の意義は第三正規形に比べて小さい．

7.5　ボイス・コッド正規形

第三正規形と並んで重要な正規形としてボイス・コッド正規形[Cod74]がある．リレーションスキーマ RS が**ボイス・コッド正規形**（Boyce–Codd normal form，省略して BCNF とも記す）であるとは，属性集合 X と属性 A に対して関数従属性 $X{\to}A$（$X{\subseteq}RS$，$A{\in}RS$，$A{\notin}X$）が成り立つ場合には常に X が RS の超キーであるときをいう．すなわち，ボイス・コッド正規形は第三正規形で条件②を満たす場合を除外したものである．したがって，ボイス・コッド正規形のリレーションスキーマは常に第三正規形でもあるが，この逆は成立しない．例えば，リレーションスキーマ $\{I,A,S\}$ があり，属性 I は商品番号，A は販売地域，S は販売担当者を表すものとし，その関数従属性集合の極小被覆は $\{IA{\to}S, S{\to}A\}$ で与えられるものとする．このとき，候補キーは IA および IS である．よって，すべての属性が素属性となるため，$\{I,A,S\}$ は第三正規形となる．しかし，$S{\to}A$ はボイス・コッド正規形の条件に違反しているため，$\{I, A,S\}$ はボイス・コッド正規形ではない．実際，リレーションスキーマ $\{I,A, S\}$ は，関数従属性 $S{\to}A$ により担当者 s ごとに担当販売地域 a が決まっているにもかかわらず，商品ごとにその情報を繰り返し格納している点で冗長性があり修正不整合が生じる．また，ある新しい担当者 s が担当すべき販売地域 a は決めたが，具体的にどの商品を担当するかは決まっていない場合，その情報を入力することができず挿入不整合となる．同様に削除不整合も生じる．このような更新不整合を解消するために第三正規形よりもさらに制約を強めたのがボイス・コッド正規形である．

7.6 分　　解

　7.2節で述べた分解をもう少し正確に定義する．リレーションスキーマ $RS = \{A_1, \cdots, A_n\}$ に対して，$RS_i \subseteq RS$（$1 \leq i \leq m$）なるリレーションスキーマの集合 $\rho = \{RS_1, \cdots, RS_m\}$ で $RS_1 \cup \cdots \cup RS_m = RS$ となるものを RS の**分解**（decomposition）と呼ぶ．また，ρ を求めることを RS を分解するという．図 7.1 に示したように，分解は，更新不整合を解消したリレーションスキーマを得る一つの手法である．しかし，分解によって得られたリレーションスキーマの集合が元のリレーションスキーマと基本的には同じ情報を表現することを，どのように保証することができるのであろうか．その一つの基準を与えるのが無損失結合分解の概念である．RS に関する関数従属性集合 F と RS の分解 $\rho = \{RS_1, \cdots, RS_m\}$ が与えられたとき，F を満足する RS のすべてのインスタンス R について $R = \pi_{RS_1}(R) \bowtie \cdots \bowtie \pi_{RS_m}(R)$ が成立するとき，分解 ρ は RS の**無損失結合分解**（lossless join decomposition）であるという[Aho*79]．射影および自然結合演算の定義より明らかなように，いかなる分解に対しても $R \subseteq \pi_{RS_1}(R) \bowtie \cdots \bowtie \pi_{RS_m}(R)$ が成立する．したがって，分解が無損失結合分解になるということは，$\pi_{RS_1}(R) \bowtie \cdots \bowtie \pi_{RS_m}(R)$ が R 中にはなかったようなタプルを含まずにちょうど R と一致するということである．関数従属性集合 F に応じて，どのような分解が無損失結合分解となるかが決まる．次の定理はその基本的関係を示している[Ris77]．

【定理 7.1】

　$\rho = \{RS_1, RS_2\}$（$RS_1 \cap RS_2 \neq \phi$）をリレーションスキーマ RS の分解とする．このとき，分解 ρ が無損失結合分解となる必要十分条件は，関数従属性 $RS_1 \cap RS_2 \rightarrow RS_1 - RS_2$，または $RS_1 \cap RS_2 \rightarrow RS_2 - RS_1$ が RS で成立することである．　■

　7.2 節で述べたリレーションスキーマ〔商品番号, 顧客番号, 社員番号, 販売価格〕に関する関数従属性集合の極小被覆は，「商品番号, 顧客番号→販売価格」と「顧客番号→社員番号」からなる．$RS_1 = \{$商品番号, 顧客番号, 販売価格$\}$，$RS_2 = \{$顧客情報, 社員番号$\}$ として，上記定理を当てはめると，「顧客番号→社員番号」が成立するため，分解 〔〔商品番号, 顧客番号, 販売価格〕, 〔顧客番号,

社員番号}} は無損失結合分解となる．しかし例えば，{{商品番号, 顧客番号}，{商品番号, 社員番号, 販売価格}} は，無損失結合分解ではない．

　無損失結合分解以外の分解に関する重要な性質として，元のリレーションスキーマに関する関数従属性集合として表された整合性制約が，分解により得られたリレーションスキーマ集合に関する関数従属性の集合として表現可能であるかということがある．もし表現可能であれば，分解後の個々のリレーションスキーマに関して関数従属性が満たされるようにそのインスタンスを制御しさえすれば，元のリレーションスキーマに関しても自動的に整合性制約は満たされることを保証できる．この議論のため，まず関数従属性集合の射影の概念を導入する．リレーションスキーマ RS とその関数従属性集合 F および属性集合 $Z \subseteq RS$ が与えられたとき，$\pi_Z(F) = \{X \to Y \mid XY \subseteq Z \wedge X \to Y \in F^+\}$ を，F の Z 上への**射影**という．例えば，$RS = \{A, B, C\}$，$F = \{A \to B, B \to C, C \to B\}$ においては，$\pi_{AB}(F)$，$\pi_{BC}(F)$，$\pi_{AC}(F)$ の極小被覆は，それぞれ $\{A \to B\}$，$\{B \to C, C \to B\}$，$\{A \to C\}$ である．

　さて，リレーションスキーマ RS，RS に関する関数従属性集合 F，RS の分解 $\rho = \{RS_1, \cdots, RS_m\}$ が与えられたとする．もし，任意の関数従属性 $X \to Y \in F$ に対して $\pi_{RS_1}(F) \cup \cdots \cup \pi_{RS_m}(F) \vDash X \to Y$ が成立するならば，分解 ρ は F に関する**従属性保存分解**（dependency preserving decomposition）であるという．上に述べた $RS = \{A, B, C\}$，$F = \{A \to B, B \to C, C \to B\}$ においては，{{A, B}，{B, C}} は従属性保存分解であるが，{{A, B}，{A, C}} は制約 $B \to C$ と $C \to B$ を分解後は表現できないため従属性保存分解とはならない．また，リレーションスキーマ {商品番号, 顧客番号, 社員番号, 販売価格} の分解 {{商品番号, 顧客番号, 販売価格}，{顧客番号, 社員番号}} は従属性保存分解である．しかし，{{商品番号, 顧客番号}，{商品番号, 社員番号, 販売価格}} は従属性保存分解とはならない．

7.7 第三正規形への分解

あるリレーションスキーマ RS と関数従属性集合 F が与えられたとき，以下のアルゴリズムを用いることにより，第三正規形のリレーションスキーマのみからなる RS の従属性保存無損失結合分解 ρ を得ることができる[†]．ただし，X は属性集合，A は属性，XA は $X \cup \{A\}$ を表す．

【第三正規形（3NF）への従属性保存無損失結合分解アルゴリズム】

```
ρ:=φ
M:=Fの極小被覆
if XA=RS なる X→A∈M が存在  then
  ρ:={RS}
else
  begin
    for each X→A in M do
      begin
        ρ:=ρ∪{XA}
        M:=M−{X→A}
      end
    if いかなるリレーションスキーマ∈ρ も RS の候補キーを含まない then
      ρ:=ρ∪{RS の任意の候補キー}
  end
```
∎

例として，商品の販売を管理するためのリレーションスキーマ $RS = \{I, A, S, P\}$ があり，属性 I は商品番号，A は販売地域，S は販売担当者，P は商品の製造メーカを表すものとし，またその関数従属性集合は $F = \{IA{\to}S, I{\to}P, S{\to}A\}$ で与えられるものとする．このとき，上記アルゴリズムの for ループから分解 $\{\{I, A, S\}, \{I, P\}, \{A, S\}\}$ が得られる．リレーションスキーマ $\{I, A, S\}$ は候補キー IA を含むのでこの分解が解となる．実際には，$\{A, S\}$ は $\{I, A,$

[†] M の中に現れない RS の属性はないものとする．ここでのアルゴリズムは参考文献 [Ull88] に基づく．第三正規形を導出する手順はしばしば合成法と呼ばれ，より複雑なアルゴリズムも知られている[Bee*78, Ber76]．

S} の部分集合であるので，分解 {{I, A, S}，{I, P}} を用いればよいことになる．$I{\rightarrow}P{\in}F$ であるので定理 7.1 よりこの分解は無損失結合分解である．また，明らかに従属性保存分解にもなっており，{I, A, S} および {I, P} は第三正規形の条件を満たしている．

7.8　ボイス・コッド正規形への分解

　二つの属性のみからなるリレーションスキーマは，常にボイス・コッド正規形となる．したがって，最も単純には，定理 7.1 に基づき無損失結合分解を順次行うことにより，ボイス・コッド正規形のスキーマを得ることができる．あるリレーションスキーマ RS と関数従属性集合 F が与えられたとき，この方法により，ボイス・コッド正規形のリレーションスキーマのみからなる RS の無損失結合分解 ρ を得るアルゴリズムは以下のようになる[†1]．ただし，X は属性集合，A は属性を表す．

【ボイス・コッド正規形（BCNF）への無損失結合分解アルゴリズム】

ρ:={RS}

while あるリレーションスキーマ RS$_i{\in}\rho$ が BCNF でない do

　begin

　　　BCNF の条件に違反する RS$_i$ の関数従属性 X$\rightarrow$A を一つ選択

　　　ρ:=(ρ-RS$_i$)∪{RS$_i$-A}∪{XA}[†2]

　　　関数従属性の射影 $\pi_{\text{RS}_i-\text{A}}$(F) と π_{XA}(F) を計算

　　end ■

前節のリレーションスキーマ RS = {I, A, S, P}，F = {$IA{\rightarrow}S, I{\rightarrow}P, S{\rightarrow}A$} に対して，このアルゴリズムを適用した場合の流れを示そう．まず，{I, A, S, P} において I は超キーとはならないので，$I{\rightarrow}P$ はボイス・コッド正規形の条件に違反する関数従属性の一つである．これに基づき分解を行うと，ρ = {{I, A, S}，{I, P}} が得られる．このうち，{I, P} は F の射影 π_{IP}(F) の極小被覆が

[†1]　より効率のよいボイス・コッド正規形への分割アルゴリズムも知られている[TsoF82]．
[†2]　$RS_i - \{A\}$ を $RS_i - A$，$X{\cup}\{A\}$ を XA と記している．

$\{I{\rightarrow}P\}$ となるため，ボイス・コッド正規形の条件を満たす．一方，$\{I,A,S\}$ は $\pi_{IAS}(F)$ の極小被覆が $\{IA{\rightarrow}S, S{\rightarrow}A\}$ となるため，ボイス・コッド正規形の条件を満たさない．条件に違反する $S{\rightarrow}A$ に基づいて分解を進めると，$\rho =$ $\{\{I,S\}, \{A,S\}, \{I,P\}\}$ が得られる．この時点で F の射影 $\pi_{IS}(F)$，$\pi_{AS}(F)$ の極小被覆は，それぞれ ϕ，$\{S{\rightarrow}A\}$ となる．したがって，ボイス・コッド正規形に分解されたことになる．分解の過程を図示したのが**図 7.2** である．ここで注意すべきは，この分解は定理 7.1 によりボイス・コッド正規形への無損失結合分解にはなっているものの，従属性保存分解にはなっていないということである．実際，F に含まれていた制約 $IA{\rightarrow}S$ は分解によって得られたリレーションスキーマに関する関数従属性としては表現することができない．すでに述べたように，ボイス・コッド正規形は第三正規形がもつ問題点を除去すべく制約を強めたものであるが，従属性を保存するボイス・コッド正規形への無損失結合分解は常に存在するとは限らない．

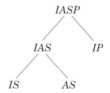

図 7.2　ボイス・コッド正規形への無損失結合分解

7.9　多値従属性と第四正規形

　図 7.3 に示すリレーション「プロジェクト」を考えてみよう．このリレーションスキーマは {プロジェクト番号, 社員番号, ミーティング日} である．各プロジェクトに対して，そのメンバである社員の社員番号の集合とその定期ミーティングの曜日の集合が決まるものとする．このとき，自明な関数従属性以外の関数従属性は存在しない．したがって，「プロジェクト」は，すべての属性の組合せを唯一の候補キーとするボイス・コッド正規形である．

　しかし，このリレーションは更新不整合の問題を伴う．具体的には，上に述べたように「プロジェクト番号」と「社員番号」の関係，および「プロジェク

ト番号」と「ミーティング日」の関係は直交するのであるから，そのすべての組合せをタプルとして格納することは明らかに冗長である．したがって，プロジェクトのメンバやミーティング日に変更があった際に多くのタプルを修正しなければならないという修正不整合が生じる．

また別の例としては，ある新しいプロジェクトのメンバは決めたが定期ミーティングの曜日はまだ決めていない場合その情報を入力することができないという挿入不整合も発生する．このような問題は関数従属性の範囲では扱うことができないが，関数従属性を拡張した多値従属性[Fag77]の概念をもってとらえることができる．

プロジェクト番号	社員番号	ミーティング日
$p1$	$e1$	月曜日
$p1$	$e2$	月曜日
$p1$	$e1$	木曜日
$p1$	$e2$	木曜日
$p2$	$e1$	月曜日
$p2$	$e3$	月曜日
$p2$	$e1$	金曜日
$p2$	$e3$	金曜日

図 **7.3** リレーション「プロジェクト」

リレーションスキーマ RS と属性集合 X，$Y \subseteq RS$ が与えられたとき，RS の任意のインスタンス R において，$(\forall t \in R)(\forall u \in R)(t[X] = u[X] \rightarrow (\exists v \in R)(\exists w \in R)(t[X] = u[X] = v[X] = w[X] \land t[Y] = v[Y] \land t[RS - XY] = w[RS - XY] \land u[Y] = w[Y] \land u[RS - XY] = v[RS - XY]))$ が成立するとき，**多値従属性**（multivalued dependency，省略して MVD とも記す）$X \twoheadrightarrow Y$ が成り立つという．多値従属性 $X \twoheadrightarrow Y$ が成り立つとき，X は Y を多値に決定するといい，Y は X に多値従属するという．

この定義は，関数従属性の定義に比べやや煩雑であるが，**図 7.4** のようなタプルの出現パターンを考えると理解しやすい．すなわちこの定義が規定しているのは，もし，パターン t および u にマッチするタプルが存在するならば，パ

	X	Y	$RS-XY$
t	a	b	c
u	a	d	e
v	a	b	e
w	a	d	c

図7.4 多値従属性の定義

ターンvおよびwにマッチするタプルも存在しなければならないということである．もちろん，それぞれのパターンにマッチするタプルは必ずしも異なるタプルである必要はない．

図7.3の「プロジェクト」は，X，Y，$R-XY$をそれぞれ「プロジェクト番号」「社員番号」「ミーティング日」としたとき，まさにこの条件を満たしている．したがって，多値従属性「プロジェクト番号$\twoheadrightarrow$社員番号」が成立する．

また，上の多値従属性の定義はYと$RS-XY$を入れ替えても全く同じ意味になることに注意する必要がある．したがって，$X\twoheadrightarrow Y$ならば$X\twoheadrightarrow RS-XY$も同時に成立する．実際，上の例では「プロジェクト番号$\twoheadrightarrow$ミーティング日」も成立する．このことをより明確にするため，$X\twoheadrightarrow Y\,|\,RS-XY$という書き方をすることもある．

多値従属性に関するもう一つの重要な性質は，関数従属性は多値従属性の特殊な場合であり，$X\rightarrow Y$ならば$X\twoheadrightarrow Y$が成立するということである．実際，$X\rightarrow Y$ならば図7.4のtおよびuのパターンのbとdの値は同じ値となり，tおよびuのパターンにマッチするタプル自身がwおよびvのパターンにマッチするタプルとなるため，$X\twoheadrightarrow Y$が成立する．$Y\subseteq X$のとき，自明な関数従属性$X\rightarrow Y$が成立することから，$X\twoheadrightarrow Y$も成立する．また，上記の定義で$Y=RS-X$の場合の$X\twoheadrightarrow RS-X$もどんなときでも成り立つ．これらは整合性制約とは無関係に成り立つという意味で，自明（trivial）な多値従属性と呼ばれる．

関数従属性に関するアームストロングの公理系を，関数従属性と多値従属性の両者を含めて考えるよう拡張した公理系としては以下の規則からなるものがあり，この公理系は健全かつ完全であることが示されている[Bee*77, Ull88]．ただし，X，Y，Z，WはリレーションスキーマRSの属性集合とする．

① FD に関する反射律（reflexivity law）

$Y \subseteq X$ のとき，$X \to Y$ が成立する．

② FD に関する増加律（augmentation law）

$X \to Y$ のとき，$XZ \to YZ$ が成立する．

③ FD に関する推移律（transitivity law）

$X \to Y$ かつ $Y \to Z$ のとき，$X \to Z$ が成立する．

④ MVD に関する相補律（complementation law）

$X \twoheadrightarrow Y$ のとき，$X \twoheadrightarrow RS - XY$ が成立する．

⑤ MVD に関する増加律（augmentation law）

$X \twoheadrightarrow Y$ かつ $Z \subseteq W$ のとき，$XW \twoheadrightarrow YZ$ が成立する．

⑥ MVD に関する推移律（transitivity law）

$X \twoheadrightarrow Y$ かつ $Y \twoheadrightarrow Z$ のとき，$X \twoheadrightarrow Z - Y$ が成立する．

⑦ 模写律（replication law）

$X \to Y$ のとき，$X \twoheadrightarrow Y$ が成立する．

⑧ 合体律（coalescence law）

$X \twoheadrightarrow Y$，$Z \subseteq Y$，$W \cap Y = \phi$，かつ $W \to Z$ のとき，$X \to Z$ が成立する．

　これらの規則のうち①②③はアームストロングの公理系の規則そのものである．また，④⑦はすでに多値従属性の定義のところで述べた性質である．

　多値従属性と無損失結合分解の関係に関しては，以下の定理が成立する[Fag77]．

【定理 7.2】

　$\rho = \{RS_1, RS_2\}$ $(RS_1 \cap RS_2 \neq \phi)$ をリレーションスキーマ RS の分解とする．このとき，分解 ρ が無損失結合分解となる必要十分条件は，多値従属性 $RS_1 \cap RS_2 \twoheadrightarrow RS_1 - RS_2 \mid RS_2 - RS_1$ が RS で成立することである．　　■

　定理 7.1 では，制約として関数従属性のみを考えたときには $RS_1 \cap RS_2 \to RS_1 - RS_2$ または $RS_1 \cap RS_2 \to RS_2 - RS_1$ が成立することが，$\rho = \{RS_1, RS_2\}$ が無損失結合分解となる必要十分条件であることを述べた．定理 7.2 は，一般的には多値従属性の成立がその必要十分条件となることを示している．したがって，制約の種類を関数従属性に限定しない場合には，$RS_1 \cap RS_2 \to RS_1 - RS_2$ または $RS_1 \cap RS_2 \to RS_2 - RS_1$ が成立することは，十分条件ではあるが必要条件

ではないことに注意する必要がある.

　多値従属性を用いてボイス・コッド正規形よりも制約の強い正規形を定義することにより，上記のリレーション「プロジェクト」のもつ問題を除去することができる．リレーションスキーマ RS が**第四正規形**（fourth normal form, 省略して 4NF とも記す）[Fag77]であるとは，属性集合 X, Y に対して多値従属性 $X \twoheadrightarrow Y$（$XY \subset RS$, $Y \nsubseteq X$）が成り立つ場合には常に X が RS の超キーであるときをいう．関数従属性 $X \rightarrow A$（$X \subseteq RS$, $A \in RS$, $A \notin X$）が成り立つときには多値従属性 $X \twoheadrightarrow A$ も成り立つため，第四正規形の条件を満たせば，X が RS の超キーとなる．したがって，第四正規形のリレーションスキーマは，常にボイス・コッド正規形でもある．しかし，この逆は成立しない．実際，リレーション「プロジェクト」では「プロジェクト番号 $\twoheadrightarrow$ 社員番号｜ミーティング日」が成立するが，プロジェクト番号は超キーではない．したがって，「プロジェクト」はボイス・コッド正規形ではあるが第四正規形ではない．

7.10　結合従属性と第五正規形

　定理 7.2 は，二つのリレーションスキーマへの無損失結合分解を保証する従属性として多値従属性を特徴づけている．これを一般化した n 個のリレーションスキーマへの無損失結合分解を保証する従属性が結合従属性[Ris78]である．リレーションスキーマ RS とその分解 $\rho = \{RS_1, \cdots, RS_n\}$ が与えられたとき，RS の任意のインスタンス R において，$R = \pi_{RS_1}(R) \bowtie \cdots \bowtie \pi_{RS_n}(R)$ が成立するとき，**結合従属性**（join dependency，省略して JD とも記す）$*(RS_1, \cdots, RS_n)$ が成り立つという．定理 7.2 により，$n = 2$ の場合の結合従属性 $*(RS_1, RS_2)$ は多値従属性 $RS_1 \cap RS_2 \twoheadrightarrow RS_1 - RS_2 \mid RS_2 - RS_1$ と等価である．また，リレーションスキーマ RS において $*(RS_1, \cdots, RS, \cdots, RS_n)$ は常に成り立つため，自明（trivial）な結合従属性と呼ばれる．結合従属性が成り立つ例として，**図7.5** にリレーション「部品供給」を示す．このリレーションは，次のような条件のもとでの各工場への部品業者からの部品供給の情報を表しており，その唯一の候補キーは〔工場番号, 部品番号, 業者番号〕である．

　①　工場はいくつかの種類の部品の供給を必要とし，工場と部品の関係は N

対 M である.

② 工場と業者の間には部品供給契約があり，工場と業者の関係は N 対 M である.

③ 業者はいくつかの種類の部品を供給可能であり，業者と部品の関係は N 対 M である.

④ 工場 f が必要とする部品 p は f と部品供給契約のある業者のうちで p を供給可能な業者すべてから供給を受ける.

部品供給 R

工場番号	部品番号	業者番号
$f1$	$p1$	$s1$
$f1$	$p2$	$s1$
$f1$	$p2$	$s2$
$f1$	$p3$	$s2$
$f2$	$p1$	$s1$
$f2$	$p3$	$s3$

$\pi_{\text{工場番号, 部品番号}}(R)$

工場番号	部品番号
$f1$	$p1$
$f1$	$p2$
$f1$	$p3$
$f2$	$p1$
$f2$	$p3$

$\pi_{\text{工場番号, 業者番号}}(R)$

工場番号	業者番号
$f1$	$s1$
$f1$	$s2$
$f2$	$s1$
$f2$	$s3$

$\pi_{\text{部品番号, 業者番号}}(R)$

部品番号	業者番号
$p1$	$s1$
$p2$	$s1$
$p2$	$s2$
$p3$	$s2$
$p3$	$s3$

図 7.5 リレーション「部品供給」

図 7.5 に示すように，「部品供給」においては，一般に $R = \pi_{\text{工場番号, 部品番号}}(R)$ $\bowtie \pi_{\text{工場番号, 業者番号}}(R) \bowtie \pi_{\text{部品番号, 業者番号}}(R)$ となるので，結合従属性 $*(\{$工場番号, 部品番号$\}, \{$工場番号, 業者番号$\}, \{$部品番号, 業者番号$\})$ が成立する.

リレーション「部品供給」には自明でない多値従属性は存在しないので，第四正規形となる．しかし，このリレーションは更新不整合の問題を伴う．例え

ば，ある新しい工場 f が必要とする部品群は決めたがどの業者ともまだ契約はしていない場合，この情報を入力できないという挿入不整合が生じる．また，工場 f が必要とする部品 p を唯一供給していた業者 s との取引が中止になった場合，f が p を必要とするという情報も失われてしまい削除不整合となる．このような問題をとらえるために提案されたのが第五正規形[Fag79]である．リレーションスキーマ RS が**第五正規形**（fifth normal form，省略して5NFとも記す）であるとは，自明でない結合従属性 $*(RS_1, \cdots, RS_n)$ が成り立つ場合には，常に各 RS_i（$1 \leq i \leq n$）が RS の超キーであるときをいう．第五正規形は**射影結合正規形**（projection join normal form，省略して PJNF とも記す）とも呼ばれる．リレーション「部品供給」は上記条件を満たさないので第五正規形ではない．

RS が第五正規形であるならば，RS は第四正規形の条件も満たすことを以下のように示すことができる．RS において多値従属性 $X \twoheadrightarrow Y$（$XY \subset RS$，$Y \not\subseteq X$）が成り立つ場合には，$X \twoheadrightarrow X$ および MVD に関する推移律より $X \twoheadrightarrow Y - X$ が成り立つ．したがって，上に述べたように結合従属性 $*(X(Y-X), X(RS-XY))$ が成立し，当然 $*(X, X(Y-X), X(RS-XY))$ も成立することになる．もし，RS が第五正規形であるならば X は超キーとなり，RS は第四正規形の条件も満たす．この逆が成り立たないことは，リレーション「部品供給」が第四正規形ではあるが第五正規形ではないことからわかる．第五正規形の条件に違反する結合従属性に基づき分解を行うことで，第五正規形への無損失結合分解が得られる．「部品供給」にこれを適用すると無損失結合分解 {{工場番号, 部品番号}, {工場番号, 業者番号}, {部品番号, 業者番号}} が得られる．リレーションスキーマ {工場番号, 部品番号}，{工場番号, 業者番号}，{部品番号, 業者番号} はいずれも第五正規形であり，上に述べた更新不整合は解消される．

7.11　正規形に関するまとめ

本章の 7.3～7.10 節では，リレーショナルデータベースにおける基本的な従属性である関数従属性，多値従属性，結合従属性とそれに基づく正規形について述べた．これまでに述べた正規形の関係をまとめて図示したのが**図 7.6** であ

る．第一正規形はリレーショナルモデルにおける基本的前提条件としての正規形であり，どのようなリレーションスキーマもこれを満たさなければならない．一方，その他の正規形はデータ更新時の更新不整合の問題を解消するために提案されたものであり，順次より強い制約となる．

　伝統的には，更新不整合をさけるために第三正規形やボイス・コッド正規形の条件を満たすリレーションスキーマからなるデータベースを構成することが望ましいとされてきた．しかし，今日ではデータベースの利用形態やアプリケーションが極めて多様化しており，例えば，データ更新の頻度が低く，問合せ処理の性能がより重視されるような場合は，本章で述べたような正規化をそのまま実施するのは必ずしも適切とはいえない．実際のデータベースにおいてどの程度の正規化を行うかは，そのデータベースの利用環境に応じて柔軟に判断する必要がある．

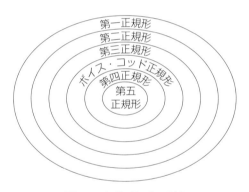

図 7.6　各種正規形の関係

演 習 問 題

7.1 以下の実体関連図から 7.1 節で説明した方法に基づき，リレーショナルデータベーススキーマを導出せよ．

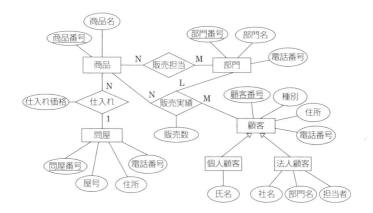

7.2 アームストロングの公理系から，関数従属性に関する合併律，擬推移律，分解律が成り立つことを示せ．

7.3 リレーションスキーマ RS の任意の分解 $\rho = \{RS_1, RS_2\}$ $(RS_1 \cap RS_2 \neq \phi)$ が与えられたとき，RS のすべてのインスタンス R に対して，$R \subseteq \pi_{RS_1}(R) \bowtie \pi_{RS_2}(R)$ が成立することを示せ．

7.4 リレーションスキーマ $RS = \{A, B, C, D\}$ の分解 $\rho = \{\{A, B\}, \{B, C\}, \{C, D\}\}$ を考える．下記の関数従属性が RS において成立するとき，ρ は無損失結合分解となるか．無損失結合分解となる場合はその理由を，ならない場合は無損失結合分解とならないことを示す RS のインスタンスの例を示せ．

  ① $A \to B$ かつ $B \to C$

  ② $A \to B$ かつ $B \to D$

  ③ $B \to C$ かつ $A \to D$

  ④ $B \to A$ かつ $C \to D$

7.5 リレーションスキーマ $RS = \{A, B, C, D, E\}$ およびその関数従属性集合 $F = \{AB \to C, C \to B, C \to D, D \to E\}$ が与えられたとき，以下の問に答えよ．

  ① RS の候補キーをすべて示せ．

  ② 第三正規形への無損失結合分解アルゴリズムによる RS の分解を行え．ま

た，分解によって得られるリレーションスキーマが第三正規形となっている
ことと，この分解が従属性保存分解であることを確かめよ．

③ ②の分解によって得られたリレーションスキーマは，ボイス・コッド正規
形となっているか．

7.6 リレーションスキーマ $RS = \{A, B, C, D, E\}$ およびその関数従属性集合 $F = \{A \rightarrow D, D \rightarrow E\}$ が与えられたとき，以下の問に答えよ．

① RS の候補キーをすべて示せ．

② ボイス・コッド正規形への無損失結合分解アルゴリズムによる RS の分解の
方法を一つ示せ．また，得られた分解は従属性保存分解となるか．

③ RS において，多値従属性 $A \twoheadrightarrow BC$ が成り立つことを 7.9 節の公理系を用い
て証明せよ．

7.7 定理 7.2 を証明せよ．

7.8 本章に示した例以外で，ボイス・コッド正規形ではあるが第四正規形ではない
リレーションスキーマの例と，第四正規形ではあるが第五正規形ではないリレー
ションスキーマの例を示せ．

8章
物理的データ格納方式

8.1 記憶階層と記憶媒体

8.1.1 記憶階層

　現在のコンピュータは，高速かつ高価な小容量の記憶装置と，低速かつ安価な大容量の記憶装置を階層的に組み合わせることでデータを保持している．このような階層的な構成を**記憶階層**（storage hierarchy）と呼び，CPU に近い順から，**キャッシュメモリ**（cache memory），**主記憶**（primary storage），**二次記憶**（secondary storage），**三次記憶**（tertiary storage）がある．二次記憶と三次記憶をまとめて**補助記憶**と呼ぶこともある．データベース中のすべてのデータは物理的にはビット列として表現され，記憶階層を効果的に活用して格納される．

　主記憶は通常 **RAM**（Random Access Memory）と呼ばれる高速な半導体メモリにより構成される．RAM には，その原理の違いにより，**SRAM**（Static RAM）と **DRAM**（Dynamic RAM）がある．SRAM は小容量かつ高コストであるが高速であるためキャッシュメモリに使用され，DRAM は主記憶に用いられる．主記憶上のデータは，高速にアクセス可能で CPU から各種操作を直接行うことができる．しかし，ビット当たりの価格は二次記憶と比べると高価で記憶容量の制約も大きい．また，RAM は**揮発性**（volatile）**メモリ**であり，システムが停止すると通常そのデータが失われてしまう．

　二次記憶として主に用いられる記憶媒体には，**磁気ディスクとフラッシュメモリ**がある．二次記憶上のデータに対しては CPU から直接操作を行うことはできず，その読み書きの速度はいずれも主記憶と比べて低速である．しかし，二次記憶には**不揮発性**（nonvolatile）の記憶媒体が用いられており，システムが停止した後でもそのデータは保持される．そのため，停電やシステムダウン

などの障害に対して安定的にデータを保持する目的で，データベースの格納には一般に二次記憶装置が用いられる．

三次記憶装置としては，**磁気テープ**が主に用いられる．磁気テープは長い帯状のテープに情報を記録するものであり，ビット当たりの単価が小さく，大量のデータを蓄積することができる．また，データの長期保存にも適している．しかし，データの読み書きにはテープを順に読み出すシーケンシャルアクセスが必要であり，二次記憶に比べきわめて低速である．そのため，通常は大規模データのバックアップのために利用されている．

以下では，データベースを実現するうえで特に重要な働きをする二次記憶媒体の磁気ディスクとフラッシュメモリについて説明する．

8.1.2 磁気ディスク

二次記憶装置として代表的なものが磁気ディスク（以下，単に**ディスク**と呼ぶ）である．2000年代に入って後述のフラッシュメモリの利用が急速に拡大しているものの，依然としてディスクは広く利用されている．ディスクは，扱えるデータ量の面で，半導体メモリに比べコスト的に圧倒的に優位であり，大規模なデータを保持できる．

図8.1はディスク装置の構成を模式図に表したものである．ディスクでは**プラッタ**（platter）と呼ばれる円盤状の磁性媒体上に記憶を行う．通常，一つのディスクには数枚から数十枚のプラッタがあり，これらは中心軸の周りを高速に回転する．プラッタ面のデータの読み書きを行うのが**ヘッド**であり，各面に対してヘッドが一つある．それらヘッドはアームを通じて相互に連結されて一体となっており，ヘッドの移動はアームをプラッタの半径方向に移動することにより行う．プラッタ面上のデータ記憶は**トラック**（track）と呼ぶ同心円状に行われ，各面には数百から数千のトラックが形成される．トラックは基本的な読み書きの単位である**セクタ**（sector）から構成され，各セクタはアドレスをもつ．同一半径にある各プラッタ面のトラックの集合は**シリンダ**（cylinder）と呼ばれる．先頭セクタのアドレスを与えて指定した数のセクタを読むのは以下の手順による．

① アームを移動してヘッドを該当するトラックに位置づける．

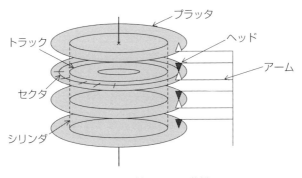

図 8.1 磁気ディスク装置

② 先頭セクタがヘッドの下に来るのを待つ.

③ 先頭セクタから始まる指定された数のセクタを読み,その内容を主記憶
へ転送する.

手順①,②,③のそれぞれに必要な時間を,**シーク時間**(seek time),**回転
待ち時間**(latency time),**転送時間**(transfer time)と呼ぶ.1セクタアクセ
スするごとに上の①,②の動作をしていたのでは効率が悪い.そこで,ディス
クへの読み書きを行う際には,複数の連続するセクタを**ページ**(page)(**ブ
ロック**(block)ともいう)にまとめ,この単位で入出力や格納領域の管理を行
う.

ディスクには,速度が遅い,故障が発生し得るという欠点がある.**RAID**
(Redundant Arrays of Independent Disks)は,複数のディスクを組み合わ
せ,分散アクセスによる高速化と冗長性による信頼性の向上を図ることによ
り,この問題に対応するものである.RAID には,その仕組みの違いにより
RAID0,RAID1,RAID2 などいくつかのレベルが存在する.

8.1.3 フラッシュメモリ

不揮発性メモリとは,電源を供給しなくても記憶を維持できるメモリを総称
するものであり,ROM(Read Only Memory)やフラッシュメモリが存在す
る.フラッシュメモリ(flash memory)は,書換えが可能であることから,携
帯機器の普及に伴ってそのニーズは高まっており,大容量化,低価格化,高速
化が進んでいる.フラッシュメモリには,大別して **NOR 型**と **NAND 型**があ

る．NOR 型は，読取りが高速であり，ランダムアクセスが可能であるという利点を有する．そのため，例えば携帯機器でのプログラムの格納などに用いられている．一方，NAND 型は，NOR 型に比べ読取り速度は劣るものの，書込みや消去の性能が優れており，特に連続的な読み書きに適している．また，NAND 型は NOR 型よりも記憶密度を高くでき，低コストであるという利点もある．このような理由から，データ記憶装置としては NAND 型フラッシュメモリが広く使用されている．NAND 型フラッシュメモリにおいても，ディスクと同様に複数ビットを束ねたページを単位に読み書きが行われる．

　現状のフラッシュメモリは，揮発性メモリに比べ低速であることから，揮発性メモリを置き換えるには至っていない．一方，ディスクが果たしていた役割をフラッシュメモリが果たすようになってきている．ディスクに対するフラッシュメモリの利点としては，高速であり，省電力，コンパクトであることに加え，駆動部がないことにより振動や衝撃の影響を受けず故障が少ない点があげられる．ビット当たりの単価の面ではディスクに劣っているものの，低価格化が進んでおり，利用が拡大している．

8.1.4　バッファリング

　二次記憶へのアクセス速度は，主記憶に比べて低速である．特にディスクの場合は極めて低速であり，プログラムからの要求に応じて毎回二次記憶と読み書きのやりとりを行っていたのでは非常に時間がかかる．そこで，主記憶中に最近アクセスされたページを一定数保持しておき，同じページへのアクセス要求が来た場合にはそちらを用いることにすれば，二次記憶とのやりとりの時間を節約できる．この機構を**バッファリング**（buffering）あるいは**キャッシング**（caching）と呼ぶ．両者には若干のニュアンスの違いがあるが，あまり区別せず用いられることが多い．なお，低速なディスクに対して，主記憶ほどではないが高速なフラッシュメモリをキャッシングに用いることもある．

　DBMS の物理的データ格納機構を構築するうえでは，基本的に OS のファイルシステムが提供する機能を利用するアプローチと，二次記憶用の物理デバイスを低水準インタフェースを通して直接制御するアプローチの 2 通りがある．ファイルシステムを用いた場合は，上に述べたページを単位とした二次記憶領

域の管理やバッファリングなどの機能は，ファイルシステムの内部ですでに実現されている．しかし，DBMS におけるデータ管理のために，さらにその上にDBMS 独自のバッファリング機構を構築するのが普通である[ChoD85]．物理デバイスを直接制御する方法の場合は，ファイルシステムを介するオーバヘッドなしに DBMS に適した効率的なデータ操作やデータ格納が可能となる．しかし，物理デバイス依存性が高くなるといった問題点もある．

8.2　レコードとファイル

　リレーショナル DBMS は，リレーションのタプルを内部レベルでは**レコード**（record）として表現し，ディスクやフラッシュメモリなどの二次記憶に格納する．レコードは，タプルの属性値に対応した複数の**フィールド**（field）値をもつ．さらに，レコードには，レコードフォーマット，レコードサイズ，フィールドサイズ，削除フラグ，空きフラグなどの情報が必要に応じて追加される．

　ここでは，1 リレーション中のタプルを表現したレコード群のような，関連する均一なレコードの組織的な集まりのことを**ファイル**と呼ぶ．前節では，OS のファイルシステムをもとに物理的データ格納機構を構築するアプローチに言及したが，この場合，ここに述べたファイルとファイルシステムの「ファイル」は必ずしも一致しない点には注意が必要である．例えば，いくつかのリレーショナル DBMS では，ファイルシステム中の一つの「ファイル」の内部を独自に管理して，複数のリレーションの格納に用いる．

　既に述べたように，二次記憶領域はページを単位として管理されるが，多くの場合，レコードサイズはページサイズより小さい．そこで，1 レコードは，二次記憶のあるページ中の連続領域を割り当てられて格納される[†]．レコードは，**固定長レコード**（fixed length record）と**可変長レコード**（variable length record）に分類される．固定長レコードは，フィールドサイズが一定で，レコードを更新してもレコードサイズが変化しないレコードのことをい

---

†　1 レコードを連続領域で格納しない列ストアについては 8.13 節で述べる．

う．これに対し，可変長レコードは，フィールドサイズが更新によって変わる可能性があるため，レコードサイズが変化し得るレコードのことをいう．

　例えば，「住所」フィールドの値の長さはさまざまであるので可変長フィールドとすることにすると，これを含むレコードは可変長レコードとなる．可変長レコードは固定長レコードに比べてその管理が複雑で，個々のレコードごとにレコードやフィールドのサイズを管理する必要がある．また，更新によってレコードサイズが伸びた場合に元の割り当て領域に入りきらないということが起こり得る．このため，可変長レコードに対しては，レコード全体を連続領域に割り当てるのではなく，必要に応じてレコードを複数の断片に分割しポインタで結んで表現する方式が用いられることがある．レコードサイズはページサイズよりも小さいと上述したが，フィールド値の中にはその格納に数ページを必要とするものが考えられる．例えば，フィールド値としてテキストや画像を格納しようとした場合である．そのようなフィールド値は**BLOB**（Binary Large OBject）と呼ばれ，通常のレコードにおけるフィールド値とは異なる管理方式がとられる．

　一般に，ファイルの要素のレコードをページに割り当てる方式を**ファイル編成**という．以下では，リレーショナル DBMS で用いられる代表的なファイル編成について説明する．議論を簡単にするため，最も基本的な場合である，ファイル中のレコードサイズは同一かつ固定長で，ページサイズよりも小さい場合のみを考える．多くのファイル編成では，ファイル中でレコードを一意的に識別可能なフィールドあるいはフィールドの組合せのうち，レコードの検索や位置決めに主に用いるものを一つ選択し，それを**ファイル編成上のキー**あるいは単に**キー**と呼ぶ．以下では，あるリレーション中のタプルを表すレコードを格納する**データファイル**（**主ファイル**（primary file）ともいう）の構成方法を想定して，代表的なファイル編成について説明する．この場合，通常，リレーションの主キーをファイル編成上のキーとして用いる．一方，8.9 節に述べるように，以下に示すファイル編成のいくつかは，データファイルへのアクセスを補う**索引ファイル**のファイル編成としても利用可能である．

8.3 ヒープファイル

ファイルを構成するページにレコードを特別の規則性なしに順次格納したものを，**ヒープファイル**（heap file）と呼ぶ．レコードの挿入は，現在あるページに空きがあればそこに追加し，もし空きがなければ新しいページを確保して格納する．レコードの削除は，ページ中で該当レコードの削除処理を行う．通常，削除処理ではそのレコードの削除フラグを ON にして，そのレコードが削除済みであることを示す．ヒープファイルは格納効率が良い反面，キー値を用いたレコード検索ができないという大きな問題点をもつ．そのため，一時ファイルとして用いる場合などを除いては，後で述べる二次索引と併用されることが多い．その場合，あるレコードを索引から指すのにレコードの物理的アドレスを直接用いると，何らかの理由でレコードの格納位置が変わった場合には，該当する索引中の物理的アドレスを書き換える必要が生じてしまう．このような問題に対応するため，ページ上のレコード配置としては，**図 8.2** に示すようなものが比較的よく用いられる[Sto*76, ONe94]．これは，ページの先頭に各レコードのオフセットを格納したスロットからなるディレクトリを設け，レコード本体はページの最後から前方向に順次格納したものである．この方式では，レコードの削除やサイズの変更でページ内でのレコードの物理的位置が変わった場合でも，ページ番号とスロット番号を用いることで各レコードを一意的に識別しアクセスすることができる．また，ページ中の空き領域が中間部分に集中するので，空き領域管理が容易になる．ページ番号とスロット番号の両者の組合せを**レコード識別子**と呼ぶ[†]．

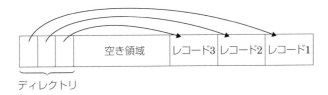

図 8.2 ページ上のレコード配置

[†] 実際のリレーショナル DBMS では，ROWID，RID（row identifier），TID（tuple identifier）などと呼ばれることもある．

8.4 順次ファイル（ソート済みファイル）

　ファイルを構成するページに，レコードをキーの値順に格納したものを**順次ファイル**（ordered file）（**ソート済みファイル**（sorted file））と呼ぶ．一般には，レコード順序を決めるフィールドがキーではなく，その値が同じレコードが複数ある順次ファイルも許される．レコード順序を決めるフィールドを**順序づけフィールド**（ordering field）と呼ぶ．順次ファイルではレコードを順序づけフィールドの値の順に読み出すことが容易である．特定の順序づけフィールド値をもつレコードの検索に，二分探索を用いることも原理的には可能であるが，順次ファイルがディスク上にある場合は，ディスクへのランダムアクセスが多く発生するため，あまり一般的ではない．

　一度作成された順次ファイルに後から新たなレコードを挿入しようとすると，問題が生じる．すなわち，新たなレコードを格納するために，挿入すべきレコードより大きな順序づけフィールド値をもつレコードを後ろにずらす処理が必要となるが，一般にはその処理コストは大きい．そこで，最初にレコードを格納する場合，各ページに一定の空き領域を残しておいて，後からレコードを挿入する場合でもレコードの移動が該当ページ内だけで済むような工夫がなされることもある．

　一時ファイルとして用いる場合などを除いて，順次ファイルは後で述べる索引ファイルと併用されることが多い．また，8.6節に述べる索引付きファイルは順次ファイルと索引を組み合わせたファイル編成である．

8.5 ハッシュファイル

　図8.3に示すように，レコードR_iのキー値を適当なハッシュ関数を用いてハッシングし，格納すべきバケットを決定するようにしたのが，**ハッシュファイル**（hash file）である．OSの中には，このようなファイルを**直接編成ファイル**（direct file）としてファイルシステムの中で提供するものもある．各バケットは通常一つまたは連続した複数のページから構成され，そのアドレスを格納したのが**バケットディレクトリ**である．あるキー値をもつレコードの検索

は，キー値をハッシングしてバケットを決定し，該当するページのみを読み出せばよいので高速に行うことができる．新たなレコードを挿入する際には，ハッシングで格納すべきバケットを決定する．もし該当バケットに空き領域がない場合には，オーバフロー処理が必要となる．オーバフロー処理の方法としては，再ハッシュ関数を用いて次の格納候補のバケットを決定する方法と，図8.3 に示すように，オーバフローが生じたバケットに対してオーバフロー用ページを割り当てて，そこに格納する方法がある．いずれの方式を用いた場合でも，オーバフローしたバケットが増加するに従って検索効率は悪化する．レコードの削除はバケット中で該当レコードを削除する．

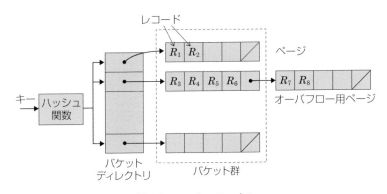

図 8.3 ハッシュファイル

　ハッシュファイルは，あるキー値をもつレコードの検索が高速である反面，キー値の範囲を与えた範囲検索やキー値の順にファイル中の全レコードを読み出すといった要求には，通常対応することができない．また，多くのバケットにオーバフローが生じるような場合も検索効率が低下する．後者の問題に対しては，実際に出現するレコード数やそのキー値に応じてレコードのバケットへの割当てを動的に行う**動的ハッシング**（dynamic hashing）が提案されている．これに対してここに述べたように，レコードのバケットへの割当ての仕方をレコードが到着する前に決めてしまう方法を**静的ハッシング**（static hashing）と呼ぶ．動的ハッシングの手法としては，**リニアハッシング**（linear hashing）[Lit80]や**拡張ハッシング**（extendible hashing）[Fag*79]などがある．

8.6　索引付きファイル

図 **8.4** に示すように，**索引付きファイル**（indexed file）はデータ部と索引部
からなる．ただし，図 8.4 のデータ部では各レコードのキー値のみを記してい
る．データ部は，一連のデータページにレコードをキー値の順に格納した順次
ファイルとなる．一方，索引部は，一連の索引ページに，データページの先頭
レコードのキー値とそのデータページへのポインタをペアにした**索引レコード**
を順に格納したものである．OS の中には，これに類したファイルを**索引順次
編成ファイル**（indexed sequential file）として，ファイルシステムの中で提
供するものもある．

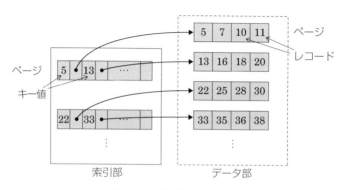

図 8.4　索引付きファイル

　あるキー値をもつレコードの検索は，索引ページを探索して読むべきデータ
ページを特定し，該当するデータページを読み出せばよい．また，ファイル中
の全レコードをキー値の順に読み出すことも，データ部のデータページを順次
読み出すことで可能である．さらに，キー値の範囲が与えられたときには，索
引部を用いて読むべき先頭データページを特定し，そこからキー値が与えられ
た範囲を越えるまで順次データページを読み出す．このように，索引付きファ
イルは，各種のデータアクセス要求に対応できる．

　一方，順次ファイルと同様に，一度作成された索引付きファイルに後から新
たなレコードを挿入しようとすると問題が生じる．すなわち，データ部におい
て挿入すべきレコードより大きなキー値をもつレコードを後ろにずらし，索引

部もそれに応じて修正する必要が生じてしまう．そこで，最初にデータ部にレコードを格納する場合，各データページに一定の空き領域を残しておいて，後からレコードを挿入する場合でもレコードの移動が該当データページ内だけで済むような工夫がなされる．

　しかし，その空き領域も当然一定個数のレコードの挿入にしか対応できないので，それを使い果たした場合には，元と同じ問題が発生する．この場合，オーバフロー用の新たなデータページを確保し，その中にデータ部からあふれたレコードを挿入する方法がとられる．オーバフロー用データページは，元のデータページごとに用意する場合，およびデータ部全体に対して用意する場合の二つの方法がある．いずれの場合も，オーバフローしたレコードの数が増加するに従ってデータアクセス効率は低下する．このため，索引付きファイルでは一定量のデータ更新があった場合には，通常，ファイルを再構成して作り直すことが必要になる．レコードの削除は，該当データページからそのレコードを削除すればよい．データページの先頭レコードが削除された場合でも，必ずしも該当する索引レコードのキー値を修正する必要はない．

8.7　B　　木

　索引付きファイルは，各種データアクセス要求には対応できるものの，レコードの動的な挿入が難しい．また，挿入，削除の多い環境では，レコード数に応じて索引を階層化することができれば検索の効率化を図ることができる．このような要求に対応するためには，**B木**（B-tree）[BayM72, Com79]をもとにしたファイル編成が用いられる．特に，次節で述べるB^+木は最もよく用いられるファイル編成の一つである．B木自身が直接利用されることは少ないが，B木はB^+木の基本となる構造であるのでここで説明する．

8.7.1　B木の構造

　正整数dに対して，d次のB木とは，ページをノードとし以下の条件を満たすルート付き木である．dをB木の**次数**と呼ぶ．

①　ルートから各リーフノードまでのパスの長さは，すべて同じである．

② ルート以外のノードはキー値の順に並んだ i 個（$d \leq i \leq 2d$）のレコード $R_1, \cdots, R_i$ をもつ.

③ ルートは，キー値の順に並んだ i 個（$1 \leq i \leq 2d$）のレコード $R_1, \cdots, R_i$ をもつ.

④ i 個のレコードをもつ非リーフノード N は，$i+1$ 個の子ノードポインタ $PTR_1, \cdots, PTR_{i+1}$ をもつ. ポインタ PTR_j（$1 \leq j \leq i+1$）の指す部分木に格納されたすべてのレコードのキー値 K は，次の条件を満たす. ただし，$Key(R_j)$ は N のレコード R_j のキー値を表す.

（a） $j=1$ のとき，$K < Key(R_1)$

（b） $1 < j < i+1$ のとき，$Key(R_{j-1}) < K < Key(R_j)$

（c） $j=i+1$ のとき，$Key(R_i) < K$

図8.5 に1次のB木の例を示す. 図8.5では，ノード中には各レコードのキー値のみを記している. 条件①を満たす木を一般にバランス木という. また，ルートからリーフノードまでのパスの長さを，**木の高さ**という.

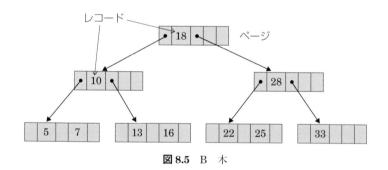

図8.5　B　木

8.7.2　B木の検索

B木は全体が一種の探索木をなす. したがって，あるキー値をもつレコードの検索は，ルートを最初のノードとして，キー値に応じて子ノードポインタを順次リーフ方向にたどることで行うことができる. その際，探しているキー値のレコードが非リーフノードに見つかれば，必ずしもリーフノードまでたどる必要はない.

8.7.3 B木へのレコードの挿入

B木では，レコードの挿入や削除があったとき，いかにして上述の条件を満たす構造を保つかが問題となる．B木におけるレコード挿入の手順は以下による．

① 挿入レコードはまずリーフノードに格納することとする．挿入レコードのキー値を用いて検索の際と同様にB木をたどり，レコードを格納すべきリーフノード N を特定する．

② もし，N に入っているレコード数が $2d$ 個未満ならば，N の適当な位置に挿入レコードを格納して終了する．N のレコード数が $2d$ 個の場合は以下による．

③ N のレコード数が $2d$ 個のときは，オーバフローが生じるので，ノードの分割を行う．まず，新たなノード N' を確保し，挿入レコードも含めた $2d+1$ 個のレコードのうち，キー値の小さい順に d 個を N に，大きい順に d 個を N' に格納する．さらに，それらの中間のキー値をもつレコード R と N' へのポインタ $PTR(N')$ をペアにして，N の親ノードへ挿入する．

④ 親ノードでは，R と $PTR(N')$ のペアを挿入レコードとみなして，上の手順②，③と同様の処理を行う．ただし，ノードの分割がルートまで波及し N がルートとなった場合には，手順③では親ノードへ R と $PTR(N')$ を挿入する代わりに，新たなノードをルートとして確保し，$PTR(N)$，R，$PTR(N')$ を格納する．この時点で，B木の高さが1増加することになる．

この手順に従って，図8.5のB木にキー値26のレコードを挿入する際の様子を**図8.6**に示す．

8.7.4 B木からのレコードの削除

レコードの削除の手順は以下による．

① 検索の際と同様にB木をたどり，削除対象レコードを格納したノード N を特定する．以降の手順は，N がリーフノードであるか非リーフノードであるかにより処理が異なる．

【N がリーフノードの場合】

② N に入っているレコード数が $d+1$ 個以上の場合，N から削除対象レ

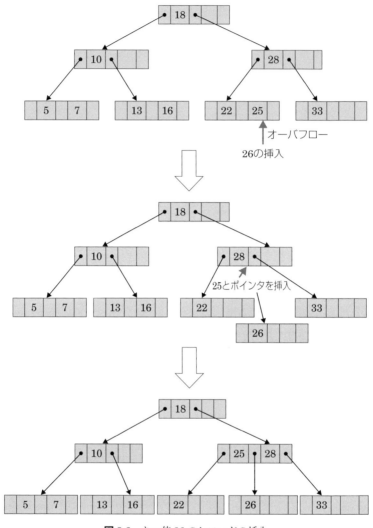

図 8.6 キー値 26 のレコードの挿入

　コードを削除して終了する．N のレコード数が d 個の場合は以下による．

③　N のレコード数が d 個の場合，アンダフローが生じるため，N と親ノードを共有する N の右または左のノード N' を調べる．いずれかのノード N' のレコード数（i とする）が $d+1$ 個以上ならば，N の削除対象レコー

ド以外の $d-1$ 個のレコード，N' の i 個のレコード，親ノード中のその中間のキー値をもつレコード R の合計 $d+i$ 個のレコードを再配分する．いま N' が N の右のノードとすると，上記 $d+i$ 個レコードのうちキー値の小さい順に $\left\lceil \dfrac{d+i-1}{2} \right\rceil$ 個を N に，大きい順に $\left\lfloor \dfrac{d+i-1}{2} \right\rfloor$ 個を N' に格納する[†]．さらに，その中間のキー値をもつレコードを，親ノードの R の位置に格納して終了する．N' が N の左のノードの場合も同様の処理をして終了する．ここで，N の右および左のいずれのノードのレコード数も d 個の場合は以下による．

④　N とその右または左のノード N' を融合する．いま，N' が N の右のノードとすると，N の削除対象レコード以外の $d-1$ 個のレコード，N' の d 個のレコード，親ノード中のその中間のキー値をもつレコード R の合計 $2d$ 個のレコードをまとめて N に格納し，N' を削除する．さらに，親ノードから R と N' へのポインタ $PTR(N')$ のペアを削除する．N' が N の左のノードの場合も同様の処理をする．

⑤　親ノードでは，R と $PTR(N')$ のペアを削除対象レコードとみなして，上の手順②，③，④と同様の処理を行う．ただし，ノードの融合が波及し N がルートとなった場合には，手順②の処理はルートに入っているレコード数が 2 個以上の場合に行うものとし，レコード数が 1 個の場合はルートを削除する．この時点で，B 木の高さが 1 減少することになる．

図 8.5 の B 木からキー値 33 のレコードを削除する際の様子を**図 8.7** に示す．また，その削除後にさらにキー値 22 のレコードを削除する際の様子を**図 8.8** に示す．

【N が非リーフノードの場合】

②　削除対象レコードが N 中の j 番目のレコード R_j の場合，ポインタ PTR_{j+1} が指す部分木の最も左のリーフノード N' の先頭レコード R' を，N の R_j の位置に格納する．

[†]　$\lceil x \rceil$ は ceiling 関数と呼ばれ，x が整数の場合は x 自身，x が整数でない場合は x を切り上げた整数を表す．$\lfloor x \rfloor$ は floor 関数と呼ばれ，x が整数の場合は x 自身，x が整数でない場合は x の端数を切り捨てた整数を表す．

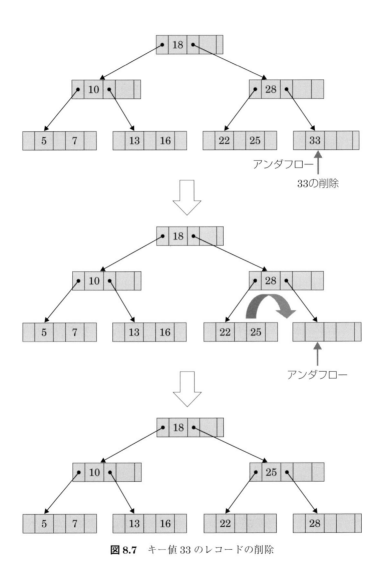

図 8.7 キー値 33 のレコードの削除

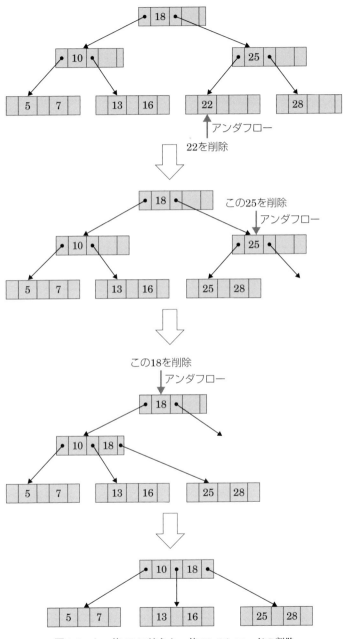

図 8.8 キー値 33 に続きキー値 22 のレコードの削除

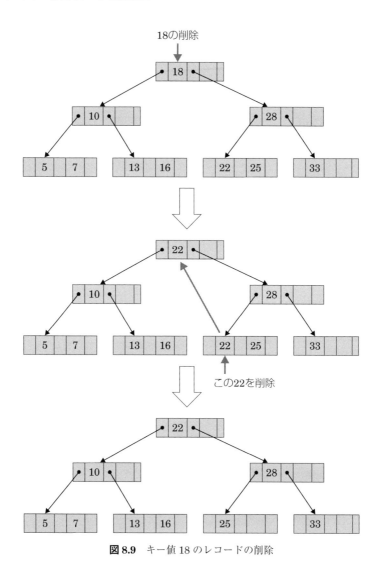

図 8.9 キー値 18 のレコードの削除

③ N' はリーフノードであるのでその中の R' を上の【N がリーフノードの場合】に述べた手順で削除する.

図 8.5 の B 木から,この手順にしたがってキー値 18 のレコードを削除する際の様子を**図 8.9** に示す.

8.7.5　B木の特徴と注意事項

　B木の大きな特徴は，レコードの挿入および削除に合わせて，木構造が動的に再構成される点にある．n個のレコードを格納したB木の高さは$O(\log(n))$となるため，指定したキー値をもつレコードの検索のために読み出さなければならないページ数もこのオーダとなる．また，ルートを除いて二次記憶中の各ページの空間使用効率は最低でも50％である．ランダムな挿入のもとでは空間使用効率は約69％となることが知られている．

　本節の説明は，B木の提案者であるRudolf BayerとEdward M. McCreightの方式[BayM72]に基づいたものであるが，以下のような点で異なるB木も構成可能である．

　①　各ノードの最大格納可能レコード数およびポインタ数を$2d$および$2d+1$とせず，それぞれ整数$m-1$および$m\,(m>2)$とする．また，ルート以外のノードは，最低でも$\left\lceil\dfrac{m}{2}\right\rceil-1$個のレコードと$\left\lceil\dfrac{m}{2}\right\rceil$個のポインタをもつものとする．この場合，$m$をB木の次数と呼ぶこともある．

　②　上に述べた挿入，削除の手順では，削除時のアンダフローのとき左右のノードを調べて再配分を試みたが，同様のことを挿入時のオーバフローのときも試みる．

8.8　B⁺　木

8.8.1　B⁺木の構造

　B木を変形した**B⁺木**（B⁺–tree）[Com79]は，DBMSにおいて最もよく用いられるデータ格納方式の一つである．**図8.10**に示すように，B⁺木はB木と同様にページをノードとするバランス木である．B木と大きく異なるのは，レコードはリーフノードにのみキー値の順番で格納し，非リーフノードにはキー値のみを格納する点である．すなわち，リーフノードの集まりはデータ部を構成し，非リーフノードの集まりは索引部を構成する．図8.10では，リーフノード中には各レコードのキー値のみを記している．B⁺木の索引部は，レコードの代わりにキー値が入り，末端ノードからはデータ部のノードへのポインタが出

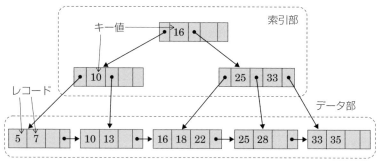

図 8.10 B$^+$ 木

ること以外は，B木そのものである．e を 2 以上の整数とすると，データ部の
リーフノードは，キー値の順に並んだ i 個 $\left(\left\lceil \dfrac{e}{2} \right\rceil \leq i \leq e \right)$ のレコード $R_1, \cdots, R_i$
をもつ．当然 $R_1, \cdots, R_i$ のキー値は，索引部の構成に従った範囲の値でなけれ
ばならない．図 8.10 は，索引部が $d=1$ の 1 次の B 木でデータ部が $e=3$ の
B$^+$ 木となっている．また，図 8.10 に示すように，通常，リーフノードどうし
を結ぶ横方向のポインタを設ける．図 8.10 の B$^+$ 木は，右方向へのポインタの
みをもつが，双方向のポインタをもたせることもある．

8.8.2　B$^+$木の検索

　あるキー値をもつレコードの検索は，ルートを最初のノードとして，キー値
に応じて子ノードポインタを順次リーフノードまでたどることで行う．B木と
異なり，B$^+$ 木では必ずリーフノードまでたどる必要がある．B$^+$ 木では，レ
コードはリーフノードにまとめられ，かつリーフノードどうしがポインタで結
ばれているため，キー値の順でレコードを読み出すのは容易である．すなわ
ち，ファイル中の全レコードをキー値の順に読むには，データ部のリーフノー
ドを順次読み出せばよい．また，キー値の範囲が与えられたときには，索引部
を用いて読むべき先頭リーフノードを特定し，そこから順次横方向のポインタ
をたどってキー値が与えられた範囲を越えるまでリーフノードを読み出す．

8.8.3　B$^+$木へのレコードの挿入

B$^+$木におけるレコード挿入の手順は以下による.

①　挿入レコードのキー値を用いて，検索の際と同様にB$^+$木をたどり，レコードを格納すべきリーフノードNを特定する.

②　もしNに入っているレコード数がe個未満ならば，Nの適当な位置に挿入レコードを格納して終了する. Nのレコード数がe個の場合は以下による.

③　Nのレコード数がe個のときはオーバフローが生じるため，ノードの分割を行う. まず，新たなノードN'を確保し，挿入レコードも含めた$e+1$個のレコードのうち，キー値の小さい順に$\left\lceil \dfrac{e+1}{2} \right\rceil$個を$N$に，残りを$N'$に格納し，$N$から$N'$へのポインタをはる. さらに，$N'$の先頭レコードのキー値$K$と$N'$へのポインタ$PTR(N')$をペアにして，$N$を指す索引部の親ノードへ挿入する.

④　親ノードでは，Kと$PTR(N')$のペアを挿入レコードとして挿入処理を行う. 索引部はB木であるので，この処理はB木の挿入手順に従う.

この手順に従って，図8.10のB$^+$木にキー値30のレコードを挿入した後のB$^+$木を**図8.11**に示す. またその挿入後にさらにキー値31のレコードを挿入する際の様子を**図8.12**に示す.

8.8.4　B$^+$木からのレコードの削除

レコードの削除の手順は以下による.

①　検索の際と同様にB$^+$木をたどり，削除対象レコードを格納したリーフノードNを特定する.

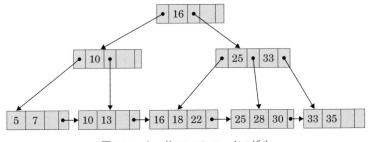

図8.11　キー値30のレコードの挿入

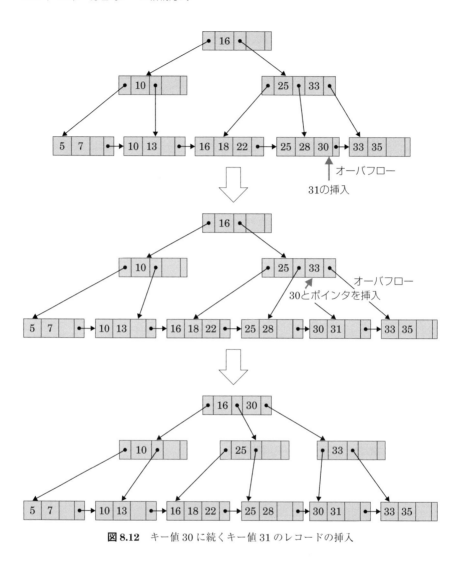

図8.12　キー値30に続くキー値31のレコードの挿入

②　もし，Nに入っているレコード数が $\left\lceil \dfrac{e}{2} \right\rceil + 1$ 個以上ならば，Nから削除

対象レコードを削除して終了する．なお，リーフノードの先頭レコードが
削除された場合でも索引部を必ずしも修正する必要はない．Nのレコード

数が $\left\lceil \dfrac{e}{2} \right\rceil$ の場合は以下による.

③ N のレコード数が $\left\lceil \dfrac{e}{2} \right\rceil$ 個のときはアンダフローが生じるため,N と親ノードを共有する N の右または左のノード N' を調べる.いずれかのノード N' のレコード数(i とする)が $\left\lceil \dfrac{e}{2} \right\rceil + 1$ 個以上ならば,N の削除対象レコード以外の $\left\lceil \dfrac{e}{2} \right\rceil - 1$ 個のレコードと N' の i 個のレコードを N と N' に均等に配分しなおす.さらに,親ノード中で,N と N' の分割に用いるキー値を修正して終了する.N の右および左のいずれのノードのレコード数も $\left\lceil \dfrac{e}{2} \right\rceil$ 個の場合は,以下による.

④ N とその右または左のノード N' を融合する.いま,N' が N の右のノードとすると,N の削除対象レコード以外の $\left\lceil \dfrac{e}{2} \right\rceil - 1$ 個のレコードおよび N' の $\left\lceil \dfrac{e}{2} \right\rceil$ 個のレコードの合計 e または $e-1$ 個のレコードをまとめて N に格納し N' を削除する.さらに,親ノードから K(N と N' の分割に用いているキー値を K とする)および $PTR(N')$ のペアを削除する.N' が N の左のノードの場合も同様の処理をする.

⑤ 親ノードでは,K と $PTR(N')$ のペアを削除対象レコードとして削除処理を行う.この処理は,B 木の削除対象レコードがリーフノードにある場合の処理手順に従う.

この手順に従って,図 8.10 の B⁺ 木からキー値 7 のレコードを削除する際の様子を**図 8.13** に示す.

8.8.5 B 木と B⁺ 木の比較

B⁺ 木は,索引付きファイルにおいて索引部を B 木で構成し,レコードの挿入,削除などの動的な変化に柔軟に対応できるようにしたものとみなすことも

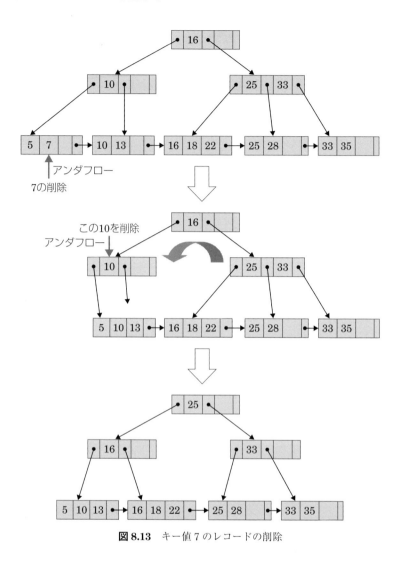

図 8.13 キー値 7 のレコードの削除

できる. n 個のレコードを格納した B$^+$ 木の高さは $O(\log(n))$ となるので，指定したキー値をもつレコードの検索のために読み出さなければならないページ数もこのオーダとなる．B 木と比較した B$^+$ 木の特徴としては以下の点がある．

① すでに述べたように，全レコードをキー値の順に読み出す要求や，指定された範囲のキー値をもつレコードを検索する要求を効率良く処理するこ

とができる．B木では，木構造中のノードをポインタを用いて順にたどる
処理が多数必要となるため，B⁺木に比べて複雑である．

② 索引部のノードにはキー値のみしか格納しないので，レコードそのもの
を格納した場合よりも多くの子ノードポインタを出すことができる（**図
8.14**）．したがって，より横広がりで高さの低い木構造とすることができ
る．B⁺木での検索では，必ずリーフノードまでたどらなければならない
が，木の高さを低くすることでページアクセス数を減少させることができ
る．

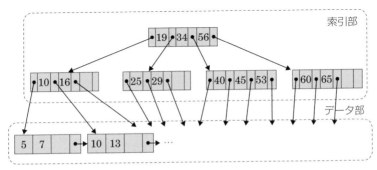

図8.14 索引部の最大ポインタ数をより多くしたB⁺木

これらの理由により，DBMSでは，B木よりもB⁺木が用いられることが多
い．また，このためB⁺木のことを指してB木ということもあるので注意が必
要である．B木と同様に，B⁺木においても，本節での説明とはいくつかの点に
おいて異なる構成法が可能である．

8.9 索 引

ここまで，リレーション中のタプルを表すレコードを格納するデータファイ
ルの構成方法を想定して，代表的なファイル編成について説明してきた．ハッ
シュファイル，索引付きファイル，B⁺木などで構成したデータファイルは，
キー値とレコードの格納場所を物理的に結び付ける索引構造をその内部に包含
している．したがって，これらの編成でデータファイルを編成した際には，こ

の索引を用いて与えられたキー値をもつデータレコードを効率良く検索することができる．一般には，このような索引を**主索引**（primary index）と呼ぶ．すでに述べたように，これらのファイル編成を用いた主ファイル（リレーションのタプルを表すレコードを格納したデータファイル）では，多くの場合，リレーションの主キーをファイル編成上のキーとして用いる．したがって，主キーが与えられた際のレコード検索は，主索引を用いて効率的に行うことができる．

　その一方で，データベースにおけるデータ操作では，主キー以外の属性（フィールド）による検索も必要である．このため，さまざまな**索引ファイル**（index file）が主ファイルと組み合わせて用いられている．索引ファイルは，**索引フィールド**（indexing field）の値を用いた検索を効率化するものである．索引ファイルは，主ファイルと以下の点で異なる．

① データレコード自体は，これまでに述べたファイル編成をもつ主ファイルに格納済みであるので，索引ファイルでは，与えられた索引フィールド値からデータレコードへのポインタを得る必要がある．

② 指定した索引フィールド値をもつデータレコードは主ファイル中に複数存在し得る．

　索引ファイルは，索引フィールド値Vおよび該当データレコードへのポインタ列$\{P_1, \cdots, P_n\}$の二つのフィールドをもつ索引レコード（$V, \{P_1, \cdots, P_n\}$）からなるファイルと考えることができる．したがって，索引ファイルの構成としては，基本的には，これまでに述べたヒープファイルや順次ファイル以外のファイル編成を用いることができる．しかし，実際にはB^+木が最も多く用いられる．データレコードへのポインタP_iとしては，具体的には，物理的アドレス，主キー値，あるいはヒープファイルにおいて述べたレコード識別子などを用いる．索引ファイルで問題となるのは，索引レコードごとにポインタ列の長さが異なり，またデータレコードの更新に伴ってその長さが変化する点である．このため，索引ファイルを格納したファイルの構成は，これまでに述べてきたものとは若干の変更が必要である．

　図8.15に，B^+木を用いた索引ファイルの構成例を示す．この例では，ポインタ列の長さが可変であることに対応するため，B^+木のリーフノードからさ

らにポインタを出して，その先にデータレコードへのポインタ列を格納するようにしている.

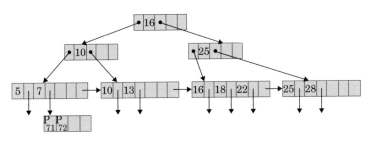

図 8.15 B$^+$木で構成した索引ファイル

索引ファイルを構成する別のアプローチとしては，索引レコードを $(V, \{P_1, \cdots, P_n\})$ ではなく，固定長レコード群 (V, P_1), $\cdots$, (V, P_n) として格納することである．この場合，索引フィールド値やポインタ P_i のサイズが一定であれば，上のような問題が生じない反面，V によって索引レコードを一意に特定できないので，索引レコード操作の手順がやや複雑になる.

8.10 索引の分類

一般に，索引は，主索引と**二次索引**（secondary index）に分類される．主索引とは，①索引フィールドがキー（すなわち，索引フィールド値によりファイル中のレコードを一意的に識別可能）であり，かつ，②キー値とデータレコードの格納場所を物理的に結び付ける索引構造を有するものを指す．①，②のいずれかあるいは両方が満たされない索引は二次索引となる.

すでに述べたように，主キーを用いた索引付きファイル，B$^+$木などで構成した主ファイルの索引部は主索引となる．また，主ファイルとは別に構成された索引ファイルが，主索引となる場合もある．一例として，**図 8.16** に示すような，順次ファイルで構成された主ファイル S と，S の順序づけフィールドを索引フィールドとする B$^+$木の索引ファイル X を考える．X と S の組合せは，ちょうど B$^+$木においてそのデータ部を別ファイルに格納した場合に相当する．索引ファイル X から出るポインタの並びと S 中のデータレコードの並びの順が一

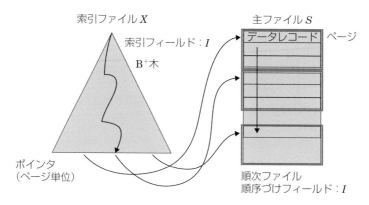

図8.16 順次ファイル編成の主ファイルと索引ファイル（その1）

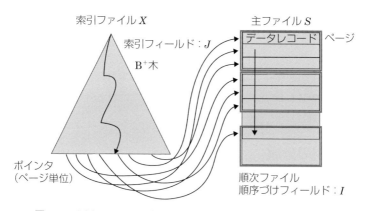

図8.17 順次ファイル編成の主ファイルと索引ファイル（その2）

致しているため，②の条件は満たされる．したがって，S の順序づけフィールドがキーである（すなわち，順序づけフィールド値により S の各レコードを一意的に識別可能な）場合，X は S の主索引となる．一方，S の順序づけフィールドがキーでない場合は，①の条件が満たされないため，X は S の二次索引となる．また，**図8.17** に示すように，S の順序づけフィールドと X の索引フィールドが異なる場合は，索引ファイル X から出るポインタの並びと S 中のデータレコードの並びの順が一致しなくなり，②の条件が満たされないため，X は S の二次索引となる．

　上記のとおり，図8.16において S の順序づけフィールドがキーでない場合，

Xは二次索引となるが，同じ二次索引となる図8.17の場合とは大きく状況が異なる．すなわち，前者の場合，S中では索引フィールド値の順にデータレコードがまとめられて格納されている．したがって，Xを用いてある範囲の索引フィールド値をもつS中のレコードをアクセスする際，読み出さなければならない主ファイルSのページ数は最小となり，効率的な検索が可能である．このようなデータレコードの格納順に対応した索引を，一般に，**クラスタリング索引**（clustering index）と呼ぶ．同じ二次索引でも，図8.17の場合はクラスタリング索引とならないため，検索の際には主ファイルのより多くのページアクセスが必要になる．

　主索引および二次索引は，いずれもデータレコードに対する索引である．主ファイルを索引付きファイルや B$^+$ 木で構成した場合，それらの索引部にはデータレコードのもつすべての索引フィールド値（すなわちキー値）は現れない．このような索引を一般に**疎な索引**（sparse index）と呼ぶ．図 8.16 の場合も，図中に示すように，索引ファイルXから出るポインタの並びとS中のデータレコードの並びの順が一致しているため，索引ファイルは主ファイルのページ単位でポインタをもてばよい．このため，索引には主ファイルのデータレコードのもつすべての索引フィールド値は現れないため，疎な索引となる．これに対して，図 8.17 の場合には，索引ファイルXから出るポインタの並びとS中のデータレコードの並びの順が一致しないため，索引ファイルは主ファイルのレコード単位でポインタをもつ必要がある．したがって，索引にはデータレコードのもつすべての索引フィールド値が現れる．このような索引を**密な索引**（dense index）と呼ぶ．

8.11　ビットマップ索引

　属性の中には，いわゆるカテゴリ属性と呼ばれるものがある．たとえば，リレーション「学生（学籍番号, 氏名, 学科, 学年, 性別）」において，属性「学科」「学年」「性別」がとり得る値が，それぞれ {情報工学, 知識工学}, {1, 2, 3, 4}, {男, 女} であるとする．これらの属性はカテゴリ属性であり，属性値のとり得る値がきわめて少ないという性質がある．このリレーションに対し，「専攻 ＝

'情報工学' AND 性別 = '男' AND 学年 = 3」という条件での問合せを考える. この場合, B$^+$木などの二次索引を各属性に対し構築しても, 属性値のとり得る値が少ないため, 有効な索引構造とはならない.

ビットマップ索引（bitmap index）は, このような状況に適した索引である. 図8.18に示すように, ビットマップ索引では属性値ごとにビットマップを構築する. 各ビットマップのビットは, 一定の順序（例：レコード識別子の順序）で並んでおり, 対応するレコードがその属性値をとるときに1, そうでないときに0の値が設定されている. 例えば, 図8.18において, 1行目は知識工学専攻の4年生の男性のレコードに対するビットマップ索引のエントリであり, 対応するビットの値が1となっている. ビットマップは, 通常は圧縮して二次記憶に保持され, 問合せ時に主記憶上で展開される.

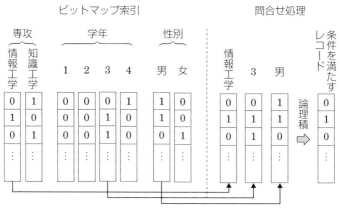

条件：「専攻＝'情報工学' AND 性別＝'男' AND 学年＝3」

図8.18 ビットマップ索引

問合せ処理においては, まず, 条件で指定された値に対応するビットマップを主記憶上に取り出す. 次いで, 問合せの条件に基づく論理演算を適用する. 図8.18の例では, 三つの条件がANDでつながっているので, ビットマップの論理積をとることで条件を満たすレコードを特定できる. この例ではANDだけであったが, 論理和（OR）や否定（NOT）を含む条件についても同様に対応できる.

　ビットマップ索引は，論理演算を用いた複雑な条件でのレコード検索を効率化できる一方で，更新処理には比較的時間がかかるという欠点がある．そのため，データの更新頻度が少ないデータ分析業務などに特に適している．

8.12 物理的データ格納方式の設計

　実際の DBMS における物理的データ格納方式としては，これまでに述べたファイル編成の一定の組合せが用いられることが多い．リレーショナル DBMS における典型的な格納方式の一つは，**図 8.19** に示すように，リレーションをその主キーに基づき，ヒープファイル，順次ファイル以外のこれまで述べてきたいずれかのファイル編成で格納し，必要に応じてさらに二次索引を設けるというものである．また，**図 8.20** に示すように，リレーションの格納を順次ファイルとし，各種の索引を用意するという方法もある．さらに，処理時間のかかる結合演算などを高速化するため，複数リレーションのデータを何らかの規則に基いて，物理的に隣接して格納するなどの方法がとられることもある．一般に，索引を用意することによって検索を効率化することができるが，その反面，索引の格納のための余分な記憶容量が必要となり，またデータファイルを更新した場合にはそれに連動して索引を修正する処理が必要となる．

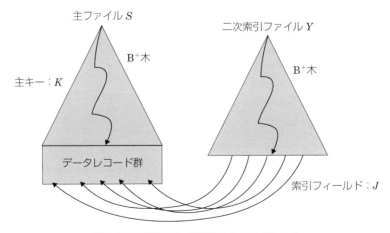

図 8.19 物理的データ格納方式の例（その 1）

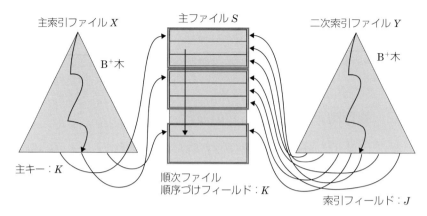

主索引ファイル X　　　　　主ファイル S　　　　二次索引ファイル Y

B⁺木

B⁺木

主キー：K

順次ファイル
順序づけフィールド：K

索引フィールド：J

図 8.20 物理的データ格納方式の例（その2）

データファイルのファイル編成も含め，どのような物理的データ格納方法をとるのが適切であるかは，データの利用パターンにおおいに依存する．データベース管理者は，この点を考慮に入れて内部レベルの構造を決定しなければならない．

8.13 列ストア

リレーショナル DBMS では，通常，これまで述べてきたように，レコード（行）をひとまとまりの単位としてファイルに格納している．このような格納方式をとるシステムのことを，しばしば**行ストア**（row store）や**行指向データベース**（row-oriented database）と呼ぶ．従来の DBMS の多くは行ストアである．行ストアには，レコードの追加・削除を効率的に行うことができるという利点があり，頻繁に更新が発生するデータベースに適している．

一方，近年登場した概念として，タプルに対応するレコード単位ではなく，属性（列）を単位としてデータを格納するシステムがある．このような DBMS のことを，**列ストア**（column store），あるいは**列指向データベース**（column-oriented database, columnar database）と呼ぶ．列ストアが適している状況として，対象のデータベースに対する更新が頻繁ではなく，高度な分析処理が主体である場合があげられる．

　列ストアの例を**図 8.21** に示す．これは，「入試成績（受験 ID, 英語, 数学, 物理, 化学）」というリレーションに対応する列ストアのイメージであり，「受験 ID」などの属性ごとに別々のファイルとしてデータが格納されている．ここで，例えば数学の点数の平均を求めたい場合には，対応するファイルをスキャンして集計を行えばよい．分析のための問合せでは，しばしば特定の属性に対する集計処理を行うことが多いことから，必要な列のデータのみを一括して取得することで高速な処理が可能となる．また，属性ごとにファイルにまとめると，同じような値が格納されることによりファイルの圧縮率が高くなるため，ファイル読出しの効率が向上するという利点もある．

受験 ID	英語	数学	物理	化学
00001	90	72	85	77
00002	65	100	91	80
00003	82	65	74	88
00004	95	87	66	95
00005	72	76	90	75
⋮	⋮	⋮	⋮	⋮

図 8.21　列指向データベースのイメージ

　行ストアと列ストアのいずれのアプローチが適しているかは，対象のデータベースとその利用形態に依存する．最近の DBMS の中には，両者のアプローチを共に可能とするものも存在する．

演 習 問 題

8.1　ディスクのシーク時間を 3 ミリ秒，回転待ち時間を 2 ミリ秒，転送速度を 200 キロバイト/ミリ秒として，ランダムに配置された 100 ページを読み出す場合と，連続した 100 ページを読み出す場合のそれぞれにかかる時間を単位ミリ秒で計算せよ．ただし，処理時間は，シーク時間，回転待ち時間，転送時間のみからなるものと仮定し，ランダムな場合は 1 ページ読むごとにシーク時間と回転待ち時間がかかるのに対し，連続した場合は最初の 1 回のみシーク時間と回転待ち時間がかかるものとせよ．また，1 ページは 4 キロバイトとする．

8.2　m 個のバケットからなるハッシュファイルに n 個のレコードを格納する．ハッシュ関数を用いたレコードのバケットへの割当てがランダムであるとしたとき，i 番目のバケットがちょうど k 個のレコードを含む確率を求めよ．

8.3　キーのサイズが 4 バイトで全体のサイズが 256 バイトのレコードが 100000 件ある．これらのレコードを格納した索引付ファイルのデータ部および索引部のページ数を求めよ．ただし，ページサイズは 4096 バイト，データページへのポインタは 4 バイトとする．また，データ部はデータレコードのみを，索引部は索引レコードのみを格納するものとし，それ以外の管理情報の格納のための記憶領域は無視する．さらに，データ部，索引部のいずれのページも，レコードが別ページにまたがらない範囲で可能な限り詰めて格納するものとする．

8.4　図 8.5 の B 木に以下の操作を順番に行ったときの変化をすべて図示せよ．

①　キー値 35 のレコードを挿入

②　キー値 23 のレコードを挿入

③　キー値 26 のレコードを挿入

④　キー値 27 のレコードを挿入

⑤　キー値 5 のレコードを削除

⑥　キー値 7 のレコードを削除

⑦　キー値 13 のレコードを削除

8.5　高さ h の d 次の B 木に格納可能なレコード数の最大値と最小値を求めよ．

8.6　1 000 件のレコードをキー値の小さい順に順次挿入して 1 次の B 木を構成する．この B 木の高さを求めよ．

8.7　図 8.10 の B$^+$ 木に以下の操作を順番に行ったときの変化をすべて図示せよ．

①　キー値 30 のレコードを挿入

②　キー値 20 のレコードを挿入

③　キー値 5 のレコードを削除

④　キー値 7 のレコードを削除

⑤　キー値 10 のレコードを削除

8.8　演習問題 8.3 のレコードを B 木および B$^+$ 木に格納する．ただし，ページサイズは 4 096 バイト，ノード間のポインタは 4 バイトとする．また，レコード，キー値，ノード間ポインタ以外の管理情報の格納のための記憶領域は無視する．さら

に，B木およびB$^+$木におけるパラメタdやeの値は，ページに入りきる範囲の最大値として決定するものとする（B木およびB$^+$木における非リーフノードのポインタ数の最大値は奇数に限定して考えてよい）．このとき，このB木およびB$^+$木の高さがとり得る最大値と最小値をそれぞれ求めよ．

8.9 主記憶とディスクをどう使い分けるかについて，Jim Grayらはコストの観点から**5分間ルール**（five-minute rule）と呼ばれる指針を導いた[GraP87]．

典型的なディスクの価格をD〔ドル〕とし，ディスク当たり1秒間に何回ディスクページへのランダムアクセスを処理可能であるかをA〔アクセス/秒〕とする．このとき，1ドル当たり毎秒A/D〔アクセス/秒・ドル〕回のアクセスが処理可能となる．したがって，もしあるページをT〔秒〕に1回（すなわち，毎秒$1/T$〔回〕）アクセスする場合には，$D/A \cdot T$〔ドル〕のコストが必要となる．

一方，1メガバイトの主記憶に何ページ入るかをP〔ページ〕で表し，1メガバイト当たりの主記憶の価格をC〔ドル〕で表す．このとき，P/Cは1ドル当たり確保できる主記憶上のページ数となる．したがって，主記憶上に1ページを確保するためのコストはC/P〔ドル〕となる．

アクセスしたいページが主記憶にあるのであれば，ディスクアクセスのコストはセーブできる．ここで，$D/A \cdot T = C/P$，すなわち$T = D \cdot P/A \cdot C$となるTを考える．アクセス間隔Tがこの条件を満たす場合は，そのページをディスクに置いても主記憶に置いても同じコストで釣り合っていることを意味する．これより，T〔秒〕当たり1回よりも多いアクセスが発生するデータについては，ディスクに置くよりも主記憶上にキャッシングする（ようにシステムを構成する）ほうがコスト的に有利となる．

次の表に，いくつかの年における典型的なディスク（HDD）およびフラッシュメモリによる二次記憶装置（SSD）と主記憶（DRAM）のスペックを示す[App*19]．ページサイズを4キロバイトとしたとき，$P = 1024$キロバイト/4キロバイト$= 256$となるので，1987年については，$T = D \cdot P/A \cdot C = (30000 \cdot 256)/(5 \cdot 5000) = 307.2$秒，すなわち5.12分となる．

	HDD				SSD	
	1987	1997	2007	2018	2007	2018
D	30000	2000	80	49	1000	415
A	5	64	83	200	6 200	67 000

	DRAM			
	1987	1997	2007	2018
C	5000	14.6	0.05	0.005

① 4キロバイトのページサイズの設定で，1997年から2018年度のHDDのTの値を求めよ．

② 同じ設定で，HDDの代わりにSSDを用いたときのTの値を求めよ．

③ 以上の結果に対して考察せよ．

9章
問 合 せ 処 理

9.1 問合せ処理と最適化

　本章では，リレーショナル DBMS における問合せ処理の概要を述べる．SQL などのデータベース言語により記述された問合せは，DBMS 中のデータ操作言語処理系により解析され，データマネジャが実行すべき**アクセスステップ**（access step）と呼ばれる基本データ操作からなる一連の手続きが生成される．このデータ操作手続きのことを，**実行プラン**（execution plan）や**アクセスプラン**（access plan）などと呼ぶ．実行プランに記述されたアクセスステップをデータマネジャが順次実行することで，問合せが処理される．具体的なアクセスステップは個々の DBMS に依存するが，その並びとしての実行プランは，問合せ結果を導出するために各種データファイルや索引ファイルをアクセスする手順を記したものである．実行プランの生成は，データベース言語による論理的かつ非手続き的問合せ記述から，物理的かつ手続き的問合せ記述への変換の過程ととらえることができる．問合せ処理における一つのアプローチは，この過程を代数演算子を用いたデータ操作記述を介した二つのフェーズに概念的に分けて考えることである[ElmN94]†．すなわち，第一フェーズはデータベース言語によって記述された問合せのリレーショナル代数演算子列への変換であり，第二フェーズは各リレーショナル代数演算あるいはその組合せのデータ操作を具体的に実行するアクセスステップ列への変換である．

　例として，図 3.3 に示したデータベースに対する以下の 4.4.1 項の問合せ Q2 を考える．

　　　SELECT　科目.科目番号,科目名,成績

---

† 　実際の DBMS の中では必ずしもこのようなフェーズ分けを明確にしているわけではない．

FROM 　　　科目,履修

WHERE 　　　科目.科目番号=履修.科目番号 AND 学籍番号='00100'

　この問合せに対する変換の第一フェーズにより生成され得る実行プランとしては，以下をはじめとする各種のリレーショナル代数式が考えられる．

① $\pi_{科目.科目番号,科目名,成績}(\sigma_{科目.科目番号=履修.科目番号\wedge学籍番号='00100'}(科目\times履修))$

② $\pi_{科目.科目番号,科目名,成績}(\sigma_{学籍番号='00100'}(科目\bowtie_{科目.科目番号=履修.科目番号}履修))$

③ $\pi_{科目.科目番号,科目名,成績}(科目\bowtie_{科目.科目番号=履修.科目番号}(\sigma_{学籍番号='00100'}(履修)))$

　変換の第二フェーズでは，さらに各リレーショナル代数演算あるいはその組合せのデータ操作をどのようなアルゴリズムに基づき実行するかが決定され，最終的な実行プランが生成される．一般に，各代数演算操作を実行するためのアルゴリズムは1通りとは限らず，またその適用可能性が物理的なデータ構成に依存することもある．したがって，第二フェーズでは，各リレーションがどのような編成のファイルに格納され，どのような索引が利用可能であるかといった内部レベルのデータ構成を考慮する必要がある．また，アルゴリズムによってはファイル中のレコードがどのような順序で並んでいるかに依存するものもある．したがって，レコードのソート操作なども，最終的な実行プランの中に含めて考える必要がある．

　実行プランの生成においては，一つの問合せに対して複数の実行プランが考え得ることに注意する必要がある．第一フェーズの変換後の実行プランとして上に示した①②③は，同一のデータベースインスタンスが与えられたときには同じ結果を返すという意味で等価である．しかし，各実行プランの実行時間や必要作業領域サイズは一般に大きく異なる．

　いま，リレーション「科目」「履修」は，それぞれ1万タプルおよび100万タプルからなるものとし，両者の結合結果も100万タプルからなるものとする．さらにまた，学籍番号00100の学生は50科目の履修登録があるものとする．このとき，実行プラン①では最初に「科目」と「履修」の直積をとるため，問合せ処理の中間結果は100億タプルとなる．この中間結果の保持には多くの記憶領域を必要とし，またその後の選択演算にも多くの実行時間を要する．実行プラン②では直積の代わりに結合を用いてタプルの絞込みを最初から行うため，その中間結果は100万タプルに減少する．実行プラン③では「履修」に対する

選択を結合に先行して実行する．実行プラン②と③は，選択演算の対象となるタプル数はいずれも 100 万タプルで同じである．しかし，②では 1 万タプルと 100 万タプルの結合をとらなければならないのに対し，③では選択による絞込みを先行して行うため 1 万タプルと 50 タプルの結合をとればよいことになる．

　各実行プランの実行時間や作業領域サイズなどの具体的な実行コストは，リレーショナル代数演算やその組合せのデータ操作の実行にどのようなアルゴリズムを用いるかという第二フェーズでの決定に依存する．しかし，一般的には操作対象のデータが多いほどより多くの実行コストを必要とするため，問合せ結果には含まれないタプルをできるだけ問合せ処理の初期の時点で除去するのが得策である．このようないわば経験的選択基準によると，上記の三つの実行プランのなかでは，一般に③が最も実行効率が良いものとなる．

　上に述べたように，一つの問合せに対して複数の実行プランが存在し，かつそれらの実行コストが異なるため，問合せ処理においてはできるだけ実行コストの小さい実行プランを選択することが望まれる．このことを**問合せ最適化**（query optimization）という[JarK84]．問合せを処理するうえにおいては，二次記憶アクセス時間，主記憶上での処理時間，通信時間，作業領域サイズなどがコスト要因となるが，集中型 DBMS では，二次記憶アクセス時間が問合せ実行時の応答時間に最も大きく影響する．そのため，多くの場合，二次記憶中のページアクセス回数を主要なコスト要因と見なして問合せ最適化が行われる．

　理想的には，与えられた問合せに対して考え得るすべての実行プランの実行コストの見積りを行い，最もコストが小さいと予想されるものを選択することが望ましい．しかし，すべての実行プランを詳細に調べていたのでは，最適化処理に膨大な時間がかかってしまう．また，実際の実行コストを実行前に厳密に予想すること自体が難しい問題である．そのため，通常の問合せ最適化では，必ずしも最小予想コストの実行プランを見つけるのではなく，一定範囲内の合理的な実行コストであると予想される実行プランを選択することにむしろ主眼が置かれる．

　問合せ最適化の方法としては，定量的なコスト見積りに基づくものと，上に例を示したような経験的選択基準に基づくものがある．次の 9.2 節では，リレーショナル代数式を対象とした経験的選択基準に基づく問合せ最適化につい

てより詳しく述べる．9.3 節では，典型的なリレーショナル代数演算である選択および結合の実行法と外部ソートのアルゴリズムについて述べる．9.4 節では，定量的コスト見積りに基づく問合せ最適化について述べる．

9.2 リレーショナル代数式を対象とした問合せ最適化

ここでの問合せ最適化は，問合せ実行手順を表すリレーショナル代数式のうち，より効率的であると予想されるものを経験的選択基準により選択することである．この方法は，実行プランに対する定量的なコスト見積りを行うものではないが，合理的な実行コストをもつ実行プランの候補を導出するうえで，大変有用である．本手法による最適化は，まず与えられた問合せを表現した何らかのリレーショナル代数式を導出し，次にそれをより実行効率がよいと予想される等価な代数式に段階的に変換することによって行うことができる．このようなリレーショナル代数式の等価な変換を行うために用いられる主な変換規則としては以下がある．ただし，ここでは選択，射影，直積，結合，和，差，共通部分の各リレーショナル代数演算子のみを対象として考える．

① 選択の分解・融合：選択条件に論理積を含む選択に関して以下が成り立つ．

$$\sigma_{F_1 \land F_2}(R) = \sigma_{F_1}(\sigma_{F_2}(R))$$

② 選択の交換：

$$\sigma_{F_1}(\sigma_{F_2}(R)) = \sigma_{F_2}(\sigma_{F_1}(R))$$

③ 射影の分解・融合：$\{A_1, \cdots, A_n\} \subseteq \{B_1, \cdots, B_m\}$ のとき以下が成り立つ．

$$\pi_{A_1, \cdots, A_n}(\pi_{B_1, \cdots, B_m}(R)) = \pi_{A_1, \cdots, A_n}(R)$$

④ 選択と射影の交換：選択条件 F が参照する属性がすべて $A_1, \cdots, A_n$ に含まれるとき，選択と射影は以下のように交換可能である．

$$\pi_{A_1, \cdots, A_n}(\sigma_F(R)) = \sigma_F(\pi_{A_1, \cdots, A_n}(R))$$

選択条件 F が $A_1, \cdots, A_n$ 以外に $B_1, \cdots, B_m$ を参照するときには，規則③を併せて用いることにより以下が成り立つ．

$$\pi_{A_1, \cdots, A_n}(\sigma_F(R)) = \pi_{A_1, \cdots, A_n}(\sigma_F(\pi_{A_1, \cdots, A_n, B_1, \cdots, B_m}(R)))$$

⑤ 選択と直積，結合の交換：選択条件 F が R_1 の属性のみを参照するとき，

選択と直積，結合は以下のように交換可能である．

$$\sigma_F(R_1 \times R_2) = \sigma_F(R_1) \times R_2$$

$$\sigma_F(R_1 \bowtie_{F'} R_2) = \sigma_F(R_1) \bowtie_{F'} R_2$$

⑥　選択と和，差，共通部分の交換：

$$\sigma_F(R_1 \cup R_2) = \sigma_F(R_1) \cup \sigma_F(R_2)$$

$$\sigma_F(R_1 - R_2) = \sigma_F(R_1) - \sigma_F(R_2)$$

$$\sigma_F(R_1 \cap R_2) = \sigma_F(R_1) \cap \sigma_F(R_2)$$

⑦　射影と直積，結合の交換：属性 $A_1, \cdots, A_n$ のうち，$B_1, \cdots, B_m$ が R_1 の属性，$C_1, \cdots, C_k$ が R_2 の属性とする．また，結合においては，結合条件 F が参照する属性はすべて $A_1, \cdots, A_n$ に含まれるものとする．このとき，射影と直積，結合は以下のように交換可能である．

$$\pi_{A_1, \cdots, A_n}(R_1 \times R_2) = \pi_{B_1, \cdots, B_m}(R_1) \times \pi_{C_1, \cdots, C_k}(R_2)$$

$$\pi_{A_1, \cdots, A_n}(R_1 \bowtie_F R_2) = \pi_{B_1, \cdots, B_m}(R_1) \bowtie_F \pi_{C_1, \cdots, C_k}(R_2)$$

結合条件 F が $A_1, \cdots, A_n$ 以外に R_1 の $D_1, \cdots, D_p$ および R_2 の $E_1, \cdots, E_q$ を参照するときには，規則③を併せて用いることにより以下が成り立つ．

$$\pi_{A_1, \cdots, A_n}(R_1 \bowtie_F R_2)$$
$$= \pi_{A_1, \cdots, A_n}(\pi_{B_1, \cdots, B_m, D_1, \cdots, D_p}(R_1) \bowtie_F \pi_{C_1, \cdots, C_k, E_1, \cdots, E_q}(R_2))$$

⑧　射影と和の交換：

$$\pi_{A_1, \cdots, A_n}(R_1 \cup R_2) = \pi_{A_1, \cdots, A_n}(R_1) \cup \pi_{A_1, \cdots, A_n}(R_2)$$

リレーショナル代数式の変換を考えるうえでは，各代数演算子の実行順序を木構造で表現した**処理木**（processing tree）を用いるのが便利である．**図 9.1**に前節の実行プラン①に対する処理木を示す．前節で述べたように，問合せ最適化では問合せ処理の早い段階でできる
だけデータの絞込みを行い，中間結果の
データ量を削減することが重要である．
このための一般的指針としては，次のよ
うなものがある[SmiC75]．

① 問合せ結果に関与しないタプルを
除去するため，選択をできるだけ早
い段階で適用する．

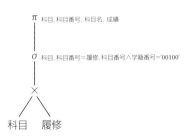

図 9.1 処理木

② 中間結果のデータ量を削減するため，射影による不要な属性の削除をできるだけ早い段階で行う．

③ 直積とその直後の選択が結合にまとめられる場合はそのようにする．

これらの指針に沿った変換を行うための上記の変換規則の大まかな適用手順は以下のようになる[ElmN94]．

ステップ1：規則①を適用し，選択条件に論理積を含む選択を複数の選択に分解する．

ステップ2：規則②④⑤⑥を適用し，選択を可能な限り処理木の下のほうに移動する．

ステップ3：直積とそれに続く選択を結合にまとめる．

ステップ4：規則③④⑦⑧を適用し，射影を可能な限り処理木の下のほうに移動する．

ステップ5：規則①③④を適用し，連続した選択および射影を，単一の選択，単一の射影，または単一の選択とそれに続く単一の射影とする．このほか，同一リレーションに対する選択や射影の適用回数の削減，あるいはリレーションの結合順序の変更などを考慮することもある．

図9.1の処理木にステップ3までを適用した段階の処理木を**図9.2**(a) に，ステップ5までを適用した後の処理木を図9.2(b) に示す．上記指針に述べたようにデータの絞込みをできるだけ早い段階，すなわち木の下のほうで行うような処理木が得られるようすがわかるであろう．

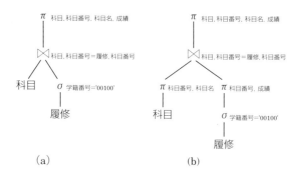

図9.2 変換後の処理木

9.3 基本データ操作の実行法

　問合せ処理においては，リレーショナル代数演算子で記述されたデータ操作を，物理的なデータファイルや索引ファイルを対象として具体的に実行することが必要である[Gra93]．本節では，リレーショナル代数演算子のうち，通常の問合せに最も頻繁に現れる選択と結合の実行法を示す．また，大量のデータをソートする際に用いられるマージソートについても併せて説明する．第二フェーズの変換後の最終的な実行プランにおいては，同じ種類のリレーショナル代数演算を実行する場合でもその実行法が異なればアクセスステップとしては区別される．ただし，実際の DBMS では個々のリレーショナル代数演算が必ずしも一つのアクセスステップに対応するわけではなく，選択／射影，選択／結合／射影などの組合せのデータ操作を一つのアクセスステップとして考える場合が多い．また逆に，複雑な選択条件をもつ選択演算の処理を複数のアクセスステップに分ける場合もある．以下はそのようなアクセスステップを構成するうえでの基本となるものである．

9.3.1 選択の実行法

　リレーションに対する選択演算に対応したデータ操作として，各タプルをレコードとして格納したデータファイル中から選択条件を満たすものを抽出する操作を考える．選択条件が単一の比較条件 $A\,\theta\,c$（A はフィールド，θ は比較演算子，c は定数とする）で与えられたときは，以下の方法がある．

A）線形探索

　　データファイルの全レコードを順次読み出し，選択条件を満たすものを抽出する．線形探索はその適用範囲が広い反面，対象レコード件数が多い場合には効率的でない．

B）主索引を用いた探索

　　データファイルが，ハッシュファイル，索引付ファイル，B^+ 木などの主索引をもつファイル編成や主索引を有する順次ファイルで構成されており，A がそのキーである場合には，主索引を用いて選択条件を満たすレコードを探索可能である．

C）二次索引を用いた探索

　　A に関する二次索引がある場合には，それを用いて選択条件を満たすデータレコードへのポインタを獲得し，データファイル中の該当レコードを読み出すことで処理できる．

　上記B）C）の主索引，二次索引を用いる探索は，選択条件によっては適用できない場合もある．例えば，ハッシュファイルは，＝以外の比較演算子を用いた選択条件には通常対応することができない．また，比較演算子＞を用いた選択など，条件を満たすレコードが複数ある場合には，**図9.3** に示すように，主索引と二次索引ではその探索効率が一般に異なることに注意する必要がある．

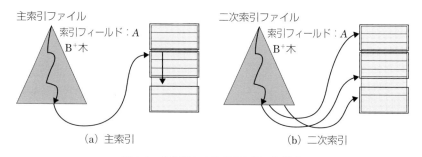

図9.3　主索引と二次索引を用いた探索

　選択条件が複数の比較条件の論理積で与えられたときは，線形探索の他に以下のような方法がある．

D）複合索引を用いた探索

　　主索引あるいは二次索引の索引フィールドを複数のフィールドから構成することができる．このような索引を特に**複合索引**（composite index）という．例えば，フィールドの組 (A_1, A_2) に対する値のペア (x_1, x_2) を入力とするハッシュ関数を用いることで，ハッシュファイルを構成できる．また，(x_1, x_2) と (x_1', x_2') の大小関係を「$(x_1, x_2) < (x_1', x_2') \Leftrightarrow x_1 < x_1' \lor (x_1 = x_1' \land x_2 < x_2')$」とすることで，$(A_1, A_2)$ に関する B$^+$木を構成できる．複合索引を用いることで論理積を含むある種の選択条件は効率的に処理できる．例えば，選択条件が $A_1 = c_1 \land A_2 = c_2$ の場合には (A_1, A_2) に関する複合索引が有効である．もし索引が B$^+$木で構成されている場合には，この複合索

引はフィールド，A_1 のみに関する比較条件にも対応可能である．しかし，フィールド A_2 のみに関する比較条件は，効率的に処理できないことに注意する必要がある．同様の理由で，選択条件 $A_1 = c_1 \wedge A_2 = c_2$ は (A_1, A_2, A_3) に関する B^+ 木の複合索引でも処理可能であるが，(A_0, A_1, A_2) に関するものでは効率的に処理できない．

E）レコードポインタ集合の共通集合演算

論理積で結合された比較条件のすべてについていずれかの索引による探索が可能な場合には，それらの索引を用いて個々の条件を満たすレコードポインタ集合を求め，最後にそれらの共通集合をとることで処理できる．

F）索引を用いた候補レコードの絞込み

与えられた選択条件の一部のみに関しては索引が利用できるという場合は，その一部の条件を満たすレコードを上記のB）C）D）E）のいずれかの方法で探索する．次に，それらのレコードを順次読み出し，残りの選択条件を満たすものを最終的に抽出することで処理できる．

選択条件が複数の比較条件の論理和で与えられたときは，一般には線形探索により処理される場合が多い．ただし，すべての比較条件についていずれかの索引による探索が可能な場合は，索引を用いて個々の条件を満たすレコードポインタ集合を求め，最後にそれらの和集合をとるという代替案が考えられる．

9.3.2 結合の実行法

二つのリレーションのデータを格納したファイル S_1 と S_2 の結合操作を実行するための基本アルゴリズムについて述べる[MisM92]．ここでは，通常最も頻繁に現れる等結合（自然結合）を対象とする．等結合の条件は $A_1 = A_2$ とし，S_1 と S_2 のレコードを $R_1(1), \cdots, R_1(N_1)$，および $R_2(1), \cdots, R_2(N_2)$ とする．

（1）入れ子ループ結合

入れ子ループ結合（nested loop join）は結合操作を行うための最も基本的なアルゴリズムである．この方法では，ファイル S_1 のレコード $R_1(i)$ を一つ読み出し，$R_1(i)$ とファイル S_2 の N_2 個のレコードのつきあわせを順次行って，結合条件 $A_1 = A_2$ を満たすものに対して結果のレコードを生成する．S_1 中の N_1 個のレコード $R_1(1), \cdots, R_1(N_1)$ に対してこれを繰り返すことで結合操作を行うこ

とができる.（**図 9.4**）

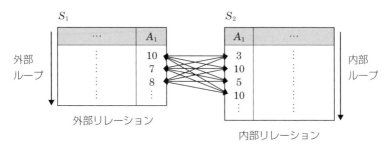

図 9.4　入れ子ループ結合

【入れ子ループ結合】

```
for i:=1 to N₁ do
  for j:=1 to N₂ do
    if R₁(i)[A₁]=R₂(j)[A₂] then
        R₁(i)とR₂(j)を結合したレコードを出力
```

S_1 のレコードを順次読み出す外側のループを**外部ループ**（outer loop），S_2 のレコードを順次読み出すループを**内部ループ**（inner loop）と呼ぶ．また，S_1 に対応するリレーションを**外部リレーション**（outer relation），S_2 に対応するリレーションを**内部リレーション**（inner relation）と呼ぶ．

8章で述べたように，二次記憶中のデータの入出力の単位はレコードではなくページである．したがって，実際の入れ子ループ結合では，外部ループで S_1 のページを，内部ループで S_2 のページを主記憶上に順次読み出す．さらに読み出したページ上の各レコードどうしをつきあわせて，結合条件を満たすペアを見つける．いま，S_1 と S_2 のページ数がそれぞれ P_1 および P_2 であり，そのうちの M_1 および M_2 ページずつを主記憶上に読み出すものとすると，S_1 の各ページは1回ずつ，S_2 の各ページは $\lceil P_1/M_1 \rceil$ 回ずつ読み出されることになる．したがって，M_1 を大きくとるほど総ページアクセス回数は削減できる．

（2）索引を用いた結合

入れ子ループ結合では，S_1 中のレコード $R_1(i)$ と対になる S_2 中のレコードの探索において S_2 の線形探索を行っていることになる．もし，A_2 に関する S_2 の索引がある場合にはそれを利用することができる．その場合のアルゴリズムを

以下に示す.

【索引を用いた結合】

```
for i:=1 to N₁ do
  begin
    A₂に関する索引を用いてR₁(i)[A₁]=R₂(j)[A₂]を満たすS₂のR₂(j)を探索
    R₁(i)とR₂(j)を結合したレコードを出力
  end
```
■

(3) マージ結合

S_1 と S_2 がそれぞれ A_1 と A_2 でソートされている場合には，**マージ結合**
（merge join）を適用できる．マージ結合では，S_1 と S_2 のレコードを先頭から
順次つきあわせることにより結合操作を行う（**図 9.5**）．ソートが昇順であると
きのマージ結合の手順は以下のようになる．

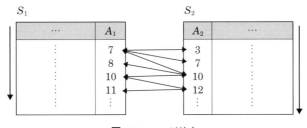

図 9.5　マージ結合

【マージ結合】

```
i:=1
j:=1
while true do
  begin
    while R₁(i)[A₁] > R₂(j)[A₂]do
      begin
        j:=j+1
        if j>N₂ then 終了
      end
```

```
while R₁(i)[A₁]< R₂(j)[A₂]do
  begin
    i:=i+1
    if i>N₁ then 終了
  end
if R₁(i)[A₁]=R₂(j)[A₂]then
  begin
    mark:=j
    repeat
        begin
            R₁(i)とR₂(j)を結合したレコードを出力
            j:=j+1
        end
    until j>N₂ または R₁(i)[A₁]≠R₂(j)[A₂]
    i:=i+1
    if i>N₁ then 終了
    if R₁(i)[A₁]=R₂(mark)[A₂]then j:=mark
    else if j>N₂ then 終了
  end
end                                                 ■
```

　上に示したように，マージ結合では同じ A_1 あるいは A_2 の値をもつレコードが双方のファイルに存在した場合だけ後戻りが生じるが，その場合を除けば，両ファイルをそれぞれ先頭から順に1回だけ見ることで結合を行うことができる点が特徴である．

(4) ハッシュ結合

　ハッシュ結合（hash join）は，一方のファイル中のレコードをハッシュ表に展開することにより結合条件を満たすレコードを効率良く求めるものである（**図 9.6**）．最も基本的なハッシュ結合の手順を以下に示す．なお，ハッシュ関数を hash とし，ハッシュ表はバケット $B(1), \cdots, B(K)$ からなるものとする．

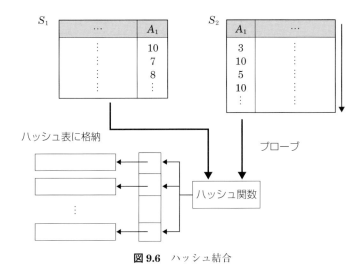

図 9.6 ハッシュ結合

【ハッシュ結合】

```
for i：=1 to N₁ do
    レコードR₁(i)をB(hash(R₁(i)[A₁]))に格納
for j：=1 to N₂ do
    for each レコードR₁(i)in B(hash(R₂(j)[A₂]))
        if R₁(i)[A₁]=R₂(j)[A₂]then
            R₁(i)とR₂(j)を結合したレコードを出力        ■
```

　この方法は，S_1に対するハッシュ表が主記憶上に保持できる場合には効率的な結合法となる．しかし，大きなファイルどうしの結合では，ファイルサイズが小さいほうをS_1としてもそのハッシュ表を主記憶に保持できない場合がある．そのような場合に対応可能なハッシュ結合の方法として，**GRACE ハッシュ結合**（GRACE hash join）[Kit*83]や**ハイブリッドハッシュ結合**（hybrid hash join）[Sha86]がある．ハイブリッドハッシュ結合では，ハッシュ関数のとり得る値の範囲を$L+1$個のパーティションに分割し，パーティションごとに主記憶上のハッシュ表への展開を行う．この方法に基づく結合操作の手順は以下のようになる．

　①　S_1の各レコードR_1をA_1の値でハッシングする．そのハッシュ関数値が

パーティション i に属するものとする．$i=0$ の場合は，レコード R_1 を主記憶上のハッシュ表に格納する．それ以外の場合は，二次記憶上のパーティション i のための領域 $PS_1(i)$ に格納する（**図 9.7**）．

② S_2 の各レコード R_2 を A_2 の値でハッシングする．そのハッシュ関数値がパーティション i に属するものとする．$i=0$ の場合は，主記憶上のハッシュ表を用いて，結合条件を満たす S_1 のレコードとの結合操作を行う．それ以外の場合は，レコード R_2 を二次記憶上のパーティション i のための領域 $PS_2(i)$ に格納する．

③ $i=1,\cdots,L$ に対して，以下の（a）（b）を繰り返す．

（a） 領域 $PS_1(i)$ の中の S_1 の各レコードを読み出し，A_1 の値に基づいて主記憶上のハッシュ表に展開する．

（b） 領域 $PS_2(i)$ 中の S_2 の各レコードを順次読み出し，A_2 の値でハッシングする．主記憶上のハッシュ表を用いて，結合条件を満たす S_1 のレコードとの結合操作を行う．

単純なハッシュ結合，ハイブリッドハッシュ結合のいずれの場合も，ハッシュ表にレコード自身を格納するものとしたが，結合結果が非常に小さくなる場合には，ハッシュ表には A_1 の値とレコードポインタのみを格納し，結合処

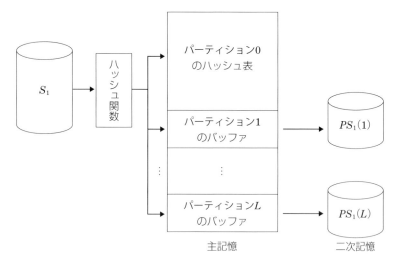

図 9.7 ハイブリッドハッシュ結合におけるパーティション分割

理の最後にポインタを該当レコードで置き換えるという方法も考え得る.

9.3.3 外部ソート

　問合せ実行においては,ファイル中のレコードをソートする必要がしばしば生じる.例えば,問合せ結果でレコードの並ぶ順序が指定された場合,マージ結合で結合を実行する場合,さらには重複した行の除去やグルーピングを行う場合などがある.主記憶上でのソートアルゴリズムとしては,クイックソートが効率の良い方法として知られているが,データベース処理においては主記憶上にすべてのレコードをもつことができない場合が多い.主記憶上に入りきらない大量のデータのソートは**外部ソート**(external sort)と呼ばれ,次の**マージソート**(merge sort)をベースとしたアルゴリズムが多く用いられる.

　主記憶上に M ページ分のバッファ領域がある場合,マージソートの手順は以下のようになる.

① 　ファイルを先頭から M ページずつ読み出して,主記憶上でそのレコードをソートする.ソートの済んだ M ページ分のレコードの集まりをレベル 0 のラン(run)と呼ぶ.各ランは,作成されるごとに二次記憶上に出力される.いま,このようにしてレベル 0 のランが作成されたものとする.

② 　$K = M - 1$ 本ずつのレベル 0 のランをマージして,1 本のレベル 1 のランとする.すなわち,各ランはソート済であるので,K 本のレベル 0 のランに含まれるレコードを先頭から順次マージすることでそれらレコード全体がソートされたレベル 1 のランを構成することができる.これには,M ページ分ある作業領域のうち,レベル 0 のランの読出し用バッファ領域として各 1 ページ分ずつ割り当て,残りの 1 ページをマージ結果のレベル 1 のランの二次記憶出力用バッファ領域として使う.ランのマージ操作によりランの本数はもとの $1/K$ となる.この操作をランの本数が 1 本になるまで繰り返すことでソートが完了する.

　図 9.8 に,マージソートによるソート操作の概要を $M = 3$ として示す.各マス目はページ,数字はレコードを表す.上の①②において,あるレベルのランを生成する過程をパス(pass)と呼ぶ.図 9.8 は 3 パスからなる.**図 9.9** に,①によるレベル 0 のランの作成のようすを示す.また,**図 9.10** に,②による

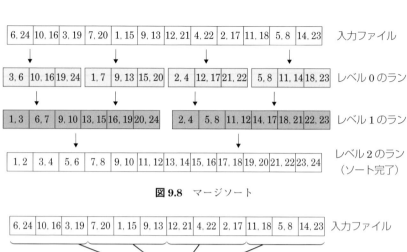

図 9.8 マージソート

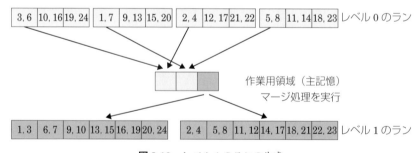

図 9.9 レベル 0 のランの生成

図 9.10 レベル 1 のランの生成

レベル 1 のランの作成のようすを示す．基本的にはパスごとにランの長さは $M, MK, MK^2, \cdots$ と増加し，これがファイルサイズを越えた時点でソートは完了する．したがって，K が大きいほど少ないパスでソートは完了する．このように②において K 本ずつランをマージするマージソートを **K ウェイ**（K-way）**マージソート**と呼ぶ．マージソートは磁気テープ上のデータのソートなどにも

適用可能である.

9.4　コスト見積りに基づく問合せ最適化

9.1 節で述べたように，問合せ実行における主要なコストとしては，通常，ページアクセスの回数が用いられる．コスト見積りに基づく問合せ最適化では，いくつかの候補実行プランのページアクセス回数を定量的に見積もり，その値が十分小さいものを選択する[Sel*79]．このようなコスト見積りを行うためには，各種の統計情報を DBMS 中に維持管理しておくことが必要である．最も基本的な統計情報としては，以下のようなものがある.

① ファイル中のレコード数

② ファイル中のレコードサイズ

③ ファイルを構成するページ数

④ ファイル中に現れる各フィールドの値の種類や分布

⑤ B⁺木ファイルなどではその木の高さ

9.3 節で述べた選択，結合，ソート操作を対象に，これらの統計情報を用いたコスト見積りの概要を示す.

（1）選　択

選択条件が $A\,\theta\,c$ の場合のみを考える．データファイル S 中のデータレコード数を N，そのうちで選択条件を満たすものの割合を λ とする．λ は**選択率**（selectivity）と呼ばれる．選択率 λ の見積りには，S 中に出現する A の値の種類の数 $V(S,A)$ に関する情報が重要である．常に $V(S,A)\leqq N$ であり，A が S のキーのときは $V(S,A)=N$ となる．$V(S,A)$ 個の値が一様に現れるものとすると，問合せ結果が空となる場合を除けば，選択条件 $A=c$ に対しては $\lambda=1/V(S,A)$ となる．それ以外の選択条件の場合は，条件を満たす A の値の数と $V(S,A)$ の値の比を用いるなどして選択率を見積もる．このとき，各探索操作の実行コストの見積値 $COST$ は以下のようになる.

A）線形探索

　　① S がヒープファイルの場合：S のページ数を P とすると，基本的には全ページを見なければいけないので $COST=P$ となる．ただし，選

択条件が $A=c$ かつ $A=c$ を満たすレコードは，S 中で唯一（すなわち，A がキー）のときは，$COST=P/2$ と考えてよい．

② S が A 以外を索引フィールドとする索引付ファイルや B^+ 木の場合：S のデータ部を線形探索するコストは，データ部のページ数を P とすれば①と同様の見積値となる．

B）主索引を用いた探索

① S がハッシュファイルの場合：選択条件 $A=c$ のみに対応可能であり，オーバフローがないものとすると $COST=1$.

② S が索引付ファイルや B^+ 木の場合：選択条件が $A=c$ のときは，$COST=H+1$. ただし，H は主索引をたどるためのページアクセス回数で，B^+ 木では木の高さとなる．選択条件が $A=c$ 以外のときは，P をデータ部のページ数とすると $COST=H+\lambda \cdot P$.

③ S が A をキーとする順次ファイルで，S に対する B^+ 木の主索引ファイル X がある場合：P を S のページ数，H を X の B^+ 木の高さ $+1$ とすれば，②と同様の見積値となる．H を X の B^+ 木の高さ $+1$ とするのは，B^+ 木のリーフノードに格納されているのは S へのポインタであることによる．

C）二次索引を用いた探索

最も典型的な B^+ 木の二次索引ファイル X を考える．X の B^+ 木の高さを H とする．

① S が A を順序づけフィールドとする順次ファイルで，X が S のクラスタリング索引の場合：P を S のページ数とすると，$COST=H+1+\lambda \cdot P$.

② それ以外の場合：L を選択条件を満たす $\lambda \cdot N$ 個のデータレコードへのポインタを獲得するために必要な B^+ 木のリーフレベルでのページアクセス数，PP を $\lambda \cdot N$ 個のデータレコードを含む S 中のページ数とすると，$COST=H+L+PP$. ただし，P をデータレコードを格納した S の全ページ数とすると，$\lambda \cdot N$ が P よりも十分小さいときには $PP \fallingdotseq \lambda \cdot N$ である．

上に示したのは探索コストであり，もし選択条件を満たす $\lambda \cdot N$ 個のレコー

ドを一時ファイルに出力する際には，そのためのコストがさらに加わる．

（2）結　合

結合のコスト見積りにおいては**結合選択率**（join selectivity）が重要である．ファイル S_1 と S_2 のレコード数をそれぞれ N_1 および N_2 とし，その結合結果のレコード数を N_{12} とすると，結合選択率は $\lambda_J = N_{12}/N_1 \cdot N_2$ で定義される．結合条件が $A_1 = A_2$ の等結合を考えると，結合選択率は次のように見積もることができる．まず，S_1 中のほぼすべてのレコードに対して対となる S_2 のレコードがあるものと仮定する．このとき，S_1 の各レコードについて $A_1 = A_2$ を満たす S_2 中のレコードの数は，$N_2/V(S_2, A_2)$ である．したがって，$N_{12} = N_1 \cdot N_2/V(S_2, A_2)$ であり，$\lambda_J = 1/V(S_2, A_2)$ となる．逆に，S_2 中の各レコードに対となる S_1 のレコードがあると仮定すると，$\lambda_J = 1/V(S_1, A_1)$ となる．このいずれの仮定も全く当てはまらない場合や，A_1 および A_2 の値の出現頻度に大きな偏りがある場合には，これらの見積値に何らかの補正を行う必要が生じる．

9.3 節で述べたいずれの結合法をとった場合でも，結合結果の $\lambda_J \cdot N_1 \cdot N_2$ 個のレコードを出力するためのコストは同じである．各結合法におけるそれ以外の実行コストの見積値 $COST$ は以下のようになる．なお，ファイル S_1 と S_2 のファイル編成はヒープファイルまたは順次ファイルで，そのページ数はそれぞれ P_1 および P_2 とする．

A）入れ子ループ結合

9.3 節で述べたように，入れ子ループ結合では，外部ループによりできるだけ多くの S_1 のページをまとめて読み出すほうが効率的である．結合結果の出力用以外の主記憶上のバッファ領域が M ページ分あるものとして，外部ループでの S_1 の入力用バッファを $M-1$ ページ，内部ループでの S_2 の入力用バッファを 1 ページとする．このとき，$COST = P_1 + \lceil P_1/(M-1) \rceil \cdot P_2$ となる．この式と P_1 と P_2 を入れ替えた式を比べることにより，入れ子ループ結合ではサイズの小さいファイルを S_1 すなわち外部ループの対象とするほうが一般には効率的であることがわかる．

B）索引を用いた結合

索引を用いた結合のコストは，索引の種類やファイル編成によって異なる．いま，データファイル S_2 の A_2 に関する B$^+$木の索引ファイル X を利

用するものとし，B^+木の高さを H とする．

① X が S_2 の主索引の場合：$COST = P_1 + N_1 \cdot (H+2)$ [†1]．

② X が S_2 のクラスタリング索引の場合：$COST = P_1 + N_1 \cdot (H+1+\lambda_J \cdot P_2)$ [†2]．

③ ①②以外の場合：L を $A_2 = c$ を満たす S_2 のデータレコードへのポインタを獲得するために必要な B^+木のリーフレベルでのページアクセス数とすると，$COST = P_1 + N_1 \cdot (H+L+\lambda_J \cdot N_2)$ [†3]．

ただし，ここでは簡単化のため，いずれの場合も，S_1 の各レコードに対して索引ファイル X を探索する際，毎回 B^+木の高さに応じたページアクセスが生じるものとしている．実際には，頻繁にアクセスされる B^+木の上位のノードは主記憶上にバッファリングされるので，二次記憶へのページアクセスは発生しない．

C）マージ結合

マージ結合では，基本的にはファイル S_1 と S_2 の各ページを先頭から順に1回ずつ読み出すことで結合操作を行うことができる．したがって，$COST = P_1 + P_2$ となる．

D）ハッシュ結合

ハッシュ表全体を主記憶上に保持できる場合は，S_1 と S_2 の各ページを1回ずつ読み出すことで結合操作を行うことができる．したがって，$COST = P_1 + P_2$ となる．次にハイブリッドハッシュ結合の場合を考える．S_1 および S_2 のうちパーティション0に含まれるレコードの割合を ρ とすると，パーティション $1, \cdots, L$ に対応してディスクへ出力されるページ数は，S_1 と S_2 に対してそれぞれ $(1-\rho)P_1$ および $(1-\rho)P_2$ となる．S_1 と S_2 のレコードの最初の読出し以外に，これらの各ページには出力と入力のアクセスコストが生じる．したがって，$COST = P_1 + P_2 + 2(1-\rho)(P_1 + P_2) = (3$

---

†1 S_2 の主索引をリーフまでたどるのに $H+1$ ページのアクセス，さらにリーフ中のポインタをたどって S_2 のページを見るのに1ページアクセスが必要なことによる．

†2 S_1 の各レコード当たり平均 $\lambda_J \cdot P_2$ 回の S_2 のページへのアクセスが必要なことによる．

†3 S_1 の各レコード当たり平均 $\lambda_J \cdot N_2$ 回の S_2 のレコード（ページ）へのアクセスが必要なことによる．

$-2\rho)(P_1+P_2)$ となる.

（3） マージソート

P ページからなるデータファイル S を K ウェイマージソートでソートするには，$\lceil \log_K P \rceil$ パスが必要である．ただし，簡単化のためレベル 0 のランの長さも K と仮定する．マージソートでは，パスごとに合計 P ページ分の入力と出力が発生する．したがって，ソート結果の出力も含めて $COST = 2P \cdot \lceil \log_K P \rceil$ となる.

演 習 問 題

9.1 次に示す 4.4 節の SQL の問合せ例 Q3 に対して以下を行え.

```
SELECT  科目.科目番号,科目名
FROM    科目,履修,学生
WHERE   科目.科目番号=履修.科目番号
        AND 履修.学籍番号=学生.学籍番号 AND 専攻=N'情報工学'
```

① 直積，選択，射影をこの順で用いたリレーショナル代数式で問合せを記述せよ.

② その処理木を示せ.

③ リレーショナル代数式を対象とした問合せ最適化の手順を適用し，処理木の変換の過程を示せ.

9.2 100 万タプルからなるリレーション $R(A, B, C)$ がある．A は R の主キーで，その値は 1 から 100 万までとする．また，B は 1 から 10 万までの値，C は 1 から 1 万までの値を一様にとるとする．また，A，B，C の値の出現のしかたは互いに独立であるとする．このとき，以下の選択演算の選択率を求めよ.

① $\sigma_{A=1000}(R)$

② $\sigma_{A>999000}(R)$

③ $\sigma_{B=1000}(R)$

④ $\sigma_{B>99900}(R)$

⑤ $\sigma_{B>99000 \wedge C=1000}(R)$

⑥ $\sigma_{B>99000 \wedge C>1000}(R)$

9.3 演習問題 9.2 において，R は A を索引フィールドとする B$^+$木の主ファイル S に

格納されているものとし，そのデータ部は2万ページからなり，B$^+$木の高さは2とする．また，このほかにBに関するB$^+$木の二次索引ファイルXがあり，そのリーフレベルは2000ページからなり，B$^+$木の高さは2であるとする．このとき，以下の各場合の実行コストを求めよ．

① $\sigma_{A=1000}(R)$をSの主索引を用いて処理する．

② $\sigma_{A>999000}(R)$をSの主索引を用いて処理する．

③ $\sigma_{B=1000}(R)$をSのデータ部の線形探索で処理する．

④ $\sigma_{B=1000}(R)$を二次索引Xを用いて処理する．

⑤ $\sigma_{B>99900}(R)$を二次索引Xを用いて処理する．ただし，Xのリーフレベルのページアクセス数は，この選択演算の選択率をλとすると，2000λで与えられるものとし，Sのデータ部のページアクセス数は選択条件$B>99900$を満たすタプル数に一致するものとする．

9.4 二つのリレーションR_1とR_2の結合条件$A_1=A_2$による等結合を考える．R_1とR_2のタプル数はそれぞれ100万および1000万とする．また，R_1のA_1およびR_2のA_2の値の種類を$V(R_1, A_1)$および$V(R_2, A_2)$とし，それぞれの値は一様に出現するものとする．以下の各場合の結合選択率を求めよ．

① $\pi_{A_1}(R_1) \subset \pi_{A_2}(R_2)$，$V(R_1, A_1)=5000$，$V(R_2, A_2)=10000$

② $\pi_{A_1}(R_1) \supset \pi_{A_2}(R_2)$，$V(R_1, A_1)=10000$，$V(R_2, A_2)=5000$

③ $\pi_{A_1}(R_1) = \pi_{A_2}(R_2)$，$V(R_1, A_1)=V(R_2, A_2)=1000$

9.5 二つのリレーションR_1とR_2の結合条件$A_1=A_2$による等結合を考える．ただし，R_1とR_2のタプル数はそれぞれ100万および1000万で，各ページ10タプルずつを含むヒープファイルに格納されているものとする．以下の各結合法をとった場合の実行コストを求めよ．ただし，結合のために使える主記憶上のバッファ領域は10^4+1ページ分あるものとし，最終的な結合結果の出力コストは各結合法で共通なので実行コストからは除外するものとする．

① 入れ子ループ結合：ただし，R_1を外部リレーション，R_2を内部リレーションとし，その読出しのためのバッファ領域はそれぞれ10^4ページおよび1ページ分割り当てる．

② 入れ子ループ結合：ただし，R_2を外部リレーション，R_1を内部リレーションとし，読出し用バッファ領域はそれぞれ10^4ページおよび1ページ分割り当

てる.

③ マージ結合:ただし,最初に R_1 と R_2 をそれぞれ 10^4 ウェイマージソートでソートするものとし,ソートのコストも含めたコストを求めよ.

④ ハイブリッドハッシュ結合:ただし,R_1 に対してハッシュ表を作成するものとし,$\rho = 0.05$ とする.

⑤ ハイブリッドハッシュ結合:ただし,R_2 に対してハッシュ表を作成するものとし,$\rho = 0.005$ とする.

10章
同時実行制御

10.1 トランザクション

　アプリケーションにおけるひとまとまりの処理を表すデータベース操作の集まりを**トランザクション**（transaction）という．例えば，預金口座 A から別の口座 B に 10000 円を送金するという処理は，細部を無視すると以下のような一連のデータ操作からなる.

```
read(A,x)
read(B,y)
x:=x-10000
y:=y+10000
write(A,x)
write(B,y)
```

　ここで，read と write は，それぞれデータの読出しと書込みを表す基本操作とする．より具体的には，$\mathrm{read}(A, x)$ はデータベース中の A を読んでその値を変数 x に転送し，$\mathrm{write}(A, x)$ は変数 x の値を A の値として書くことを示す．データベース言語で記述された複雑な検索や更新も，究極的には read と write の組合せで表現される．ただし，実際には更新としてデータの挿入や削除も行われるが，以下では単純化のために，データアクセスのための基本操作としては read と write のみを考える[†]．また，read や write の対象データとしてはレコードやフィールドなどがあるが，以下ではそれらを総称して**項目**（item）と呼ぶ．上記の一連の read や write は一つのトランザクションを構成し，そのすべてが適切に実行されて，はじめてひとまとまりの送金処理としての意味をな

---

† 10.7 節では挿入や削除も考える．

す．したがって，DBMS におけるデータ操作という視点では read や write が基本操作であるが，アプリケーションの立場からは，個々の read や write ではなくトランザクションがデータベース処理の単位でなければならない．

トランザクションの概念のもとにデータベース処理を行ううえでは，解決しなければならない重要な問題がある．一つは並行処理されるトランザクションどうしの競合であり，もう一つは各種障害の発生である．これらに起因する問題が生じないようにトランザクションの実行を行うことを，一般に**トランザクション処理**（transaction processing）や**トランザクション管理**（transaction management）という[GraR93]．トランザクション処理においては，複数トランザクションを並行処理した場合や障害が発生した場合でも，**ACID 特性**（ACID properties）と呼ばれる以下の性質が成り立つことを保証する必要がある．

A）原子性（atomicity）

トランザクションはデータベース処理の単位であり，トランザクション中のデータ操作はすべて確定したものとしてデータベースに反映されるか，すべて取り消されるかの二者択一でなければならない．前者のときトランザクションを**コミット**（commit）するといい，後者のときトランザクションを**アボート**（abort）するという．

B）整合性（consistency）

整合性がとれたデータベースに対して実行されたトランザクションの実行後のデータベースの状態は，再び整合性のとれたものでなければならない．

C）隔離性（isolation）

複数のトランザクションを並行処理した場合でも，トランザクションは同時に処理されている他のトランザクションの影響を受けず，その結果はトランザクションを何らかの順序で逐次処理した場合と一致しなければならない．

D）耐久性（durability）

いったんコミットしたトランザクション中でのデータ操作は，その後の障害などで消滅してはならない．

アプリケーションプログラムは，DBMS に対してトランザクションの開始，

コミット，アボートを通知する必要がある．このため，上記の read や write に加えて以下のような命令が通常提供される．

　　　begin：トランザクションの開始を宣言

　　　commit：トランザクションのコミットを要求

　　　abort：トランザクションのアボートを要求

　トランザクションが自主的に abort 命令を呼び出す場合としては，データベースの状態や入力データの値に応じて通常の処理を中断する場合などがある．これらの命令の実行に合わせて，トランザクションは**図10.1**のようにいくつかの状態をとる．

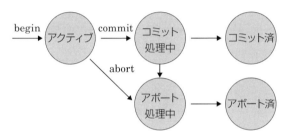

図 10.1　トランザクションの状態

A）アクティブ

　　トランザクションを実行中の状態．

B）コミット処理中

　　commit 命令が呼び出され，コミットのための処理を実行中の状態．

C）コミット済

　　コミットのための処理が終了した状態．

D）アボート処理中

　　アボートのための処理を実行中の状態．明示的に abort 命令が呼び出された場合のほか，何らかの理由でコミット処理を正常に終了できない場合などもこの状態に到達する．

E）アボート済

　　アボートのための処理が終了した状態．

　ACID 特性の原子性により，トランザクションは最終的にはコミット済かア

ボート済のいずれかの状態に必ず到達しなければならない．アボートされるトランザクションがアクティブな状態の間に何らかのデータ更新を行っていた場合には，それらをすべて取り消してデータベースをトランザクション開始前の状態に戻さなければならない．これをトランザクションを**ロールバック**（rollback）するという．また，耐久性により，コミット済の状態に達したトランザクションによるデータ更新は，その後の障害に対しても消滅することがあってはならない．

いったんコミット済となったトランザクションは，その処理内容にかかわらず取り消すことはできない．したがって，誤った値でデータを更新してしまったような場合には，その値を正しい値に書き換える別のトランザクションを実行する必要がある．そのようなトランザクションを**補償トランザクション**（compensating transaction）と呼ぶ．

本章では，トランザクション処理機能のうち，複数トランザクションを並行処理するうえでの制御機能について以下に述べる．各種障害に対処するための障害回復機能については，次の 11 章で解説する．

10.2 並行処理と直列可能性

10.2.1 並行処理における不整合

DBMS は複数の応用目的で共有されるデータを管理するため，多くのトランザクション要求を処理しなければならないことが多い．トランザクションの処理中には，二次記憶との入出力待ちや，ユーザからの入力待ちなど待ち時間が発生する．このような待ち時間を活用して一定時間に，より多くのトランザクションを処理するため，通常，DBMS は複数のトランザクションからの基本操作要求をインタリーブして実行する．これをトランザクションの**並行処理**（concurrent execution）と呼ぶ．以下では，簡単化のため単一のプロセッサがある場合のみを考える．したがって，ある時点では複数の基本操作が並列に実行されることはないものと仮定する．

トランザクションの並行処理を行った場合，データアクセスに一定の規約を設けないとさまざまな不整合が発生し得る．**図 10.2** に二つの例を示す．

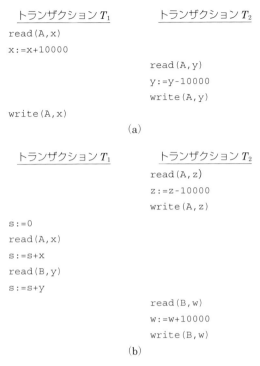

図 **10.2** 並行処理における不整合

ケース 1 データ更新の喪失

図 10.2(a) の順序で基本操作が実行された場合，トランザクション T_2 の更新はデータベースに反映されない.

ケース 2 整合性のないデータ読出し

図 10.2(b) の場合，トランザクション T_1 は誤った合計値を算出する.

これらの不整合は，ACID 特性の隔離性の要求に反するような順序で基本操作を実行したことに起因する．トランザクションを並行処理する際，このような不整合が生じないように制御することを**同時実行制御**（concurrency control）（**並行処理制御**ともいう）[Ber＊87, Pap86]という.

10.2.2 直列可能性とスケジュール

上に述べたような不整合が発生しないための一つの基準は，トランザクショ

ン $T_1, \cdots, T_n$ を並行処理したときの実行結果が，それらを何らかの順序で逐次処理したときの実行結果と一致することである．このことを**直列可能性**（直列化可能性）（serializability）という[Esw*75]．同時実行制御の重要な役割の一つは，各トランザクション T_i の具体的処理内容がどのようなものであった場合でも，並行処理を行った際の直列可能性を保証することである．

　直列可能性に関して，より厳密な議論を行うため，**スケジュール**（schedule）（**履歴**（history）ともいう）の概念が用いられる．データベース処理に関する基本操作は以下のように表すことができ，各トランザクションはこれらの基本操作列とみなすことができる．

　　　$R_i(A)$：トランザクション T_i による項目 A の read

　　　$W_i(A)$：トランザクション T_i によるの項目 A の write

　　　C_i：トランザクション T_i の commit

　　　A_i：トランザクション T_i の abort

ただし，以下では，各トランザクションは同じ項目に対する複数回の read や write はしないものとする[†]．トランザクション $T_1, \cdots, T_n$ に対するスケジュールとは，$T_1, \cdots, T_n$ の基本操作を同じトランザクション T_i に属する基本操作の前後関係は保持するという条件のもとに，インタリーブして1列に並べたものである．すなわち，スケジュールは，$T_1, \cdots, T_n$ を並行処理する際のある一つの可能な基本操作の実行順序を表す．例えば，図 10.2(b) の T_1 および T_2 は以下のように表せる．

　　　T_1：$R_1(A)R_1(B)$

　　　T_2：$R_2(A)W_2(A)R_2(B)W_2(B)$

　また，T_1，T_2 がそれぞれ最後の read および write の直後に commit を実行したものとすると，図 10.2(b) の実行順序は以下のスケジュールで表すことができる．

　　　$R_2(A)W_2(A)R_1(A)R_1(B)C_1R_2(B)W_2(B)C_2$

　スケジュールは，**直列スケジュール**（serial schedule）と**非直列スケジュール**（nonserial schedule）に分類される．直列スケジュールは，対象トランザ

[†]　10.7 節では複数回の read を考える．

クション群を何らかの順序で逐次処理する場合のスケジュールである．直列スケジュール以外のスケジュールを非直列スケジュールと呼ぶ．また，スケジュールのうち直列スケジュールと「等価」なものを**直列可能スケジュール**（serializable schedule）という．スケジュールの概念を用いると，並行処理における直列可能性の保証とは，スケジュールが直列可能となることを保証することである．

　スケジュールが直列可能かどうかを決定するためには，スケジュールどうしの「等価性」を定義しなければならない．スケジュールの等価性の定義としては以下の二つが重要である[Yan84]．

A）競合等価

　同じトランザクションの集合に対する二つのスケジュール S_1 と S_2 は，次の条件を満たすとき**競合等価**（conflict equivalent）であるという．

① S_1 において $R_i(A)（W_i(A)）$ が $W_j(A)（R_j(A)）$ に先行するならば，S_2 においても同様の関係が成り立つ．

② S_1 において $W_i(A)$ が $W_j(A)$ に先行するならば，S_2 においても同様の関係が成り立つ．

一般に，異なるトランザクションに属する二つの read または write は，もしそれらが同じ項目を対象としそのいずれかが write のとき，競合（conflict）するという．したがって，二つのスケジュールが競合等価であるとは，競合する基本操作の実行順序が同じであることを意味する．

B）ビュー等価

　同じトランザクションの集合に対する二つのスケジュール S_1 と S_2 は，次の条件を満たすとき**ビュー等価**（view equivalent）であるという．

① S_1 において $R_i(A)$ により読まれる A 値が，$W_j(A)$ によって書かれた値または A の初期値ならば，S_2 においても同様の関係が成り立つ．

② 各項目 A に関して，S_1 において最後に A 値を書くのが $W_i(A)$ ならば，S_2 においても同様のことが成り立つ．

直感的には，二つのスケジュールがビュー等価であるとは，各 read が同じ値を読み，かつ最後のデータベースの状態が同じであるということである．次のスケジュール S_1 と S_2 はビュー等価ではあるが競合等価ではない．

$$S_1 : \mathrm{R}_1(A)\mathrm{W}_2(A)\mathrm{C}_2\mathrm{W}_1(A)\mathrm{C}_1\mathrm{W}_3(A)\mathrm{C}_3$$
$$S_2 : \mathrm{R}_1(A)\mathrm{W}_1(A)\mathrm{C}_1\mathrm{W}_2(A)\mathrm{C}_2\mathrm{W}_3(A)\mathrm{C}_3$$

一般に，競合等価なスケジュールはビュー等価であるが，その逆は成立しない．

スケジュールがある直列スケジュールと競合等価なとき**競合直列可能**（conflict serializable）であると，直列スケジュールとビュー等価なとき**ビュー直列可能**（view serializable）であるという．競合直列可能スケジュールはビュー直列可能でもあるが，その逆は成立しない．上の S_1 は直列スケジュールである S_2 にビュー等価であるのでビュー直列可能であるが，競合直列可能ではない．

スケジュール S が競合直列可能か否かの判定は，次の手順で S に対する**先行グラフ**（precedence graph）を作成することで容易に行うことができる．

① S に参加する各トランザクション T_i に対してノード $\mathrm{N}(T_j)$ を作成する．

② $\mathrm{R}_i(A)(\mathrm{W}_i(A))$ が $\mathrm{W}_j(A)(\mathrm{R}_j(A))$ に先行するとき，有向エッジ $\mathrm{N}(T_i) \rightarrow \mathrm{N}(T_j)$ をひく．

③ $\mathrm{W}_i(A)$ が $\mathrm{W}_j(A)$ に先行するとき，有向エッジ $\mathrm{N}(T_i) \rightarrow \mathrm{N}(T_j)$ をひく．

先行グラフにサイクルがないならばスケジュール S は競合直列可能であり，サイクルがあるときは競合直列可能ではない．競合直列可能なとき，S と競合等価な直列スケジュールは，先行グラフをトポロジカルソートして得ることができる．例として，次のスケジュールを考える．

$$\mathrm{R}_1(A)\mathrm{R}_1(B)\mathrm{R}_2(A)\mathrm{R}_2(C)\mathrm{W}_1(B)\mathrm{C}_1\mathrm{R}_3(B)\mathrm{R}_3(C)\mathrm{W}_3(B)\mathrm{C}_3\mathrm{W}_2(A)\mathrm{W}_2(C)\mathrm{C}_2$$

このスケジュールに対する先行グラフは**図 10.3** のようになる．したがって，これは競合直列可能であり，$T_1 T_3 T_2$ の順序で逐次処理した以下の直列スケジュールと競合等価である．

$$\mathrm{R}_1(A)\mathrm{R}_1(B)\mathrm{W}_1(B)\mathrm{C}_1\mathrm{R}_3(B)\mathrm{R}_3(C)\mathrm{W}_3(B)\mathrm{C}_3\mathrm{R}_2(A)\mathrm{R}_2(C)\mathrm{W}_2(A)\mathrm{W}_2(C)\mathrm{C}_2$$

このように，競合直列可能性の判定は容易である．これに対し，ビュー直列可能性の判定問題は NP 完全であることが知られている[Pap86]．

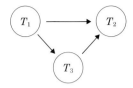

図 10.3　先行グラフ

10.2.3　スケジュールの諸性質

　スケジュールの中にはトランザクションのアボートが含まれることがある．通常，直列可能性の議論では，コミットされたトランザクションのみを対象とする[Ber*87]．しかし，トランザクションがアボートされる可能性があることを考えると，直列可能性以外に以下のような性質が保たれることも重要である．

A）回復可能性

　　スケジュール S において，「$R_i(A)$ で読まれる A 値が $W_j(A)$ によって書かれた値であり，T_i がコミットするときには C_j が C_i に先行する」という条件が常に満たされるとき，S は**回復可能**（recoverable）であるという．回復可能でないスケジュールの簡単な例は次のようなものである．

　　　$S : W_1(A)R_2(A)C_2A_1$

　　ここでは，トランザクション T_1 が書いた A 値を読んだ T_2 はすでにコミットしてしまっているため，T_1 をアボートしても不正な A 値を読んだ T_2 をもはや取り消すことができない．

B）連鎖的アボートの回避

　　上のスケジュール S で C_2 が A_1 に先行しない場合には，トランザクション T_1 をアボートする際に不正な A 値を読んだ T_2 も併せてアボートすれば，上記の問題は一応解決する．しかし，T_2 のアボートは同様にさらに他のトランザクションのアボートを発生させ，結果的に多数のアボートの連鎖を引き起こす可能性がある．このように，あるトランザクションのアボートに伴い他のトランザクションのアボートが引き起こされることを，**連鎖的アボート**（cascading abort）と呼ぶ．連鎖的アボートの発生は処理性能上大きな問題となるので，できるだけそれを回避することが望ましい．スケジュール S において，「$R_i(A)$ で読まれる A 値が $W_j(A)$ によって書かれた

値であるときには，C_j が $R_i(A)$ に先行する」という条件が常に満たされるとき，S は**連鎖的アボートを回避する**（avoiding cascading abort）という．この条件が満たされる場合，トランザクションは取り消される可能性のある値を読むことはないので，連鎖的アボートは発生しない．逆に，コミットされていないトランザクションによって書かれた値を読むことを，**ダーティリード**（dirty read）と呼ぶ．定義より，連鎖的アボートを回避するスケジュールは常に回復可能であるが，その逆は成立しない．

C）厳格性

スケジュール S において，「$R_i(A)$ または $W_i(A)$ よりも $W_j(A)$ が先行するときには，C_j または A_j がその $R_i(A)$ または $W_i(A)$ に先行する」という条件が常に満たされるとき，S は**厳格**（strict）であるという．定義より，厳格なスケジュールは常に連鎖的アボートを回避するが，その逆は成立しない．連鎖的アボートを回避するが厳格でないスケジュールの簡単な例は次のようなものである．

$S：W_1(A)W_2(A)C_2A_1$

トランザクションのアボートの実現法については11章で詳しく述べるが，通常は write を行う直前の値を保管しておいて，その値に書き戻すことでアボートを行う．この例で，T_1 のアボート A_1 において $W_1(A)$ の実行前の値に A の値を戻すと，T_2 がその後書いたはずの A の値が失われてしまうという問題が発生する．厳格なスケジュールではこのようなことがないため，アボートの処理が簡単になる．

　ここで述べた回復可能性，連鎖的アボートの回避，厳格性は，直列可能性とは直交したものである．例えば，次のスケジュールは厳格ではあるが直列可能ではない．

$S：R_1(A)W_2(A)W_2(B)C_2R_1(B)C_1$

　これらの関係を図示すると**図10.4**のようになる．直列スケジュールは，常に直列可能であり厳格なスケジュールである．

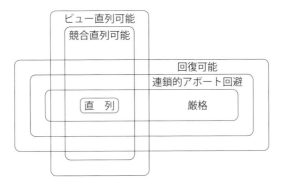

図 10.4 スケジュールの種々の性質

10.3　ロックを用いた同時実行制御

10.3.1　ロックの概念

　実際の DBMS における同時実行制御では，何らかの機構と規約を用いて並行処理における問題の解決を行う[†1]．このような機構として最も一般的なのは**ロック**（lock）である．最も単純なロックは，データベース中の各項目 A に対する排他的なロックである．この場合，A にロックをかけることができるのはある時点では 1 トランザクションのみであり，すでに他のトランザクションによってロックされている項目に対するロック要求は，ロックが解かれるまで待ち状態となる[†2]．そして，各トランザクションが A にアクセスする前には必ず A をロックすることで競合を回避する．

　このような排他的なロックの利用は，他のトランザクションによるデータアクセスを完全に遮断するものである．しかし，データのアクセスには read と write があり，read に関してはトランザクション間の競合は発生しない．したがって，データの read を行うだけの場合にも排他的なロックをかけるのは，基本操作の実行に必要以上に制約を課すことになる．そこで，通常は**共有ロック**（shared lock）（S ロック（S lock），読出しロック（read lock）などともい

---

†1　実際のデータベース処理では，10.7 節で述べるように直列可能性を必ずしも保障しないで処理を実行する場合も多い[Dat83, Elm92]．
†2　エラーとして拒絶することもある．

う）と**専有ロック**（exclusive lock）（Xロック（X lock），書込みロック（write lock）などともいう）の2種類のロックを用意し，専有ロックは排他的であるが，共有ロックどうしは両立するものとする．この場合のロックの両立関係を示したのが**図10.5**であり，両立性行列（compatibility matrix）と呼ぶ．そして，readだけの場合は共有ロックを，writeを伴うデータアクセスの場合は専有ロックをかけるという方法がとられる．

	共有 (S)	専有 (X)
共有 (S)	Y	N
専有 (X)	N	N

図10.5 共有ロックと専有ロックの両立性行列

　トランザクションの中では，いったんデータを読み出したうえでその値に応じて書込みを行うか否かを決定するという場合も多い．そのようなとき，書込みを行う可能性があるという理由で常に最初から専有ロックをかけておくのは，実行効率の面から望ましくない．このため，ロックの変換（conversion）を許す場合がある．具体的には，すでにかけている共有ロックを専有ロックに変更する操作（ロックのアップグレードという）や，この逆の変更を行う操作（ロックのダウングレードという）を提供する．もちろん，ロックの両立性行列の規定により，項目Aに対する共有ロックの専有ロックへの変換が認められるのは，他のトランザクションがAを共有ロックしていない場合に限られる．

　ロックは同時実行制御を行うための基本的な仕組みであるが，単にreadの際は共有ロックを，writeの際は専有ロックをかけただけでは実は問題は解決しない．トランザクション T_i が項目Aに共有ロックをかける操作を $\mathrm{SL}_i(A)$，専有ロックをかける動作を $\mathrm{XL}_i(A)$，ロックを解く操作を $\mathrm{UL}_i(A)$ と記すことにして，ロック操作を含めた次の実行列を考える．

$$\mathrm{XL}_2(A)\,\mathrm{R}_2(A)\,\mathrm{W}_2(A)\,\mathrm{UL}_2(A)\,\mathrm{SL}_1(A)\,\mathrm{SL}_1(B)\,\mathrm{R}_1(A)$$

$$\mathrm{R}_1(B)\,\mathrm{UL}_1(A)\,\mathrm{UL}_1(B)\,\mathrm{C}_1\mathrm{XL}_2(B)\,\mathrm{R}_2(B)\,\mathrm{W}_2(B)\,\mathrm{UL}_2(B)\,\mathrm{C}_2$$

　これは，図 10.2(b) において上に述べたような基準で共有ロックと専有ロックを用いたものである．ロックの両立性行列には反していないが，ここでの基本操作の実行順序はもとの図 10.2(b) と同一であり，整合性のないデータ読出しの問題は何ら解決していない．問題を解決するためには，ロックをかける操作と解く操作に関する何らかの規約を設けることが必要である．そのような規約のことを**ロッキングプロトコル**（locking protocol）と呼ぶ．あるロッキングプロトコルの規約に従ったロック操作を行う場合のスケジュールを，そのロックプロトコルのもとで**合法**（legal）なスケジュールという．合法なスケジュールが常に直列可能となるようなロッキングプロトコルのことを，直列可能性を保証するロッキングプロトコルという．

　ロックを用いる場合には，**デッドロック**（deadlock）が新たな問題となる．例として，次の二つのトランザクションの並行処理を考える．

$$T_1 : \mathrm{XL}_1(A)\,\mathrm{XL}_1(B)\,\mathrm{W}_1(A)\,\mathrm{W}_1(B)\,\mathrm{UL}_1(A)\,\mathrm{UL}_1(B)$$

$$T_2 : \mathrm{XL}_2(B)\,\mathrm{XL}_2(A)\,\mathrm{W}_2(B)\,\mathrm{W}_2(A)\,\mathrm{UL}_2(B)\,\mathrm{UL}_2(A)$$

もし，$\mathrm{XL}_1(A)$ の後に $\mathrm{XL}_2(B)$ を実行してしまうと，次の $\mathrm{XL}_1(B)$ も $\mathrm{XL}_2(A)$ も専有ロックが排他的であることから，ロックをかけるのに失敗する．したがって，両トランザクションはこれらロック操作が成功するまで待ち状態となり，いずれも先に進むことができないためデッドロックになる．デッドロックに関する処理については 10.3.4 項で述べる．

10.3.2　直列可能性を保証するロッキングプロトコル

（1）二相ロッキングプロトコル

　二相ロッキングプロトコル（two phase locking protocol）（2PL などともいう）[Esw*75]は，競合直列可能性を保証するロッキングプロトコルである．二相ロッキングプロトコルは，各トランザクション中のロック操作がロックをかける操作だけからなる**成長相**（growing phase）と，ロックを解く操作だけからなる**縮退相**（shrinking phase）の二つの部分に分離されなければならないという規約である．したがって，一度何らかのロックを解いた後に，再びロックをかけることは許されない．10.3.1 項で最初に示した例を考えると，トランザクション T_1 のロック操作は，$\mathrm{SL}_1(A)\,\mathrm{SL}_1(B)$ からなる成長相と，$\mathrm{UL}_1(A)\,\mathrm{UL}_1(B)$

からなる縮退相に分離されているため，T_1 は二相ロッキングプロトコルに従うといえる．しかし，T_2 はロックを解く操作 $UL_2(A)$ を行った後再びロックをかける操作 $XL_2(B)$ を行っているため，二相ロッキングプロトコルには従っていない．このように，二相ロッキングプロトコルが競合直列可能性を保証するといっても，それはすべてのトランザクションが二相ロッキングプロトコルに従う場合であることに注意する必要がある．ロックの変換操作がある場合には，成長相ではロックをかける操作以外にロックのアップグレードが許され，縮退相ではロックを解く操作以外にロックのダウングレードが許される．

　二相ロッキングプロトコルでは，デッドロックを生じる可能性がある．例えば，10.3.1 項の最後に述べたトランザクション T_1 と T_2 は二相ロッキングプロトコルに従うが，ロックをかける操作の実行順序によってはデッドロックを生じる場合がある．

　トランザクションがアボートする場合には，アボート操作前に専有ロックを解くと回復可能性のないスケジュールを生じ種々の問題が発生する．例として，次の基本操作の実行列を考える．

$$XL_1(A)R_1(A)W_1(A)UL_1(A)SL_2(A)R_2(A)UL_2(A)C_2SL_3(A)R_3(A)A_1$$

　トランザクション T_1，T_2，T_3 はいずれも二相ロッキングプロトコルには従っているが，T_1 がアボートすると T_3 の連鎖的アボートが生じる．さらにまた，不正な A 値を読み出した T_2 はすでにコミット済なので取消し不可能である．このような問題を生じないロッキングプロトコルに，**厳格な二相ロッキングプロトコル**（strict two phase locking protocol）がある．これは，二相ロッキングプロトコルにおいて，さらに「縮退相における最初のロックを解く操作はトランザクションのコミットまたはアボート操作の後である」という条件を付けたものである．厳格な二相ロッキングプロトコルのもとで合法なスケジュールは，競合直列可能であると同時に厳格性の条件も満たし，上記のような問題は生じない．

（2）木ロッキングプロトコル

　データベース中の項目が木構造に構成され，複数の項目をアクセスするトランザクションは必ず木のルートからリーフ方向にデータをアクセスするという場合は，このことを利用した**木ロッキングプロトコル**（tree locking protocol)$^{[SilK80]}$ によって競合直列可能性を保証することができる．簡単化のため専有ロックのみを考えると，木ロッキングプロトコルにおいて各トランザクション T_i のロック操作は，以下の条件を満たさなければならない．

① T_i において最初にかけるロックは，いずれの項目 A に対して行ってもよい．

② ①の場合以外は，項目 A にロックをかける操作は，A の親の項目 P にロックをかけているときのみ行うことができる．

③ ロックを解く操作はいつ行ってもよい．

④ 一度ロックをかけた後，そのロックを解いた項目を再びロックすることはできない．

図 10.6 に示す木構造をなす項目をアクセスする次の二つのトランザクション T_1 と T_2 は，木ロッキングプロトコルに従う．

$$T_1 : \mathrm{XL}_1(A)\,\mathrm{R}_1(A)\,\mathrm{XL}_1(B)\,\mathrm{UL}_1(A)\,\mathrm{R}_1(B)\,\mathrm{W}_1(B)$$
$$\mathrm{XL}_1(E)\,\mathrm{UL}_1(B)\,\mathrm{R}_1(E)\,\mathrm{UL}_1(E)$$

$$T_2 : \mathrm{XL}_2(B)\,\mathrm{R}_2(B)\,\mathrm{XL}_2(D)\,\mathrm{R}_2(D)\,\mathrm{UL}_2(D)\,\mathrm{XL}_2(E)$$
$$\mathrm{UL}_2(B)\,\mathrm{R}_2(E)\,\mathrm{W}_2(E)\,\mathrm{UL}_2(E)$$

この場合，両トランザクションが共通にアクセスする部分木のルートは，項目 B となる．並行処理を行った場合，仮に T_1 が B を先にロックしたとすると，後から B をアクセスする T_2 は，T_1 を決して追い抜くことができない．したがって，この場合は，$T_1 T_2$ の逐次処理を行った場合と結果は同じになる．

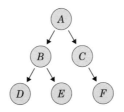

図 10.6　木構造をなす項目

上に述べた木ロッキングプロトコルにさらに規約を加えることで，専有ロックのほかに共有ロックがある場合も取り扱うことができる．また，木構造に従ったデータアクセスがなされるので，木ロッキングプロトコルのもとでは

デッドロックは発生しない．ただし，write を行った項目のロックをコミット
またはアボート操作より前に解いた場合は，二相ロッキングプロトコルのとき
と同様に，連鎖的アボートなどの問題が生じる可能性がある．

10.3.3 ロックの粒度

　これまで，ロックの対象を項目としてきたが，実際にはデータベース中には
種々の大きさのデータ単位が存在し，それらは包含関係に基づく階層構造をな
す．**図10.7** に示すように最も基本的な階層構造としては，データベース，ファ
イル，レコード，フィールドがあり，この順序でより細かい項目となる．一般
に，ロックの対象となる項目の大きさをロックの**粒度**（granularity）という．
ロックの粒度をどの程度にするかは処理効率のうえから重要である．すなわ
ち，ロックの粒度を細かくすれば並行処理されるトランザクションどうしの不
必要な競合を減らすことができるが，大量のデータをアクセスしなければなら
ない場合，数多くのロック操作を行わなければならない．ロックの粒度を大き
くした場合には，この逆の関係が成り立つ．したがって，トランザクション中
での処理内容に応じてロックの粒度を選択し，データベース，ファイル，レ
コードなどを対象としてロックを行うことができれば好都合である．しかし，
種々のロックの粒度を許した場合には，両立性行列に反しない場合でもロック
を認めてはならない状況が発生する．例えば，トランザクション T_1 がある
ファイル S 中のレコード R を専有ロックしているときに，別のトランザクショ
ン T_2 が S 全体に対する専有ロックを要求した場合，S 自身にロックがかかっ

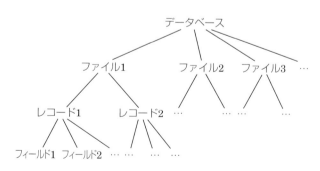

図 10.7　データベース中の項目の階層構造

ていないからといって T_2 のロック要求は認めることはできない．なぜならば，T_1 は S 中の R を専有してアクセスしており，T_2 の要求は S の一部分である R に関しては競合するからである．

このような問題は，ある項目 A の下位の項目 A' をアクセスする際，A の下位の項目を共有あるいは専有の目的でアクセスしているということを知らせるためのロックを A にかけることで解決することができる．このようなロックのことを**インテンションロック**（intention lock）（インテンションモードロック，インテントロック（intent lock）ともいう）[Gra*76] と呼ぶ．インテンションロックには以下の種類がある．

A）**共有インテンションロック**（intention shared lock）（IS ロック）
対象とする項目の下位の項目を共有ロックする可能性を表すロック．

B）**専有インテンションロック**（intention exclusive lock）（IX ロック）
対象とする項目の下位の項目を専有ロックする可能性を表すロック．

C）**共有・専有インテンションロック**（shared and intention exclusive lock）（SIX ロック）
対象とする項目を共有ロックすると同時に，その下位の項目を専有ロックする可能性を表すロック．

共有ロック，専有ロック，インテンションロックの両立性行列を**図10.8**に示す．項目の包含関係に基づく階層構造が図 10.7 のような木構造のときにインテンションロックを用いるためには，各トランザクションの基本操作は以下の規約を満たさなければならない．

① 項目 A に共有ロックまたは共有インテンションロックをかける操作は，A の親の項目を共有インテンションロックまたは専有インテンションロックしているときのみ行うことができる．

② 項目 A に専有ロック，専有インテンションロック，または共有・専有インテンションロックをかける操作は，A の親の項目を専有インテンションロックまたは共有・専有インテンションロックしているときのみ行うことができる．

③ 項目 A の read を行うことができるのは，A またはその祖先の項目を共有ロック，専有ロック，または共有・専有インテンションロックしている

ときのみである.

④ 項目 A の write を行うことができるのは,A またはその祖先の項目を専有ロックしているときのみである.

⑤ 項目 A のロックを解く操作は,A のいずれの子の項目に対するロックもかけていないときのみ行うことができる.

これらの規約に二相ロッキングプロトコルを組み合わせたロッキングプロトコルは,競合直列可能性を保証する.しかし,デッドロックの可能性はある.

実際のデータベースでは,索引構造まで含めると,項目の包含関係に基づく階層構造は木構造にはならず DAG 構造をなす.その場合も,上記の規約を若干変更することで対処可能である.

	共有 インテンション (IS)	専有 インテンション (IX)	共有 (S)	共有・専有 インテンション (SIX)	専有 (X)
共有 インテンション (IS)	Y	Y	Y	Y	N
専有 インテンション (IX)	Y	Y	N	N	N
共有 (S)	Y	N	Y	N	N
共有・専有 インテンション (SIX)	Y	N	N	N	N
専有 (X)	N	N	N	N	N

図 10.8 インテンションロックを含めた両立性行列

10.3.4 デッドロック

ロックを用いた同時実行制御においては,木ロッキングプロトコルなど特殊な場合を除いて,デッドロックが発生する可能性がある.デッドロックに対す

る対処の方法は，デッドロックの検出を行う方法とデッドロックを回避する方法の二つに大きく分かれる．

（1）デッドロックの検出を行う方法

デッドロックは起こり得るものとして，起きた場合にそれを検出し解消するというアプローチである．

A）待ちグラフによる方法

デッドロックが起きているか否かは，次の手順により**待ちグラフ**（wait-for graph）を作成することで判定可能である．

①　各トランザクション T_i に対してノード $\mathrm{N}(T_i)$ を作成する．

②　トランザクション T_i が他のトランザクション T_j のかけているロックが解かれるのを待っているとき，有向エッジ $\mathrm{N}(T_i) \rightarrow \mathrm{N}(T_j)$ をひく．

デッドロックが起きているか否かは，待ちグラフがサイクルをもつかどうかで判定できる．もしデッドロックを発見した場合には，待ちグラフ中でサイクルを構成するトランザクション群のいずれかを**犠牲者**（victim）として選択し，アボートすることでデッドロックを解消する．犠牲者となるトランザクションとしては，アボートによる損失ができるだけ少なくかつデッドロックの解消に効果の大きいものを選択すべきである．例えば，これまでに多くの処理時間を消費し，多くのデータ更新を行っているトランザクションは避けるべきである．一方，待ちグラフ上の複数のサイクルを解消できるようなトランザクションのアボートは，デッドロックの解消という視点からは効果的である．

B）タイムアウトによる方法

この方法は，各トランザクションの待ち時間を監視し，あらかじめ決めた一定時間以上待ち状態が続いているトランザクションは，デッドロックに陥っている可能性があるとしてアボートしてしまうというものである．したがって，この方法では待ちグラフによる方法におけるような正確な意味のデッドロックの検出は行わない．この方法では，適切なタイムアウト時間の設定が重要である．

（2）デッドロックを回避する方法

待ちグラフに示されるように，デッドロックが生じるのはトランザクション

どうしの待ち関係のサイクルができる場合である．したがって，ある種の規約を設けてこのようなサイクルができることを防止すれば，デッドロックを回避することができる．

A）一括ロックする方法

　　ロックする必要のある項目を各トランザクションがその開始時に一括してロックする方法である．もし，その時点で一つでもロックをかけられない項目がある場合はいずれの項目へのロックも行わず，しばらく待った後に再度ロック操作を試みる．この規約と二相ロッキングプロトコルを組み合わせたものは，**保守的二相ロッキングプロトコル**（conservative two phase locking protocol）と呼ばれる．

B）データを順序付ける方法

　　項目の間にある種の順序関係を付けておき，各トランザクションがロックをかける順序は，この順序関係に反しないものとする方法である．順次関係は必ずしも線形である必要はなく，木構造をなしていても構わない．木ロッキングプロトコルでデッドロックが生じないのは，この方法によるデッドロック回避が行われているからである．

C）トランザクションを順序付ける方法

　　時刻印（timestamp）を用いてトランザクション間に順序関係を導入し，待ち関係のサイクルができないようにする方法である．各トランザクション T_i には，その開始時に一意的な時刻印 $\mathrm{TS}(T_i)$ を与える．時刻印の生成は，システム内の時計やカウンタによる．この方法では，トランザクション T_i が項目 A をロックしようとした際，別のトランザクション T_j がこれと両立しないロックをすでに A にかけていた場合には，以下のいずれかの方式に従って処理を行う[Ros*78]．

　① **ウェイト・ダイ**（wait–die）**方式**

　　（a）　$\mathrm{TS}(T_i) < \mathrm{TS}(T_j)$ のとき：T_i は T_j が A のロックを解くまで待つ．

　　（b）　$\mathrm{TS}(T_i) > \mathrm{TS}(T_j)$ のとき：T_i はアボートする．

　② **ワウンド・ウェイト**（wound–wait）**方式**

　　（a）　$\mathrm{TS}(T_i) < \mathrm{TS}(T_j)$ のとき：T_j をアボートさせる．

　　（b）　$\mathrm{TS}(T_i) > \mathrm{TS}(T_j)$ のとき：T_i は T_j が A のロックを解くまで待つ．

ウェイト・ダイ方式では，時刻印の小さいトランザクションがロックを解くのを時刻印の大きいトランザクションが待つことはない．一方，ワウンド・ウェイト方式では，その逆が起こり得ない．したがって，いずれの方式でもトランザクション間の待ち関係のサイクルは生じないのでデッドロックは発生しない．また，最小の時刻印をもつトランザクションはいずれの方式でもアボートされることがない．したがって，アボートされたトランザクションに同じ時刻印を与えて再実行すれば，いずれはアボートされることなく実行されることが保証される．

10.4 時刻印を用いた同時実行制御

　各トランザクションに発生順に一意的な時刻印を与え，その時刻印の順にトランザクションを逐次実行する場合と等価なスケジュールが生じるように制御を行う方法で，**時刻印順**（timestamp ordering）**方式**[BerG80]と呼ばれる．本方式では，データベース中の各項目 A にも以下の二種類の時刻印をもたせる．

　　　$\mathrm{RTS}(A)$：これまでに A の read を行ったトランザクションの時刻印のうち最大値

　　　$\mathrm{WTS}(A)$：これまでに A の write を行ったトランザクションの時刻印のうち最大値

　時刻印 $\mathrm{TS}(T_i)$ をもつトランザクション T_i の項目 A の read と write 操作は，以下の規約に従って行う．

A）read

　①　$\mathrm{TS}(T_i) < \mathrm{WTS}(A)$ のとき：本来 T_i が読み出すべき A の値は他のトランザクションの write により失われてしまっているので，T_i はアボートする．

　②　それ以外のとき：T_i は A の read を行うとともに，$\mathrm{RTS}(A) = \max(\mathrm{RTS}(A),\ \mathrm{TS}(T_i))$ とする．

B）write

　①　$\mathrm{TS}(T_i) < \mathrm{RTS}(A)$ のとき：T_i が write を行った後の A 値を read で読むべきトランザクションが先に read を行ってしまっているので，T_i は

アボートする．

② 　$\mathrm{TS}(T_i) \geqq \mathrm{RTS}(A)$ かつ $\mathrm{TS}(T_i) < \mathrm{WTS}(A)$ のとき：同様に，T_i は write の時機を逸してしまっているのでアボートする．

③ 　それ以外のとき：T_i は A の write を行うとともに，$\mathrm{WTS}(A) = \max$ $(\mathrm{WTS}(A)，\mathrm{TS}(T_i))$ とする．

　この方法は，**基本時刻印順**（basic timestamp ordering）**方式**と呼ばれるもので，これに従うスケジュールの競合直列可能性が保証される．

　基本時刻印順方式では，アボートされるトランザクションが書き込んだ項目を他のトランザクションが読み出した場合，連鎖的アボートなどの問題が発生する．これを防ぐためには，項目 A の read や write 操作は，$\mathrm{WTS}(A) = \mathrm{TS}(T_i)$ なるトランザクション T_i がコミットかアボートするまで待って行うことにすればよい．この方法は，**厳格な時刻印順**（strict timestamp ordering）**方式**と呼ばれる．

　基本時刻印順方式における write の際の規約②を以下の②′で置き換えると，write 時のアボートを減らすことができる．

②′ 　$\mathrm{TS}(T_i) \geqq \mathrm{RTS}(A)$ かつ $\mathrm{TS}(T_i) < \mathrm{WTS}(A)$ のとき：T_i は write の時機を逸してしまっているが，そのことによるデータベースおよび他のトランザクションへの影響はないので，T_i はこの write 要求を無視して処理を続行する．

　②′の規約は**トマスの書込み規則**（Thomas's write rule）と呼ばれる[BerG80, Tho79]．以下の実行列は，②′の規則を用いた場合には生じ得るが，基本時刻印順方式では許されない（ただし，$\mathrm{TS}(T_1) < \mathrm{TS}(T_2)$ とする）．

　　　$\mathrm{R}_1(A)\mathrm{W}_2(A)\mathrm{C}_2\mathrm{W}_1(A)\mathrm{C}_1{}^{\dagger}$

　この実行結果は，$T_1 T_2$ の逐次処理を行った場合と同じになる．一般に，トマスの書込み規則を用いた場合でも，その実行結果はトランザクションを時刻印順に逐次処理した場合と一致するが，見かけ上のスケジュールは必ずしも直列可能スケジュールに限定されなくなる[Ber*83]．

---

†　$\mathrm{W}_1(A)$ は，トマスの書込み規則により A への実際の書込みは行わない．

10.5　楽観的同時実行制御

　ほとんどのトランザクションが read だけを行う場合や，複数トランザクションが同時に発生することがあまりない場合は，トランザクションどうしの競合の可能性は低い．**楽観的同時実行制御**（optimistic concurrency control）は，とりあえず他のトランザクションとの競合はないものとしてトランザクションの実行を行い，終了の際に本当に競合がなかったかどうかを確認するというものである．

　具体的な方法としてはいくつかの種類があるが，最も基本的なもの[KunR81]を以下に示す．まず，各トランザクションは以下の三つのフェーズからなる．

A）読出しフェーズ（read phase）

　　トランザクション中の処理を実行する．ただし，read では，データベース中の項目の値をそのトランザクション固有の作業領域に読み出す．また，write では，その作業領域中で書込みを行うだけで，データベースへの書込みは一切行わない．

B）確認フェーズ（validation phase）

　　C）の書込みフェーズにおいてデータベースへの書込みを行った場合に，他のトランザクションとの競合が生じないかを，下記に述べる方法で確認する．

C）書込みフェーズ（write phase）

　　確認フェーズの確認処理をパスした場合は，作業領域内で更新された項目のデータベースへの書込みを行いトランザクションをコミットする．もしパスしなかった場合は，トランザクションをアボートする．

　ただし，確認フェーズと書込みフェーズの組合せは，一連の不可分の基本操作として実行されるものとする．各トランザクション T_i には，読出しフェーズの開始時点で時刻印 $\mathrm{Start}(T_i)$，確認フェーズの開始時点で時刻印 $\mathrm{Validate}(T_i)$ を与える．また，T_i が読出しフェーズにおいて read を行った項目と write を行った項目の集合を，それぞれ $\mathrm{rset}(T_i)$ および $\mathrm{wset}(T_i)$ とする．T_i の確認フェーズでは，$\mathrm{Start}(T_i) < \mathrm{Validate}(T_j) < \mathrm{Validate}(T_i)$ なる時刻印 $\mathrm{Validate}$ (T_j) をもつすべてのトランザクション T_j について，$\mathrm{rset}(T_i) \cap \mathrm{wset}(T_j) = \phi$ と

いう条件が満たされるかを調べる．もし満たされる場合には，T_i は確認処理を
パスしたものとする．

　上記の確認処理をパスした場合には，他のトランザクションとの競合がない
ことは明らかである．しかし，個々の read のタイミングまで立ち至った
チェックはしないので，本当は競合が生じていない場合でも確認処理をパスし
ないという状況は起こり得る．ここに述べた楽観的同時実行制御に基づく実行
結果は，$\mathrm{Validate}(T_i)$ の順にトランザクションを逐次処理した場合と一致す
る．また，連鎖的アボートなどの問題は発生しない．

10.6　多版同時実行制御

　データベース中の項目 A を変更した場合，通常は A 自身が上書きされるた
め，直前の A の値は失われる．これに対し，各項目の最新の値だけでなく
write に伴う値の変遷を維持管理することが考えられる．一般に，項目 A の現
在もしくは過去のある時点での値をもつ対象をさして A の**版**（version）とい
う．**多版同時実行制御**（multiversion concurrency control）は，このような版
を利用した同時実行制御の方法である．楽観的同時実行制御と同様，多版同時
実行制御にも各種の方法があるが，ここでは版と時刻印を用いた方法[BerG80]を
説明する．

　各トランザクション T_i には，発生順に一意的な時刻印 $\mathrm{TS}(T_i)$ を与える．各
項目 A に対しては，write のたびに新しい版 A_j が生成され維持管理される．版
A_j は値のほかに次の時刻印をもつ．

　　　　$\mathrm{RTS}(A_j)$：read操作においてこれまでに A_j の値を読んだトランザクショ
　　　　　　　　　　ンの時刻印のうち最大値

　　　　$\mathrm{WTS}(A_j)$：write操作において版 A_j を生成したトランザクションの時刻
　　　　　　　　　　印

　トランザクション T_i の項目 A の read と write 操作は，以下の規約に従って
行う．

A）read

　　　A_j を $\mathrm{WTS}(A_j) \leqq \mathrm{TS}(T_i)$ を満たす最大の $\mathrm{WTS}(A_j)$ をもつ A の版とする．こ

のとき，T_i は A の値として A_j を読むとともに，$\mathrm{RTS}(A_j) = \max(\mathrm{RTS}(A_j),$
$\mathrm{TS}(T_i))$ とする．

B）write

A_j を $\mathrm{WTS}(A_j) \leqq \mathrm{TS}(T_i)$ を満たす最大の $\mathrm{WTS}(A_j)$ をもつ A の版とする．

① $\mathrm{RTS}(A_j) \leqq \mathrm{TS}(T_i)$ のとき：T_i は write で与える値をもつ新たな版 A_k を
生成するとともに，$\mathrm{RTS}(A_k) = \mathrm{WTS}(A_k) = \mathrm{TS}(T_i)$ とする．

② $\mathrm{RTS}(A_j) > \mathrm{TS}(T_i)$ のとき：T_i は write の時機を逸してしまっているの
でアボートする．

write において①の条件が満たされれば，すでに時間順で版 A_j の次は版 A_m
となっている場合でも，後からそれらの途中の状態を表す版 A_k を追加するこ
とができる．また，基本時刻印順方式におけるように，read 操作の際にアボー
トされることはない．しかし，連鎖的アボートなどの問題が発生する可能性は
ある．この方法での同時実行制御に基づく実行結果は，基本時刻印順方式など
と同様，時刻印の順にトランザクションを逐次処理した場合と一致する．

10.7 SQL におけるトランザクション

SQL においても，トランザクションの開始と終了（COMMIT 文，
ROLLBACK 文）を指定することが可能である．また，SET TRANSACTION
文などにおいて，トランザクション特性を指定することができる．トランザク
ション特性として重要なものに，**トランザクションアクセスモード**と**隔離性水
準**（isolation level）がある．前者はトランザクションがデータの読出しのみ
を行うものか，読出しと書込みの両者を行うものかを指定している．前者の場
合は READ ONLY，後者の場合は READ WRITE になる．

直列可能性は，並行処理環境における整合性を保証するための明確な基準の
一つではあるが，直列可能性を維持することが処理効率の面では大きな制約に
なることも多い．また，実際のデータベース処理のなかには，読み出すデータ
に対して必ずしも厳密な整合性を要求しない場合もある．隔離性水準指定は，
どの水準の整合性を保障する必要があるかを指定するためのものである．

SQL における隔離性水準指定に関係する不整合として以下がある．

A）**ダーティリード**（dirty read）

コミットされていないトランザクションによって書込みされたデータ項目を読むこと.

B）**ノンリピータブルリード**（nonrepeatable read）

同一項目を複数回読出しした場合に異なった値が得られること. トランザクション T が最初にある項目を読み出した後, 他のトランザクションがその項目を書き換えてコミットし, その後に再度 T が同じ項目の読出しを行った場合にこのようなことが生じ得る. 2度目の読出しは, すでにコミットしたトランザクションが書き換えた項目に対するものなので, ダーティリードにはならない.

C）**ファントム**（phantom）

トランザクション T が SQL の WHERE 節で行を選択しその後の処理を行っている最中に, 他のトランザクションが同じ選択条件を満たす行を追加するような場合, 追加された行をファントムと呼ぶ. T が再度その条件を満たす行を選択した際は, 最初のときにはなかったファントムの行が出現することになる. ファントムは最初の読出しの際にはなかったデータなので, ノンリピータブルリードの場合とは別の問題となる. 同様の問題は, 行の追加の場合だけではなく, 行の削除や値の変更でも起こり得る.

SQL における隔離性水準としては, 以下の4種類が指定可能である[†]. 隔離性水準は各トランザクションが読み出すデータの整合性の水準を指定するものであり, 以下の順で整合性の度合いが高まる.

A）READ UNCOMMITTED

ダーティリードを許す. トランザクションアクセスモードが READ ONLY の場合だけ指定可能である.

B）READ COMMITTED

ダーティリードはなく, コミット済の値のみを読み出す.

C）REPEATABLE READ

READ COMMITTED の条件に加えて, ノンリピータブルリードもない.

[†] システムによってはこれらとは異なる隔離性水準指定を設けているものもある.

D）SERIALIZABLE†

REPEATABLE READ の条件に加えて，ファントムに伴う問題もない．

演習問題

10.1 競合直列可能スケジュールはビュー直列可能でもあることを，それぞれの定義から示せ．

10.2 厳格なスケジュールは連鎖的アボートを回避すること，および連鎖的アボートを回避するスケジュールは回復可能であることを，それぞれの定義から示せ．

10.3 スケジュール S の先行グラフにサイクルがないことが，S が競合直列可能である必要十分条件であることを証明せよ．

10.4 二相ロッキングプロトコル，木ロッキングプロトコル，基本時刻印順方式に基づくスケジュールは，競合直列可能であることを証明せよ．

10.5 木ロッキングプロトコルではデッドロックが発生しないことを証明せよ．

10.6 次の二つのトランザクション T_1 と T_2 の並行処理におけるスケジュールに関して，以下の問に答えよ．

$$T_1 : R_1(A)W_1(A)C_1 \qquad T_2 : W_2(A)C_2$$

① 考え得るすべてのスケジュールを列挙せよ．

② ①の各スケジュールについて，競合直列可能性，ビュー直列可能性，厳格性，連鎖的アボート回避，回復可能性の条件が満たされるか否か判定せよ．

③ 以下のそれぞれの方法で同時実行制御を行った場合，①のスケジュールにおける基本操作の実行列のうち許されるものはどれか．ただし，(d)(e)(f)におけるように，read，write に対してシステムが必ずしもそのまま該当する項目の読出し，書込みを行わない場合には，見かけ上は直列可能ではないスケジュールに相当する実行列も許され得ることに注意せよ．

(a) 二相ロッキングプロトコル：T_1 と T_2 は，$R_1(A)$ および $W_2(A)$ の直前に A に専有ロックをかけ，$W_1(A)$ と $W_2(A)$ の直後に専有ロックを解くもの

---

† 隔離性水準は各トランザクションが読み出すデータの整合性の水準を指定するものなので，SERIALIZABLE は 10.6 節までの「直列可能性」とは意味が異なる．また，全トランザクションが隔離性水準 SERIALIZABLE を指定しても，その実装によってはスケジュールが直列可能にならない場合もある．詳しくは［Sil＊19］などを参照．

とする.

（b）　厳格な二相ロッキングプロトコル：ロックをかけるのは(a)の場合と同じで，ロックを解くのはコミット操作の直後とする.

（c）　基本時刻印順方式：$\text{TS}(T_1)<\text{TS}(T_2)$とする.

（d）　トマスの書込み規則を用いた時刻印順方式：$\text{TS}(T_1)<\text{TS}(T_2)$とする.

（e）　楽観的同時実行制御方式：write 操作は各トランザクション固有の作業領域のみで行い，コミット操作のなかで確認フェーズと書込みフェーズを実行するものとする. また，トランザクションの開始は最初の read または write の時点とする.

（f）　多版同時実行制御方式：$\text{TS}(T_1)<\text{TS}(T_2)$とする.

10.7　すべてのトランザクション（read，write のみを考える）が以下のロッキングプロトコルに従うとする.

①　read の直前に共有ロックをかけ，read 終了直後に解く.

②　write の直前に専有ロックをかけ，解くのはコミットあるいはアボート操作の直後とする.

このプロトコルは，全トランザクションに対して SQL のどの隔離性水準を保証するか.

11章
障　害　回　復

　本章では，トランザクション処理機能のうち，各種障害に対処するための障害回復機能について以下に述べる．

11.1　障害の分類

　コンピュータシステムには各種の障害が発生し得る．通常，障害回復機能が対象とするのは以下のような種類の障害である．

（1）トランザクション障害（transaction failure）

　個々のトランザクションが何らかの理由でコミットにいたる前に異常終了する場合である．具体的な状況としては，何らかの理由でトランザクションが自主的にアボートする場合，アプリケーションプログラムの実行時のエラーにより強制的に終了させられる場合，デッドロックによりトランザクションの続行が不可能となる場合などがある．

（2）システム障害（system failure）

　ハードウェアあるいはソフトウェア上の問題からシステムダウンが発生し，その時点でのすべてのトランザクションの実行が異常終了してしまう場合である．障害が発生した時点でのすべての主記憶上のデータは消滅するが，（3）のメディア障害の場合を除いて，二次記憶から障害発生直前の状態のデータを読み出すことは可能である[†]．

（3）メディア障害（media failure）

　データベースを格納した二次記憶装置に障害が発生し，データの読出しがで

[†]　障害発生時にあるページを二次記憶に書込み中であったということもあり得るが，二次記憶装置内のエラー検出機構により，障害発生直前までに正しく書き込まれたページを区別して読み出すことが通常可能である．

きなくなる場合である.

トランザクション障害が発生した場合は,ACID 特性の原子性の要求により,トランザクションはアボート処理される.このため,もしそのトランザクションが障害発生前にデータの書込みを行っていた場合には,それらをすべて取り消してもとの値に戻す処理を DBMS が行わなければならない.システム障害が発生した場合は,システムの再起動にあわせて**リスタート**処理が行われる.リスタート処理では,障害発生時点でコミット済であったトランザクションとそれ以外のトランザクションによる基本操作を区別し,その後始末を行う必要がある.ACID 特性の耐久性により,コミット済トランザクションによるデータの書込みは確実にデータベースに反映しなければならない.一方,原子性により,その他のトランザクションはアボートしたものとして処理を行う必要がある.

このように障害回復においては,トランザクションの行うデータの書込みが主な問題となる.このとき,8 章で述べたように,二次記憶へのデータの読み書きは,通常,主記憶上のバッファを介して行われることに注意する必要がある.**図 11.1** に示すように,read(A, x) の要求があった際には,まず A を含むページ PA がバッファ上にすでに存在するかチェックし,存在しない場合には PA を二次記憶からバッファ上に転送する(read_page(PA)).その後,バッファ上の PA 中の A の値を変数 x に読むことで read(A, x) が実行される.write(A, x) を実行する際には変数 x 値を用いてバッファ上の A が書き換えられる.書き換えられた A を含む PA がその後,二次記憶に転送される(write_page(PA))ことで,二次記憶中に更新されたデータがはじめて書き込まれる.バッファと二次記憶の間のデータ転送は,バッファ管理機構によりアプリケーションプログラムには透過的に行われる.したがって,通常は,プログラムからの read/write と read_page/write_page のタイミングは一致しない.write が実行されてバッファ上では書込みが行われているものの,まだその書込みが二次記憶には反映されていないページのことを**ダーティページ**(dirty page)という.また,システム管理上の理由などでバッファ上のダーティページを二次記憶に強制的に書き込むことを,バッファを**フラッシュ**(flush)するという.

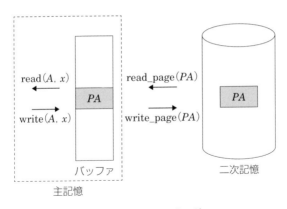

図 11.1 バッファリング

　10 章に示した以下の送金トランザクションのみが実行される場合を想定し，二つのシステム障害のケースを考えてみる．

```
begin
read(A,x)
read(B,y)
x:=x-10000
y:=y+10000
write(A,x)
write(B,y)
commit
```

ケース 1 write(A, x) を終了した直後にシステム障害が発生

　もし，write(A, x) に対応した write_page(PA) もシステム障害の前に実行されていた場合には，システムを再起動した時点でのデータベースの状態は，A の値のみが変更され B の値はもとのままなので整合性のないものとなってしまう．しかし，もし write_page(PA) の実行前にシステム障害が発生したのであるならば，データベースの状態はもとのままの整合性のとれたものである．いずれの状況が起きた場合でも，リスタート処理の後では，データベースの状態が最初の整合性のある状態に戻っていることを保証する必要がある．

ケース 2 commit を終了した直後にシステム障害が発生

　システム障害が起きた時点では，書き込まれた A と B の値はバッファ上だけにあったという可能性もある．しかし，トランザクションはすでにコミット済であるので，リスタート処理ではその書込み操作がデータベースに反映されていることを保証しなければならない．

　次の 11.2 節と 11.3 節では，トランザクション障害とシステム障害を想定して主な障害回復の方法について述べる．メディア障害の回復については，11.4 節で議論する．

11.2　ログを用いた障害回復

11.2.1　ロ　グ

　障害回復機能を実現するために最も一般的に用いられているのは，**ログ**（log）（**ジャーナル**（journal）と呼ぶこともある）を使った方法である[Gra*81, HaeR83]．ログとは，すべてのトランザクションがどのような基本操作を行ったかを逐次二次記憶中に記録したものである．つまり，10章で述べたトランザクション実行のスケジュールに相当する情報を具体的な形で記述したものである．write 操作に対しては，原則として更新前の値と更新後の値をあわせて記録する．したがって，前節のケース 1 のような場合には，ログ中の更新前の値を見ることでデータベースを元の状態に戻すことができる．またケース 2 のような場合には，ログ中の更新後の値を見ることで，コミットしたトランザクションの更新内容をデータベースに反映することができる．ログは基本操作ごとに作成される一連のログレコードからなる．ログレコードとしては以下のようなものがある．

① 　トランザクション T の開始（begin）：$[B:T]$
② 　トランザクション T による書込み（write(A, x)）：$[W:T, A, Old, New]$
　　ただし，Old は更新前の値であり**ビフォアイメージ**（before image），New は更新後の値であり**アフタイメージ**（after image）という[†]．

[†]　実際のシステムでは，write の対象項目とログ中でビフォアイメージ，アフタイメージを記録する単位は必ずしも一致しない[GraR93]が，ここでは簡単のため，その違いは無視する．

③　トランザクション T による読出し（read(A, x)）：$[\mathrm{R}:T, A]$

④　トランザクション T のコミット（commit）：$[\mathrm{C}:T]$

⑤　トランザクション T のアボート（abort）：$[\mathrm{A}:T]$

　また，各ログレコードには LSN（log sequence number）と呼ばれる作成順の一意の識別子が付けられることが多い．read に対するログレコードは，アボートされる可能性のあるトランザクションが書き込んだ値を他のトランザクションが読み出すことがなければ，通常ログ中に保持する必要はない．以下の議論では，簡単のため，10.3.2 項に述べた厳格な二相ロッキングプロトコルなどにより，直列可能性だけでなく，「現在アクティブな状態にあるトランザクションが write を行った項目に対する他のトランザクションの read または write は許さない」という厳格性の条件が満たされるものと仮定する．したがって，read に対するログレコードは無視して考える．

　ログもファイルの一種であるので，データベース中のデータと同様，ログレコードは主記憶上のログ用バッファを介して二次記憶への書込みが行われる．その際，トランザクション中で write を行った項目を含むページの二次記憶への書込みと，対応するログレコードの二次記憶への書込みを独立に行うことはできない．すなわち，ある更新トランザクションによって作成されたデータ用バッファ上のダーティページをそのコミット前に二次記憶へ書き込む際には，それ以前にその更新に関するログレコードがログとして二次記憶へ書き込まれていなければならない．なぜならば，更新を行った項目のビフォアイメージを記録したログレコードがなければ，二次記憶中の項目を元の値に戻すことは不可能だからである．このルールのことを，**ログ先書きプロトコル（WAL プロトコル**（write ahead log protocol））と呼ぶ．DBMS のバッファ管理機構の中では，通常 LSN を用いて現在どのログレコードまでが二次記憶に書込み済かを管理し，WAL プロトコルに従うようなダーティページの二次記憶への書込みを行う．以下にログを用いた 3 種類の基本的な障害回復の方式を示す．

11.2.2　ノーアンドゥ・リドゥ（no-undo/redo）方式

　本方式の基本的な方針は，トランザクション中での write 操作はログにのみ記録し，そのトランザクションがコミット処理に入るまでは一切，二次記憶中

のデータの更新は行わないというものである．本方式では，アボートされる可能性のある時点では，write 前のビフォアイメージが必ず二次記憶に保持されているため，ログレコードにビフォアイメージを記録する必要はない．本方式における基本操作の処理を以下に示す．

A）トランザクションの開始

　　ログレコード［B : T］をログ用バッファに書き込む．

B）トランザクションによる書込み

　　ログレコード［W : T, A, New］をログ用バッファに書き込む．

C）トランザクションのコミット

　　ログレコード［C : T］を書いた後，ログ用バッファをフラッシュする．さらに，ログの内容に基づきトランザクション中での write 操作をデータベースに反映する（遅延更新）．トランザクションの状態としては，ログ用バッファのフラッシュが終了した時点でトランザクションはコミット済の状態に達する．したがって，遅延更新の最中にシステム障害が発生した場合でも，以下に示すようにリスタート処理において，その write 操作をデータベースに反映する措置がとられる．

D）トランザクションのアボート

　　ログレコード［A : T］をログ用バッファに書き込む．

　システム障害後のリスタート処理では，ログを調べてログレコード［C : T］のあるコミット済のトランザクションを検出する．次に，ログレコード［W : T, A, New］として記録されたそれらのトランザクションの write 操作をデータベースに対して行う．この処理のことを**リドゥ**（redo）という．システム障害が発生した時点で，トランザクション中では上記C）のコミット処理を終了しており，すでにデータベースの内容は write 後の値に更新済であったかもしれない．また，リスタート処理中にシステム障害が発生したときは，再度のリスタート処理の中ですでに行ったリドゥ処理が繰り返される場合がある．したがって，該当項目がすでに更新済であった場合でもなかった場合でも，リドゥ処理は該当する write 操作を正常に 1 回行ったときと同じ結果をもたらすようになっていなければならない．リドゥ処理がもつべき，このような性質を**べき等**（idempotent）という．

11.2.3　アンドゥ・ノーリドゥ（undo/no-redo）方式

本方式の基本的方針は，ノーアンドゥ・リドゥ方式とは逆に，トランザクションがコミット済の状態に入る以前に，その write 操作をすべて二次記憶中のデータベースに反映してしまうというものである．本方式では，トランザクションがコミット済になった時点では，write 後のアフタイメージはすでに二次記憶中のデータに反映されているため，ログレコードにアフタイメージを記録する必要はない．本方式における基本操作の処理を以下に示す．

A）トランザクションの開始

ログレコード［B：T］をログ用バッファに書き込む．

B）トランザクションによる書込み

ログレコード［W：T, A, Old］をログ用バッファに書き込む．また，データ用バッファ上で A を含むページを更新する．WAL プロトコルに従う限り，ダーティページの二次記憶への書込みも可能である．

C）トランザクションのコミット

本トランザクションに関するダーティページを含むデータ用バッファをフラッシュする（WAL プロトコルに従う）．さらに，ログレコード［C：T］を書き込んだ後，ログ用バッファをフラッシュする．この時点でトランザクションはコミット済の状態になる．

D）トランザクションのアボート

ログレコード［A：T］をログ用バッファに書き込む．さらに，ログの内容に基づきトランザクション中で write した項目をそのビフォアイメージに書き戻す．この処理のことを**アンドゥ**（undo）という．

システム障害後のリスタート処理では，ログを調べてログレコード［C：T］のないアボート済あるいはアボートすべきトランザクションを検出する．次に，ログレコード［W：T, A, Old］として記録されたそれらのトランザクションの write 操作のアンドゥ処理を行う．前に述べたリドゥ処理と同様の理由で，アンドゥ処理もべき等でなければならない．

11.2.4　アンドゥ・リドゥ（undo/redo）方式

ノーアンドゥ・リドゥ方式では，コミット済となるまで二次記憶中のデータ

に書込みを行うことはできない．一方，アンドゥ・ノーリドゥ方式では，コ
ミットする前には必ず二次記憶への書込みを行わなければならず，二次記憶ア
クセスが増加する．アンドゥ・リドゥ方式は，ダーティページの二次記憶への
書込みをコミット処理と独立としたものである．この方式はアンドゥとリドゥ
の両者を必要とするため処理はやや複雑ではあるが，他の方式に比べてバッ
ファと二次記憶の間のデータ転送に関する制約が少ないため，最も広く用いら
れている方式である．本方式における基本操作の処理を以下に示す．

A）トランザクションの開始

ログレコード $[B:T]$ をログ用バッファに書き込む．

B）トランザクションによる書込み

ログレコード $[W:T, A, Old, New]$ をログ用バッファに書き込む．また，
データ用バッファ上で A を含むページを更新する．WALプロトコルに従
う限り，ダーティページの二次記憶への書込みも可能である．

C）トランザクションのコミット

ログレコード $[C:T]$ を書き込んだ後，ログ用バッファをフラッシュす
る．この時点でトランザクションはコミット済の状態になる．

D）トランザクションのアボート

ログレコード $[A:T]$ をログ用バッファに書き込む．さらに，ログの内容
に基づきトランザクション中の write 操作をアンドゥ処理する．

システム障害後のリスタート処理では，ログを調べてログレコード $[C:T]$
のあるコミット済のトランザクションと，それがないアボート済あるいはア
ボートすべきトランザクションを検出する．次に，後者のトランザクションに
関しては，ログレコード $[W:T, A, Old, New]$ として記録された write 操作
のアンドゥ処理を行う．さらに，前者のトランザクションに関しては，ログレ
コード $[W:T, A, Old, New]$ として記録された write 操作のリドゥ処理を行
う．

以下のようなログが与えられたものとして，リスタート処理の具体的な手順
を示す．

$$\{[B:T_1], [W:T_1, A, a_1, a_2], [B:T_2], [C:T_1], [B:T_3],$$
$$[W:T_3, B, b_1, b_2], [W:T_2, C, c_1, c_2], [W:T_3, D, d_1, d_2], [C:T_2]\}$$

まず最初にログを逆方向にスキャンする．[C：T_2]によりトランザクション T_2 がコミット済であることを認識する．次に[W：T_3, D, d_1, d_2]があるが，トランザクション T_3 はコミット済でないので，このwrite操作のアンドゥ処理を行う．[W：T_2, C, c_1, c_2]はコミット済のトランザクションによるものなので，ひとまず読み飛ばす．次に[W：T_3, B, b_1, b_2]に対するアンドゥ処理を行った後，[C：T_1]より，T_1 をコミット済のトランザクションに加える．さらに，[W：T_1, A, a_1, a_2]を読み飛ばしてログの先頭にまで達し，逆方向のスキャンを終了する．次に，今度はログを先頭から順方向にスキャンし，コミット済のトランザクションによる[W：T_1, A, a_1, a_2]，[W：T_2, C, c_1, c_2]に対するリドゥ処理を行ってリスタート処理は終了する．同じ項目に対する複数writeのログレコードがある場合には，その項目に対するアンドゥやリドゥ処理の回数を削減する工夫を行うことができる[Ber＊87]が，ここでは説明を省略する．

11.2.5 チェックポイント

前項でアンドゥ・リドゥ方式に基づくリスタート処理を示したが，システム起動時からのログは膨大でありその全体をスキャンしてこのような処理を行うのは，多くの時間を要する作業である．さらにまた，システム障害が発生するかなり以前にコミットした更新トランザクションのダーティページの大部分は，すでにバッファから二次記憶に転送されていることが予想され，それらを含めたリドゥ処理を行うことはむだである．上の例でも，T_1 のコミットがシステム障害前のかなり前であれば，[W：T_1, A, a_1, a_2]に対応する更新操作はすでに二次記憶に反映されていることが予想される．この問題を解決するため，一定の周期でバッファの内容を二次記憶に明示的にフラッシュすることを行う．これを**チェックポイント**（checkpoint）[HaeR83]と呼ぶ．

最も単純なチェックポイント処理の方法は，**コミットコンシステントチェックポイント法**（commit consistent checkpointing）と呼ばれるもので，以下の手順による．

① 新たなトランザクションの開始を禁止する．

② アクティブなトランザクションがすべてコミットかアボートするまで処理を続ける．

③ ログ用バッファとデータ用バッファをこの順にフラッシュする.

④ ログ用バッファにログレコード［CHECKPOINT］を書き込んだ後フラッシュする.

この場合，リスタート処理においてはログを先頭までさかのぼる必要はなく，最新のログレコード［CHECKPOINT］までの範囲を対象とすればよいことになる.

コミットコンシステントチェックポイント法は簡単ではあるが，チェックポイントをとるためにはアクティブなトランザクションがない状態に入らなければならない. もし，長時間続くようなトランザクションが存在する場合には上記の②の状態が長く続き，多くの処理要求を長時間にわたって待たせることになる. また，フラッシュ時のデータの書込みにも多くの時間を必要とする. このような問題を改善したチェックポイント処理の方法の一つに，**キャッシュコンシステントチェックポイント法**（cache consistent checkpointing）がある. これは以下の手順による.

① 新たな基本操作の処理を開始しないこととする.

② 処理中の基本操作の終了を待つ.

③ ログ用バッファとデータ用バッファをこの順にフラッシュする.

④ ログ用バッファにログレコード［CHECKPOINT：TL］を書き込んだ後フラッシュする. ただし，TL は現在アクティブなトランザクションの集合である.

この方法に基づくリスタート処理では，必ずしも最新のログレコード［CHECKPOINT：TL］までの範囲ではなく，TL の中にアボート済あるいはアボートすべきトランザクションがあった場合には，そのトランザクションの開始時点までログをさかのぼる必要が生じる. しかし，コミットコンシステントチェックポイント法によるチェックポイント処理時の問題は大きく緩和される. 本方式に基づくリスタート処理の手順を，11.2.4 項の例にチェックポイントを加えた以下のログを用いて説明する.

$\{[\mathrm{B}：T_1], [\mathrm{W}：T_1, A, a_1, a_2], [\mathrm{B}：T_2], [\mathrm{C}：T_1], [\mathrm{B}：T_3],$

$[\mathrm{W}：T_3, B, b_1, b_2], [\mathrm{CHECKPOINT}, \{T_2, T_3\}], [\mathrm{W}：T_2, C, c_1, c_2],$

$[\mathrm{W}：T_3, D, d_1, d_2], [\mathrm{C}：T_2]\}$

まず，11.2.4項の場合と同様に，最初にログを逆方向にスキャンする．$[C:T_2]$ より T_2 をコミット済トランザクションに加え，$[W:T_3, D, d_1, d_2]$ に対するアンドゥ処理を行い，$[W:T_2, C, c_1, c_2]$ を読み飛ばす．ここで $[CHECKPOINT, \{T_2, T_3\}]$ に達するが，T_3 はアボートすべきトランザクションなのでさらにログを逆方向にスキャンする．そして，$[W:T_3, B, b_1, b_2]$ に対するアンドゥ処理をした後 $[B:T_3]$ に達して，逆方向のスキャンを終了する．次に，$[CHECKPOINT, \{T_2, T_3\}]$ からログを順方向にスキャンし，コミット済の T_2 による $[W:T_2, C, c_1, c_2]$ に対するリドゥ処理を行ってリスタート処理を終了する．

チェックポイント処理をさらに効率化する方法としては，**ファジーチェックポイント法**（fuzzy checkpointing）[GraR93]などがある．

11.2.6　実際のDBMSにおける障害回復

上記では，厳格な二相ロッキングプロトコルを想定した基本的な障害回復の方式について述べた．実際のDBMSにおいては，コミット済でないトランザクションがwriteした項目のreadやwriteに伴う索引の更新なども発生し得るため，より複雑な仕組みが必要となる．また，上記のリスタート処理では，トランザクション中のwrite操作に対するリドゥ，アンドゥを行った．実システムでは，トランザクションが何らかの理由でアボートする際，そのトランザクション中で行ったwrite操作のアンドゥに伴う書き戻し操作を**補償ログレコード**（compensation log record）としてログに記録し，最後にアボートのログレコードを記録することがしばしば行われる．その場合のリスタート処理は，補償ログレコードに対応する書き戻し操作もリドゥの対象とするなど，上記に述べたものとは若干異なってくる．実際のDBMSにおいて用いられている実用的な障害回復方式の典型的モデルとしては，**ARIES**[Moh*92, Sil*19]が知られている．

11.3　シャドーページング

障害回復機能の実現法としては，ログを用いた方法が一般的であるが，**シャ**

ドーページング（shadow paging）[Lor77] と呼ぶログを用いない方法もある．シャドーページングでは，**図 11.2** に示すように二次記憶中のページをページテーブル（page table）と呼ぶアドレス変換用のテーブルを介して間接的にアクセスする．現在のページテーブル自体も二次記憶中に格納されており，その位置は二次記憶の特定のアドレスにあるポインタにより与えられる．

　シャドーページングにおける基本操作の処理を以下に示す．

A）トランザクションの開始

　　カレントページテーブルと呼ぶそのトランザクション用の別のページテーブル領域を確保し，その時点でのページテーブルの内容をコピーする．カレントページテーブルに対して，元のページテーブルをシャドーページテーブルと呼ぶ．このことから，上に述べたその位置を示すポインタは，シャドーページテーブルポインタと呼ばれる．また，カレントページテーブルの読み書きのためのバッファをページテーブル用バッファと呼ぶ．

B）トランザクションによる書込み

　　ページテーブル中の i 番目のページ $P(i)$ の更新を行うものとする．それがそのトランザクション中で $P(i)$ に対する最初の更新である場合には，二次記憶中の空ページ P' を確保して $P(i)$ の内容をコピーし，カレントページテーブルの i 番目のエントリが指すページを P' に変更する．その後，データ用バッファ上の P' を更新する．以後，このトランザクション中での i 番目のページの更新は P' に対して行う．図11.2では，2番目と6番目のページを更新している．

C）トランザクションのコミット

　　データ用バッファをフラッシュした後，ページテーブル用バッファをフラッシュする．さらに，二次記憶中のシャドーページテーブルポインタを，カレントページテーブルを指すように書き換える．この時点でトランザクションはコミット済となる．

D）トランザクションのアボート

　　カレントページテーブルを廃棄する．

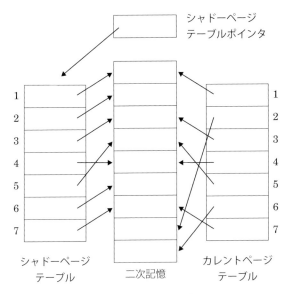

図 11.2 シャドーページング

シャドーページングでは，システム障害後のリスタートのための特別の処理は不要である．また，ログを用いた方法のように，データ更新の際に対象ページとログの両方に書込みを行う必要はない．しかし，シャドーページングには以下のような問題点もある．

① 更新を行うたびに二次記憶中でデータを格納するページが変化するため，ファイルを構成するページ相互の位置関係がバラバラになってしまう．このため，二次記憶装置によっては，データの読出しがランダムなアクセスばかりとなり，アクセス時間が増加する（演習問題 8.1 参照）．

② 図 11.2 の状態において，トランザクションがシャドーページテーブルポインタを書き換える直前にシステム障害が発生したとする．リスタート後には元のページテーブルを用いてトランザクション開始前のデータをアクセス可能であるが，カレントページテーブルや更新後のデータを格納していたページが，二次記憶中にゴミとして残ってしまう．これらの領域を再利用するためのガベージコレクションや空領域管理まで考慮すると，実際にはかなり複雑な機構が必要となる．

③ ページアクセスの際，ページテーブルによるアドレス変換のオーバヘッドがある．

④ 複数のトランザクションを並行処理する場合，ページより細かい項目を単位として同時実行制御を行うことが難しい．

11.4　メディア障害回復

トランザクション障害やシステム障害に比べてメディア障害が発生する確率は通常はるかに低いが，もしそれに備えた処置を行わなかった場合の損失は甚大である．メディア障害に対する最も基本的な対策は，定期的な**ダンプ**（dump）処理の実行である．ダンプ処理は，アクティブなトランザクションがない状態で，二次記憶中のデータの内容を他の二次記憶装置などにコピーすることで行う．ログを用いた障害回復を行うシステムでは，メディア障害が発生した場合には，まずバックアップ用の二次記憶に最新のダンプ内容を復旧する．次に，ログを用いてそのダンプ後にコミットしたすべてのトランザクションの write 操作をリドゥ処理する．これにより，メディア障害が発生した直前までにコミット済となったトランザクションの処理を回復することができる．

これまでに述べてきたように，トランザクション障害，システム障害，メディア障害のいずれの場合も，ログは大変重要な役割を果たす．したがって，メディア障害によってログ自身の読出しができなくなるというような事態を防ぐ必要がある．このため，ログは別々の装置に二重に書込みを行うといった信頼性確保のための工夫がなされることが多い．

演 習 問 題

11.1 トランザクションがアボートされる可能性があることを考慮すると，データベースアクセスを行うアプリケーションプログラムにおける実行結果を確認するための画面出力やプリンタ出力は，どのようなタイミングで行うのがよいか検討せよ．

11.2 ログ先書き規則に従わないことによって問題が生じる具体例を示せ．

11.3 アンドゥ・リドゥ（undo/redo）方式による障害回復を用いることで，11.1 節

のケース 1，2 の問題がどのように解決されるか検討せよ．

11.4 本章では，「現在アクティブな状態にあるトランザクションが write を行った項目に対する他のトランザクションの read または write は許さない」という条件を前提に議論を行った．この条件が満たされない場合，どのような問題が生じるか（ヒント：10.2.3 項参照）．

11.5 四つのトランザクション T_1, T_2, T_3, T_4 を次のスケジュールに示されるように実行し，$W_2(E)$ を実行した直後にシステム障害が発生した．

$$R_1(B)R_2(D)W_2(A)W_1(B)C_1R_3(B)W_3(B)R_4(C)W_4(C)A_4W_3(D)C_3W_2(E)$$

① アンドゥ・リドゥ（undo/redo）方式による障害回復を行うことにする．次のログが与えられたとき，リスタート処理の手順を示せ．

$\{[B:T_1], [B:T_2], [W:T_2, A, a_1, a_2], [W:T_1, B, b_1, b_2], [C:T_1],$
$[B:T_3], [W:T_3, B, b_2, b_3], [\text{CHECKPOINT}, \{T_2, T_3\}], [B:T_4],$
$[W:T_4, C, c_1, c_2], [A:T_4], [W:T_3, D, d_1, d_2], [C:T_3], [W:T_2, E, e_1, e_2]\}$

② ノーアンドゥ・リドゥ（no–undo/redo）方式による障害回復を行うことにする．[CHECKPOINT, $\{T_2, T_3\}$] とビフォアイメージがないだけで，他は①の場合と同じログが与えられたとき，リスタート処理の手順を示せ．

③ アンドゥ・ノーリドゥ（undo/no–redo）方式による障害回復を行うことにする．[CHECKPOINT, $\{T_2, T_3\}$] とアフタイメージがないだけで，他は①の場合と同じログが与えられたとき，リスタート処理の手順を示せ．

12章
オブジェクト指向データベースシステム

12.1　リレーショナルデータベースシステムの弱点

すでに述べたように，現在最も実用化が進んでいる DBMS は，リレーショナル DBMS である．リレーショナル DBMS は大量の定型的データを扱わなければならないビジネスアプリケーションを中心に大きな成功を収め，データベースシステムの適用領域の拡大をもたらした．しかし，1980 年代後半になるといくつかの問題点も認識されるようになった．特に，CAD やソフトウェア開発などのエンジニアリングアプリケーション，科学技術アプリケーション，先進的オフィスアプリケーションなどにおけるデータ管理にリレーショナル DBMS を適用しようとしたときの問題が指摘された[Cat94c, KemM94, Uda92]．弱点としてしばしばあげられたのは，以下のような点である．

A）構造データの表現力の不足

　　上記のアプリケーションで扱わなければならないデータは，従来のビジネスアプリケーションに比べて，はるかに複雑な構造をもつ．学生や科目に関するデータを単純な表の形式で表現するのはきわめて自然であり，またデータの多目的利用を図るうえで有効である．しかし，設計図面や設計階層などの構造データを表で表現するのはわかりにくい表現になることが多い．簡単な例として，二次元図面における多角形データのリレーションによる表現を**図 12.1** に示す．ここでは，多角形を表すのに四つのリレーションを用いている．「多角形」は各多角形の色や塗りつぶしパターンを表す．「多角形構成」は各多角形がどの辺をどういう順序で接続することにより構成されているかを表す．「辺」は各辺の両端点の点を表し，「点」は各点の座標値とその形状を与える．確かにこれで多角形を表すデータをリレーショナルデータベースに格納することはできる．しかし，例えばユーザが

一つの多角形として認識している対象 $p1$ は，四つのリレーションにまたがる 10 タプルに分解されてしまうためその関連がわかりにくい．また，これらの 10 タプルが 1 多角形を表すひとまとまりのデータであることを認識して使う責任はユーザにあり，DBMS では基本的にはそれらを個別の 10 タプルとして取り扱う．したがって，一部のタプルを誤って修正し，多角形を表すデータとしては整合性を欠くことになっても DBMS でそれを検出するのは難しい．また，多角形の描画において点の座標値を取り出すためには，これらのリレーション間の結合演算を行う必要がある．さらに，「多角形構成」において「接続順」で辺の順序を与えている点も，点の追加や削除があった場合に修正個所を多くする要因となる．

多角形

PID	色	パターン
$p1$	赤	メッシュ
$p2$	青	ストライプ

多角形構成

PID	接続順	EID
$p1$	1	$e1$
$p1$	2	$e2$
$p1$	3	$e3$
$p2$	1	$e2$
$p2$	2	$e4$
$p2$	3	$e5$
$p2$	4	$e6$

辺

EID	VID1	VID2
$e1$	$v1$	$v2$
$e2$	$v2$	$v3$
$e3$	$v3$	$v1$
$e4$	$v3$	$v4$
$e5$	$v4$	$v5$
$e6$	$v5$	$v2$

点

VID	形状	X	Y
$v1$	丸	0	0
$v2$	丸	0	1
$v3$	星形	1	1
$v4$	丸	2	0
$v5$	星形	1	0

図 12.1 多角形のリレーションによる表現例

B）人工的な主キーの付与

図 12.1 中の各リレーション「多角形」「辺」「点」は，すべて最初の属性として ID をもち，それを主キーとする．これは，リレーション中には全く

同じ属性値をもつ複数のタプルを格納できないことと，タプル間の参照に主キー値を用いる必要があることによる．「学生」や「科目」に対して「学籍番号」や「科目番号」などの主キーとなる属性を与えることは，社会的通念に照らして自然である．しかし，図 12.1 におけるように，一つひとつの辺や点にまで唯一の ID 値をユーザが明示的に与えなければならないのは，きわめて人工的であり，またユーザの負担を増加させる要因となる．

C）データ固有の手続きの欠如

リレーショナル DBMS は，タプルの検索，挿入，削除，修正など，基本的にはすべてのデータに対して均一的な基本操作のみを提供する．しかし，データに固有の手続きを付随させることにより，はるかに見通しよくデータ操作ができる場合がある．図 12.1 の例では，多角形に付随する手続きとしてその面積を計算する手続きを考えることができる．また，多角形の削除の手続きは，単に「多角形」中の該当タプルを削除するだけでなく，その構成要素の辺や点に関するデータも（もし他の多角形から共有されていないならば）併せて削除するべきである．リレーショナル DBMSでは，基本的にはこれらの手続きはアプリケーションプログラムとしてユーザ自身が書くしかない．また，たとえそのような手続きをユーザが書いても，データベースに対する問合せ記述の中でそれらを直接用いることはできない．

D）拡張性に乏しいデータ型

リレーショナル DBMS で取り扱うことのできるデータ型は，文字列，数，ビット列，日時などのようにあらかじめ決められており，アプリケーション要求に合わせてデータ型を追加することができない．したがって，図12.1 に示したように，多角形のデータをこれらの基本データ型の値を属性値としてもつリレーションの集まりに，個々のユーザが展開する必要が生じる．もし，「多角形」型のような新たなデータ型を必要に応じて定義できれば，ユーザはその内部表現まで立ち入ることなく抽象化されたレベルでデータ操作を行うことができる．

E）汎化階層

現実の対象をモデル化するうえでは，2.4 節（5）項に述べた汎化階層の概

念がしばしば有用である．しかし，リレーショナルデータモデルでは汎化
階層を直接表現することはできない．したがって，7.1節で述べたような
複数のリレーションを用いたきわめて間接的な表現が通常は行われるが，
これはA）の場合と同様の問題を含む．なお，汎化階層に対して，A）に
示したような構成に基づく階層は，**集約階層**（aggregation hierarchy）と
呼ばれる．

F）プログラミング言語とのインピーダンスミスマッチ

　　リレーショナルデータモデルにおけるデータ構造はリレーションであり，
これは通常のプログラミング言語におけるデータ構造とは異なったもので
ある．また，データ型の相違もある．したがって，その操作体系も自ずと
異なったものにならざるを得ず，通常はデータベース操作はSQLなどの
データベース言語で，それ以外の部分はプログラミング言語で記述すると
いう，ホスト言語方式が用いられる．データ独立性や問合せ処理などの観
点からは，これによるメリットも少なくない．しかし，データベースの世
界とプログラミング言語の世界のこのようなミスマッチに伴って必要とな
る変換操作は，オーバヘッドの要因となり得る．CADなどのエンジニア
リングアプリケーションでは，大量の構造化されたデータを主記憶に読み
出して複雑な計算手続きを適用するようなことがしばしば要求され，この
オーバヘッドは大きな問題となる．

　　以上のほか，CADやソフトウェア開発などの設計業務向けのトランザク
ション処理の機能[Elm92]や版管理の機能[Kat90]の欠如，データベーススキーマの
変更がきわめて限定的にしか行えないこと，ルールや知識などがうまく扱えな
いことなども，リレーショナルDBMSの弱点としてしばしば指摘された．

　　これらの問題に対して，リレーショナルデータモデルやリレーショナル
DBMSを拡張する研究が数多く行われてきた．代表的なものとして，構造デー
タの表現力を高めるためにリレーショナルデータモデルにおいて階層構造の表
現を許した入れ子型リレーショナルデータモデル（nested relational data
model）[KitK89, Mak77, MiuA90]があり，これについては3.1節で簡単にふれた．また，
汎化階層や集約階層をはじめとした各種の抽象化概念を扱うための拡張リレー
ショナルデータモデルRM/Tが，リレーショナルデータモデルの提案者である

Codd自身によって提案された[Cod79]. リレーショナルDBMSにおいて，ユーザによるデータ固有の手続きやデータ型の追加定義を可能にしたシステムも提案され，拡張可能リレーショナル DBMS（extensible relational DBMS)[Cat91, StoR86]と呼ばれる．さらにまた，リレーショナルデータモデルの枠組みをベースとしてルール記述と演繹推論の機能をもつ，演繹データベースシステム（deductive database system）に関する研究や開発も数多く行われた[Ari90, Ull89].

一方，リレーショナル DBMS の弱点に対応するためにオブジェクト指向の考え方を導入した，**オブジェクト指向 DBMS**（object-oriented DBMS, OODBMS）（オブジェクト DBMS，ODBMS と呼ばれることもある）と称される一群の DBMS の研究開発や実用化が 1980 年代後半から盛んに行われた[Cat91, Cat94c, KemM94, Kim90, Uda92, MiyK91, YokM91]．また，SQL 標準においても，これまでにさまざまな拡張が行われているが，SQL：1999 においてオブジェクト指向機能が導入されている．

本章においては，データベースシステムにおけるオブジェクト指向とはどのようなものを指すのかを述べた後，ODMG オブジェクトデータベース標準，SQL におけるオブジェクト指向機能について概説する．

12.2　オブジェクト指向データベースシステムの基本概念

12.2.1　オブジェクト指向データモデル

オブジェクト指向 DBMS がサポートするデータ記述や操作に関係する諸概念は，意味データモデル（semantic data model）と呼ばれるデータモデルの研究[HulK87, Uda91]や，Simula や Smalltalk などのオブジェクト指向プログラミング言語の研究[Mis*91, Tok*93]などを背景としている[KimL89]．

一般に，オブジェクト指向言語においては，データとそれに対する操作手続きを一体とした対象を**オブジェクト**（object）と呼ぶ．例えば，ある製造会社が各種の製品を製造販売し，その製品のユーザ管理を行うことを考えてみる．この場合，「製品」オブジェクトは，「製品番号」「製品名」「販売日」「製造工場」「ユーザ」などの性質を表す**属性値**とその**操作手続き**を一体化したものと

なる．操作としては，新たに売れた製品に対するユーザの登録をする操作や，販売日から何ヶ月が経過したかを算出する操作などが考えられる．これらのオブジェクトに付随する操作を実現するための手続きを**メソッド**（method）と呼ぶ．オブジェクト指向言語の世界はこのようなオブジェクトの集まりとして記述され，オブジェクトどうしはお互いに**メッセージ**をやりとりすることで動作する．他のオブジェクトからメッセージを送られたオブジェクトは，そのメッセージに対応する自分自身のメソッドを起動し，必要に応じてメッセージを送付したオブジェクトへの返事を返す．また，オブジェクトは「製品」型などの**型**（type）をもち，同じ型に属するオブジェクトは同じ属性（属性値ではないことに注意）とメソッドをもつ．言語によっては，型のことを**クラス**（class）とも呼ぶ．オブジェクトの型は型階層を構成することができる．

オブジェクト指向DBMSは，このような性質をもつオブジェクトの永続的な集まりとしてデータベースを構成し，複数の応用目的での共用を図るためのシステムである．オブジェクト指向DBMSにおけるオブジェクトの記述および操作の規約は，**オブジェクト指向データモデル**や**オブジェクトモデル**などと呼ばれる．オブジェクト指向データモデルの定義は，リレーショナルデータモデルにおけるような明確な形で与えられているわけではない．しかし，オブジェクト指向DBMSが提供するデータモデルの主な特徴は，以下のようにまとめることができる．

（1）複合オブジェクト

複合オブジェクト（complex object）とは，リレーショナルデータモデルにおける単純値を成分とするタプルに対比して，より複雑な内部構造をもつオブジェクトのことである．複合オブジェクトの内部構造を定義するうえで用いられる構成子としては，タプル，集合，マルチ集合，リスト，配列などがある．オブジェクトの内部構造は，文字列，数などの単純値のみでなく，これらの構成子を自由に入れ子状に用いた**複合値**として与えることができる．例えば，前節の「多角形」オブジェクト $p1$ は，以下のような内部構造をもつオブジェクト $P1$ として表現することができる．

$$[P1 : (赤, メッシュ, <(丸, 0, 0), (丸, 0, 1), (星形, 1, 1)>)]$$

ここで，（ ）はタプルを，< >はリストを表す．また，$P1$ は次の（2）に

述べるオブジェクト識別子である．入れ子型リレーションは，データ構造表現にタプルと集合をペアで入れ子状に用いることで階層構造の表現を許したものであるが，データ構造的には複合オブジェクトはさらにそれを一般化したものといえる．

（2）オブジェクト識別性

オブジェクト識別性（object identity）とは，オブジェクトのもつ性質とは独立に各オブジェクトを識別する手段が提供されることである．通常，オブジェクト識別性を保証するため，各オブジェクトには**オブジェクト識別子**（object identifier）と呼ばれる識別子がオブジェクト指向DBMSにより自動的に割り当てられる．したがって，二つのオブジェクトが同一か否かはオブジェクト識別子により判定され，そのオブジェクトのもつデータ要素が同じか否かとは無関係である．これは，各タプルがその属性値のみで区別され，同一のリレーション中には全く同じ属性値をもつタプルが複数個は存在し得ないリレーショナルデータモデルとは対照的な点である．オブジェクト識別子は単純値や複合値と同様にオブジェクトのもつ属性値として用いることができる．これにより，あるオブジェクトが他のオブジェクトを直接参照することができる．したがって，上に述べた複合オブジェクトの構成においても，その構成要素を直接取り込むのでなく別のオブジェクトとし，オブジェクト識別子を用いて要素オブジェクトとして参照することが可能となる．また，このことにより複数の複合オブジェクトが同一の要素オブジェクトを共有する構造を構築することができる．

（1）では，「多角形」オブジェクトの内部構造を直接その要素を内部に取り込む形式で表現したが，「辺」オブジェクトや「点」オブジェクトを要素オブジェクトとして，以下のような形で表現することもできる．

[$P1$：(赤, メッシュ, $<E1, E2, E3>$)]

[$E1$：$<V1, V2>$]　[$E2$：$<V2, V3>$]　[$E3$：$<V3, V1>$]

[$V1$：(丸, 0, 0)]　[$V2$：(丸, 0, 1)]　[$V3$：(星形, 1, 1)]

この場合，「辺」オブジェクトや「点」オブジェクトの共有を表すことが容易にできる．この表現は表面的には図 12.1 の表現に近づいたものとなっているが，データベース設計者が認識する集約階層のレベルに応じてオブジェクトを

定義できる点，内部構造がタプルのみに限定されない点，リストなどの構成子を用いて要素オブジェクト間の順序を明示的に表現できる点，参照関係がオブジェクト識別子を通じて DBMS 側に完全に把握されている点など，多くの点で違いがある．

（3）カプセル化

カプセル化（encapsulation）とは，これまで述べてきたようにオブジェクトとして属性値と操作を一体化して管理するとともに，外部に公開する情報をそのオブジェクトのインタフェース部に集約し，外部からはインタフェース部に与えられた仕様に基づいてメッセージを送付しメソッドを起動することでオブジェクト操作を可能とすることである．カプセル化の概念は，オブジェクト指向プログラミング言語が登場する以前から知られている**抽象データ型**（abstract data type）の概念に起源する．前節で述べたように，リレーショナル DBMS はデータ操作の手段としてあらかじめ規定した基本操作のみを提供する．しかし，オブジェクト指向データモデルでは，カプセル化により各オブジェクトにそれぞれ固有の操作を定義することが可能である．

　例えば，「多角形」オブジェクトに対して面積を計算する操作を付随することができ，また面積の値に基づく条件検索を行うためにその操作を問合せ記述の中でも呼び出すことができる．また，（2）におけるように，複合オブジェクトとして定義された「多角形」オブジェクトを削除する際には，その要素オブジェクトの「辺」オブジェクトや「点」オブジェクトも，もしそれらが他のオブジェクトから共有されていないときには，併せて削除するように削除操作を特殊化することもできる．

（4）型／クラスと型／クラス階層

型／クラスとは，すでに述べたように，同じ属性とメソッドをもつオブジェクト群を抽象化したものである．ある型／クラスに基づくオブジェクトのことを，その型／クラスの**インスタンス**（instance）と呼ぶ．型とクラスは類似した概念であるが，オブジェクト指向データモデルの議論では，クラスは型の機能に加えてそのインスタンスとしてのオブジェクトの生成機能とインスタンスを束ねて管理する機能を併せもったものとして位置付けられることが多い．型／クラスの概念は，各オブジェクトの共通部分を抽象化したものであるが，型

／クラスどうしも共通部分をもつことが多い.

例えば,本項の冒頭で例に挙げた製造会社の製品の中には受注製品があるものとする.「製品」型／クラスのオブジェクトは,「製品コード」「製品名」「シリアル番号」「購入日」「製造工場」「ユーザ」などの属性とそれに付随する操作をもつが,「受注製品」型／クラスのオブジェクトも「製品」の一種であり同様の属性と操作をもつ.これらに加えて,「受注製品」に対しては,「発注者」などの属性や「注文」の操作などを考えることができる.このような関係はまさに汎化階層に相当し,型／クラス階層を用いて「製品」を上位型／クラス,「受注製品」を下位型／クラスとすることにより表現可能である.型／クラス階層においては,上位型／クラスから下位型／クラスに性質が継承される.直接の上位型／クラスの数が一つか複数かで,**単一継承**(single inheritance)と**多重継承**(multiple inheritance)を区別する.

すでに述べたように,継承される性質の中には上位の型／クラスで定義された操作も含まれるが,上位の型／クラスで定義された操作を実現するメソッドを下位の型／クラスの中で定義しなおすことも可能である.これを操作の**再定義**(overriding)という.

例えば,「受注製品」のさらに下位の型／クラスとして「特注製品」を考えることができる.もし,注文するための手続きが「特注製品」では「受注製品」に対するものと異なるのであれば,注文操作のメソッドを下位の「特注製品」で定義しなおす必要がある.この場合,注文操作は「受注製品」と「特注製品」に対して**多重定義**(overloading)されているという.またこのような状況では,ある「受注製品」オブジェクトに注文操作を呼び出すメッセージが来たとき,どちらのメソッドを実行するかは,対象が「特注製品」オブジェクトかそれ以外の「受注製品」オブジェクトかに応じて実行時にしか決定できないことがある.これを**遅延束縛**(late binding)という.

(5) 計算完備

計算完備(computational completeness)とは,オブジェクト指向 DBMS が提供するデータ操作のための言語体系の中で,通常のプログラミング言語で記述可能なデータ操作がすべて記述可能なことである.これは,リレーショナルデータモデルがリレーショナル完備というある種の制約付きデータ操作体系

のみを提供し，その範囲を越えたデータ処理は通常のプログラミング言語で記述することを前提としていたことに比べ，際立った特徴である．

（6）拡張可能性

拡張可能性（extensibility）は，ユーザが目的に応じて新たな型／クラスを定義可能であり，かつそれらがあらかじめシステムに与えられた型／クラスと区別なく使えるということである．したがって，これまでに例としてきた「多角形」「製品」「受注製品」「特注製品」などの型／クラスを定義可能で，かつシステム中で区別なく用いることができることが必要である．

12.2.2 オブジェクト指向データベースシステムの要件

1989年に6名の著名なデータベース研究者により提唱された**オブジェクト指向データベースシステム宣言**（The object-oriented database system manifesto）[Atk＊89. NisT90]は，オブジェクト指向DBMSが備えるべき基本要件を明示したものとして有名である．オブジェクト指向データベースシステム宣言は，それら要件を必須条件，付加条件，選択条件に分類している．必須条件は，あるシステムをオブジェクト指向データベースシステムと呼ぶためには，必ず備えていなければならない要件とされており，以下の13項目からなる．

① 複合オブジェクト

② オブジェクト識別性

③ カプセル化

④ 型／クラス

⑤ 型／クラス階層

⑥ 再定義・多重定義・遅延束縛

⑦ 計算完備

⑧ 拡張可能性

⑨ 永続性

⑩ 二次記憶管理

⑪ 同時実行制御

⑫ 障害回復

⑬ アドホックな問合せ機能

　これらのうち，①〜⑧はデータモデルに関わる必須要件であり，これらについてはすでに 12.2.1 項で説明を行った．永続性は，オブジェクトを二次記憶上などに恒久的に保持しなければならないということであり，これはデータベースシステムとしてはきわめて当然の機能であるが，さらにその永続性が型とは独立に与えられるべきことが要求される．二次記憶管理は，オブジェクトの物理的格納，索引管理，問合せ処理などを包含する．また，同時実行制御と障害回復は 10 章および 11 章で述べた機能に相当する．最後に，アドホックな問合せ機能は，データベースごとに問合せのパターンがあらかじめ固定されることなく，必要に応じて宣言的に問合せを構成できることである．以上を要約すると，オブジェクト指向 DBMS とは，①〜⑧を満たすオブジェクト指向データモデルをサポートし，かつリレーショナル DBMS がリレーショナルデータモデルを対象として提供している⑨〜⑬の機能を同様に提供するシステムととらえることができる．

　研究用プロトタイプを含め，これまでに数多くのオブジェクト指向 DBMS が開発された[Cat91, Cat94c]．初期のオブジェクト指向 DBMS 構築のアプローチは，大きく二つに分けることができる[Cat94c]．一方は，リレーショナル DBMS を拡張しオブジェクト指向データモデルにおける各種の概念を付加するというアプローチである．もう一方は，オブジェクト指向プログラミング言語との親和性を重視し，基本的にはオブジェクト指向プログラミング言語の枠組みの中で通常の一時オブジェクトと永続オブジェクトを一様に扱えるようにしたシステムを構築するというアプローチである．永続的データと一時データを一様に扱えるようなプログラミング言語は，**永続的プログラミング言語**（persistent programming language）と呼ばれる[AtkB87]．今日では，リレーショナルデータベース技術との整合性をより重視したアプローチがなされる傾向にある．標準的な SQL のサポートなどのリレーショナル DBMS としての基本機能と，オブジェクト指向 DBMS としての基本機能をも併せもつ DBMS は，**オブジェクト・リレーショナル DBMS** と呼ばれることもある[Kim95, StoM96]．12.4 節で概説するように，今日の SQL の中にはオブジェクト指向機能も導入されている．

12.3 ODMG オブジェクトデータベース標準

12.3.1 構成

オブジェクト指向 DBMS の開発，改良の動きと併せて，オブジェクト指向データベースシステムに関する標準化の活動も行われた．代表的なものとして，**ODMG**（The Object Database Management Group）によるオブジェクトデータベース標準 **ODMG-93** の提案がある．本節では，オブジェクト指向DBMS におけるデータ定義や操作の具体像を示すため，ODMG オブジェクトデータベース標準の概要を述べる．ODMG は主要オブジェクト指向 DBMS ベンダのメンバにより 1991 年に構成された団体で，1993 年に ODMG-93 の初版[Cat94a]がまとめられ，1994 年にはその改訂版の ODMG-93 Release1.1[Cat94b]，1995 年には ODMG-93 Release1.2[Cat96]，1997 年には **ODMG2.0**[Cat＊97]，2000 年には **ODMG3.0**[Cat＊00]が出されている．ここでの説明は，基本的にはODMG3.0 に基づく．ODMG3.0 では，オブジェクト指向 DBMS を指してODBMS と呼ぶので以下でもそれにしたがう．ODMG3.0 は以下の構成要素からなる．

A) オブジェクトモデル

ODBMS がサポートすべきデータモデル．

B) オブジェクト仕様言語（Object Specification Language）

ODBMS においてデータ定義を行うためのオブジェクト定義言語 **ODL**（Object Definition Language）と，ODBMS とファイルのデータ交換規約にあたるオブジェクト交換様式 **OIF**（Object Interchange Format）からなる．

C) オブジェクト問合せ言語 **OQL**（Object Query Language）

ODBMS においてデータ操作を行うための言語．

D) 言語バインディング

アプリケーションプログラム中でデータ定義やデータ操作を行うための各種規約．C++ バインディング，Smalltalk バインディング，Java バインディングがある．

以下では，オブジェクトモデル，オブジェクト定義言語ODL，オブジェクト

問合せ言語 OQL，C++ バインディングについてその概要を示す．

12.3.2 ODMG オブジェクトモデル

　以下では，ODMG3.0 におけるオブジェクトモデルを ODMG オブジェクトモデルと呼ぶ．ODMG オブジェクトモデルには，オブジェクト識別子をもつ**オブジェクト**（object）とオブジェクト識別子をもたない**リテラル**（literal）の 2 種類があり，いずれも型をもつ．型は**外部仕様**（external specification）とその実装からなる．外部仕様には型の振舞いと状態が含まれる[†1]．すなわち，外部仕様は外部に公開する属性や操作などを記述する．実装はその型のインスタンスの内部表現や操作を実行するための手続きを与える．型は型階層をなす．

　リテラルは単純には値そのものであり，以下で述べるようにオブジェクトの属性値などとして使用される．リテラルの型は以下のように分類される．

A）**原子リテラル**（atomic literal）型：string（文字列），long（長整数），short（短整数）などを下位の型としてもつ．

B）**コレクションリテラル**（collection literal）型：set（集合），bag（マルチ集合），list（リスト），array（配列），dictionary（辞書）を下位の型としてもつ．

C）**構造化リテラル**（structured literal）型：date（日付），interval（区間），time（時刻），timestamp（時刻印），ユーザ定義の構造化リテラル型を下位の型としてもつ．

　一方，オブジェクトはオブジェクト識別性を有する．オブジェクト型は，原子（atomic）型，コレクション（collection）型，構造（structured）型に分類される．原子型はユーザが必要に応じて定義することができる．型を定義するのがクラス定義である[†2]．原子型のクラスでは，**プロパティ**（property）と**オペレーション**（operation）を定義する．プロパティは，オブジェクトの性質や状態を表すもので，**属性**（attribute）と**関連**（relationship）に分けられる．

[†1] 正確には例外（exception）も含まれる．

[†2] オブジェクト指向プログラミング言語と同様のインタフェース定義もあるが，ここでは省略する．

属性は 12.2 節の議論における属性に対応し，リテラル以外に他のオブジェクトを参照するためのオブジェクト識別子をその値とすることができる．一方，関連は二つのオブジェクト型 T_1 と T_2 の間に定義され，T_1 型のオブジェクトと T_2 型のオブジェクトの間の相互参照を可能とする．いま，T_1 型のオブジェクト O_1 が更新され T_2 型のオブジェクト O_2 を参照するようになった場合，自動的に O_2 も O_1 を逆参照するような設定がなされることが保証される．関連は，1 対 1 関連，1 対 N 関連，N 対 M 関連に分類される．オペレーションは，12.2 節の議論における操作に対応する．リテラルの場合と同様に，コレクション型には，Set，Bag，List，Array，Dictionary があり，構造型には Date，Interval，Time，Timestamp がある．

　ある型のインスタンスオブジェクトの集合をその型の**外延**（extent）と呼ぶ．型ごとに外延の管理を行うか否かを選択することができ，行う場合には型のクラス定義の中でその外延名（extent name）を与える．外延中の各オブジェクトを一意に識別するのに用いることができる極小な属性または関連あるいはその組合せを**キー**（key）と呼ぶ．また，ユーザが各オブジェクトを識別するための**オブジェクト名**（object name）を与え，それをオブジェクトの読出しに用いることができる．オブジェクト識別子はシステムが自動的に与えるもので，システム内部でのオブジェクトの参照や管理に用いる．また，キーは型の外延中での一意的識別性を保証するものでありその型のもつ属性や関連に基づく．これに対して，オブジェクト名はユーザが自由に明示的に与えることができ，かつ型とは独立したものである．

12.3.3　ODL

　ODL は，プログラミング言語とは独立に型のクラス定義を与えるための言語である．ODL 記述により，基本的には ODBMS が管理するデータベースのスキーマが定義される．ここでは，12.2 節で例とした「製品」型や「受注製品」型に対応する Product 型や Order_Product 型を含む，**図 12.2** の製品データベースを用いて説明を行う．図 12.2 では各矩形が原子型のオブジェクト型を表す．各矩形は三つの部分に区切られ，上から属性，関連，オペレーションを表す．より正確には，2 番目の部分に記述されているのは，関連の該当オブ

ジェクト型に関する端点であり，**トラバーサルパス**（traversal path）と呼ば
れる．関連自身は図中の両端矢印付き実線に対応する．単一値を通常の矢印，
多値を二重の矢印で表すことで，1 対 N 関連と N 対 M 関連を区別している．
また，Order_Product 型は Product 型の下位の型である．

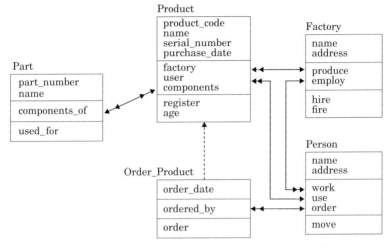

図 12.2　製品データベース

図 12.3 に ODL による Product 型と Order_Product 型のクラス定義の例を
示す．クラス定義はキーワード **class** で始まる．上位型がある場合には，クラ
ス名の直後に **extends** と記載したうえで上位クラス名を記述する．クラスの
外延を管理する場合は，キーワード **extent** を用いて外延名を与える．また，
キーを指定することもできる．その後ろにクラスのプロパティの定義が続く．
キーワード **attribute** で始まるのが属性の定義であり，**relationship** で始ま
るのがトラバーサルパスの定義である．Product 型オブジェクトは，トラバー
サルパス factory により Factory 型オブジェクトを参照可能である．一方，参
照先の Factory 型オブジェクトからはトラバーサルパス produce により参照元
の Product 型オブジェクトを逆に参照可能であることを，キーワード **inverse**
以下は示している．トラバーサルパス components における **set**<Part>は，
一つの Product 型オブジェクトから複数の Part 型オブジェクトからなる集合
を参照可能であることを示す．もし，これを **list**<Part>とした場合には，参

```
class Product
(extent Products
 key serial_number)
{
 attribute string product_code;
 attribute string name;
 attribute string serial_number;
 attribute date purchase_date;
 relationship Factory factory inverse Factory::produce;
 relationship Person user inverse Person::use;
 relationship set<Part> components inverse Part::component_of;
 void register(in Person new_user, in Date purchase_date);
 unsigned short age( );
};

class Order_Product extends Product
(extent Order_products)
{
 attribute date order_date;
 relationship Person ordered_by inverse Person::order;
 void order(in Person ordered_by);
};
```

図12.3 ODMG オブジェクトデータベース標準

照先の Part 型オブジェクトに順番を付けることができる．これら属性や関連のほか，Product 型には，Person 型オブジェクトと Date 型リテラルを引数としてとる regiser_user と引数のない age が，オペレーションとして定義されている．このようにしてインタフェースを定義された型の実現は，C++，Smalltalk，Java などの言語バインディングや Smalltalk 言語バインディングにおいて与えられる．

12.3.4　OQL

OQL は，ODL で記述されたスキーマをもつデータベースを対象として，宣言的に問合せを記述するための言語である．SQL と同様に，OQL を単独で用いることも，C++ などで記述されたプログラムの中に埋め込んで用いることもいずれも可能である．OQL の仕様は SQL における問合せ記述との互換性を配

慮したものとなっている．以下では，図12.2に示した製品データベースを対象としたいくつかのOQLによる問合せ記述例を用いて，その主な特徴を示す．

OQLでは，SQLと同様にselect–from–whereの構文で基本的な問合せを書くことができる．その際，属性値のみでなくオペレーションの呼出しを用いることができる．

例

Q1　購入後12ヶ月以内の製品の製品名の一覧

```
select    p.name
from      Products p
where     p.age<=12                          ■
```

Q1のProductsは，Product型の外延を表す．この例では，where句にオペレーション呼出しを記述したが，selectの後に書くこともできる．呼び出されるオペレーションageは購入日からの経過月数を計算して返すだけなので，対象オブジェクトのプロパティは変化しない．しかし，副作用のあるオペレーションを呼び出した場合は，実際にはデータベースの更新が起こり得ることに注意する必要がある．Q1の問合せ結果の型はbag<string>（文字列を要素とするマルチ集合）である．selectの直後にdistinctを指定した場合は問合せ結果の型はset<string>（文字列を要素とする集合）となる．実際には重複した値がない場合でも，distinctの指定がないときはbag型として扱われる．

Q2は，関連を用いて他のオブジェクトを参照し，その属性値を用いる問合せ例である．

例

Q2　DB工場で製造された製品名の集合

```
select    distinct p.name
from      Products p
where     p.factory.name="DB"                ■
```

Q2のwhere句におけるように，トラバーサルパス名や属性名を連結した式は，**パス式**（path expression）と呼ばれる．Q2の問合せ結果の型は上に述べ

たように set＜string＞となる．Q2 は次の Q2′ や Q2″ のように書くこともできる．

例

Q2′
```
select   distinct p.name
from     Factories f,
         f.produce p
where    f.name="DB"
```
Q2″
```
select   distinct p.name
from     Factories f,
         Products p
where    f.name="DB" and p in f.produce
```

■

複数の列をもつ SQL の表に相当する問合せ結果は，次のように select の後に struct を用いて構造化リテラル型を指定することにより得ることができる．

例

Q3 自分が働いている工場で製造した製品を使っている人の名前と製品名のペアの集合
```
select   distinct struct(e_name:e.name,p_name:p1.name)
from     Persons e,
         e.use p1,
         e.work.produce p2
where    p1=p2
```

■

Q3 の where 句では，リテラルどうしではなくオブジェクトどうしの比較を行っている点に注意する必要がある．Q3 の問合せ結果の型は，set＜struct(e_name：string, p_name：string)＞となる．OQL における問合せ結果は，このように ODMG データモデルがサポートする何らかのデータ型をもつ．このことにより，select–from–where を入れ子状に用いてさらに複雑な型をもつ問合せ結果を生成することができる．

例

Q4 ユーザごとに，ユーザ名と購入後 12 ヶ月以内の製品の製品番号の一覧．

```
select   struct(u_name:u.name,
                p_numbers:
                (select   distinct p.serial_number
                 from     u.use p
                 where    p.age<=12))
from     Persons u
where    exists(u.use)                              ■
```

---

exists は，コレクションが要素を含むか否かを判定する述語である．Q4 の問合せ結果の型は，bag＜struct(u_name:string, p_numbers:set＜string＞)＞となる．

これまでの例での問合せ結果はすべてリテラルのみからなっていたが，オブジェクトを返すことも可能である．

例

Q5 購入後 36 ヶ月以上経つ受注製品のユーザの集合

```
select   distinct u
from     Persons u,
         Order_products o
where    o.user=u and o.age>=36                     ■
```

Q5 の問合せ結果の型は，set＜Person＞となる．また，問合せの結果として動的にあるオブジェクトを生成することも可能である．

上記のほか，SQL と同様，group by，having などの指定，count，sum などの集約演算，union，except などの集合演算なども用いることができるが，詳しい説明は省略する．

12.3.5　C++バインディング

　C++バインディングは，言語バインディングの一つであり，C++の枠組みとODMGデータモデルの枠組みを融合し，C++の世界からODBMSが管理する永続オブジェクトを扱える環境を実現するものである．またその際，通常のC++の一時オブジェクトと永続オブジェクトを一様に取り扱えることも重要な達成目標とされている．C++バインディングの主要な構成要素としては，C++ODL，C++OML，C++OQLがある．

　C++ODLは，ODLと同様に型のクラス定義を与えるものである．ODLが言語独立であるのに対し，C++ODLは，C++の型定義の構文規則に準拠して型定義を行えるようにしたものである．C++バインディングでは，ODMGデータモデルにおけるオブジェクト型はC++のクラスに対応する．また，属性はC++のデータメンバに，オペレーションはメンバ関数に対応する．

　図12.4にC++ODLによるProductクラスの定義を示す．これは，図12.3のProduct型に対応する．ODMGデータモデルにおける型や操作に対応して，C++バインディングではいくつかのC++の型やクラスがライブラリとしてあらかじめサポートされる．これらの型やクラスには，d_で始まる名称が与えられている．C++ODLにおける記述では，そのインスタンスを永続化可能なクラスはd_Objectクラスのサブクラスとして定義される．データメンバの型としては，通常のC++の型を直接用いることもできるが，実行環境などの違いを吸収するための型が提供される．d_String，d_Date，d_UShortは，いずれもそのような型である．

　C++バインディングでは，永続オブジェクトへの参照はd_Refというクラスを通して行われる．例えば，Productクラスの永続オブジェクトへの参照を表すには，d_Ref<Product>クラスのインスタンスを用いる．これは，通常のProductクラスのオブジェクトへのポインタのように働き，例えば，d_Ref<Product>型の変数xに対して，x->nameは参照先のProductオブジェクトのデータメンバnameを読み出すように機能する．この場合，通常のポインタと異なるのは，参照先のオブジェクトが永続オブジェクトであり，参照をたどる（dereferenceする）時点ではまだ主記憶上に読み出されていない可能性が一般にはあることである．このような場合は，ODBMSは何らかの手段でそのこと

を検出し，参照先の永続オブジェクトを主記憶上に読み出すことをしなければ
ならない．このような処理を d_Ref は隠蔽し，永続オブジェクトに対する透過
的な操作を可能とする．このような機能を指して，**スマートポインタ**（smart
pointer）と呼ぶことがある．

C++ ODL では，関連のトラバーサルパスを表現するのに，ここで述べた d_
Ref にさらに相互参照の整合性を維持する機能を追加した，d_Rel_Ref や d_
Rel_Set というクラスを提供する．d_Rel_Ref<*T*, *M*> と d_Rel_Set<*T*, *M*> は，
それぞれ d_Ref<*T*> と d_Set<d_Ref<*T*>> と同じように振る舞う．なお，*M* に
は ODL においてキーワード **inverse** で指定する逆参照の情報を表すための文
字列を格納した変数を与えるが，その詳細は省略する．C++ ODL の記述はプ
リプロセッサによって前処理され，C++ プログラム用のヘッダファイルが生成
される．これは，アプリケーションプログラムにインクルードされて使われる．

```
class Product:public d_Object {
public:
//Properties
  d_String product_code;
  d_String name;
  d_String serial_number;
  d_Date purchase_date;
  d_Rel_Ref<Factory,_product> factory;
  d_Rel_Ref<Person,_use> user;
  d_Rel_Set<Part,_component_of> components;
//Operations
  Product(const char*, const*, const char*);
  void register(const d_Ref<Person>&,d_Date);
  d_UShort age( );
};
```

図 12.4 C++ ODL によるクラス定義例

C++ アプリケーションプログラムから使用可能なデータベースを定義する
ためには，さらにこのように定義した各クラスのメンバ関数の定義を与える必
要がある．これは通常の C++ におけるメンバ関数の定義と同様に行う．メンバ
関数中では，通常の一時オブジェクトの操作に加えて，永続オブジェクトの生
成，削除，参照，検索などの操作を行うことができる．ODMG3.0 では，これ

ら永続オブジェクトの操作を行うための記述規則を指して，C++ OML
（Object Manipulation Language）と呼ぶ．上に述べた d_Ref<Product> 型の
変数 x に対する x->name は C++ OML 記述の一例である．

　C++ OML は，アプリケーションプログラムの記述においても用いられる．
例えば，"myproduct_1" というオブジェクト名をもつデータベース中の永続
オブジェクトを読み出し，それが製造された工場名を標準出力に出力するアプ
リケーションプログラムのコードの一部を**図 12.5** に示す．d_Database はデー
タベースを表すためのクラスであり，メンバ関数 lookup_object を用いること
で指定したオブジェクト名をもつ永続オブジェクトを読み出すことができる．
次の product->factory では，読み出した Product クラスの永続オブジェクトの
参照をたどり，参照先の Factory クラスの永続オブジェクトを読み出す．さら
に，そのデータメンバ name の値を標準出力に出力している．

　アプリケーションプログラム記述の中では，12.3.4 項に述べた OQL による
問合せ記述を組み合わせて用いることもできる．これを C++ OQL と呼ぶ．
C++ OQL では，OQL の問合せ記述を与え，その問合せ結果を C++ の世界に
取り込むための仕組みが提供される．

```
d_Database* database;
d_Ref<Product> product;
d_Ref<Factory> factory;
     ⋮   ⋮
product = database->lookup_object("myproduct_1");
factory = product->factory;
cout << factory->name <<endl;
     ⋮   ⋮
```

図 12.5　C++ アプリケーションプログラムコードの一部

12.4　SQL におけるオブジェクト指向機能

　SQL においても，SQL：1999[Yam*04][GulP99]においてオブジェクト指向機能が
導入された．本節においては，その主要な機能や関連する SQL の拡張機能の
いくつかを紹介する．

12.4.1　利用者定義型

　SQL におけるデータ型は，従来，SQL が提供する既定義のデータ型のみが利用可能とされてきたが，利用者がその目的に応じて新たな**利用者定義型**（user-defined type）を定義して利用することが可能となった．利用者定義型は，**個別型**（distinct type）と**構造型**（structured type）に大きく分類される．いずれの場合も，利用者定義型にはその型固有の**メソッド**を定義し，問合せ中などで用いることができる．

　個別型は，既定義のデータ型に基づくデータ表現を用いつつ，固有のメソッドを追加したものである．例えば，「氏名」を文字列として表現する際,「名字」の後ろにスペース文字を挟んで「名前」を記載することとする．このとき,「名字」の部分だけを参照したい場合は,「氏名」の文字列のスペース文字より前の部分文字列を取る操作を記述すれば可能であるが,「氏名」の「名字」だけを取り出すメソッドが定義できれば，そのほうが操作の意味や記述が容易である．　個別型の利用例の一例としてはこのような場合がある．　個別型は，CREATE TYPE 文で定義される．個別型「氏名」は以下のように定義できる[†]．

```
CREATE TYPE 氏名
    AS VARCHAR(64)
    FINAL
    METHOD 名字()
      RETURNS VARCHAR(64)
    METHOD 名前()
      RETURNS VARCHAR(64)
```

　また，以下はメソッド「名字」の定義であり，メソッド内では SQL において文字列操作のため提供されている SUBSTRING が呼び出されている．

```
CREATE METHOD 名字() FOR 氏名
    RETURN SUBSTRING(SELF,1,POSITION(' ' IN SELF)-1)
```

　構造型は，複数の属性を組み合わせた構造を用いて，新たな利用者定義型を定義する.「製品コード」「名称」「シリアル番号」「購入日」「工場」「利用者」

[†]　VARCHAR(64)は最大文字長 64 の可変長文字列型を表す．

からなる構造型「製品」の定義は，以下のようになる．

```
CREATE TYPE 製品
    AS (製品コード CHAR(8), 名称 VARCHAR(32),
         シリアル番号 CHAR(12), 購入日 DATE,
         工場 CHAR(4), 利用者 CHAR(8))
    NOT FINAL
    CONSTRUCTOR METHOD
       製品(Product_code CHAR(8),Name VARCHAR(32),
            Serial_number CHAR(12),Factory CHAR(4))
       RETURNS 製品
       SELF AS RESULT
    METHOD 利用登録(New_user CHAR(8),Purchase_date DATE)
       RETURNS INT
    METHOD 利用月数() RETURNS INT
```

構造型を定義した際には，以下のメソッドが自動的に暗黙的に定義される．

A）**既定の構成メソッド**（constructor method）

引数は持たず，各属性をデフォルト値あるいは空値で初期化した構造型のインスタンスを生成する構造型名と同一名のメソッド．上記の例では，「製品()」という構成メソッドが自動的に定義される．

B）**観測メソッド**（observer method）

当該インスタンスの各属性値を読み出すメソッド．例えば，「製品コード()」（返り値の型は CHAR(8)）が自動的に定義され，「製品コード」の属性値を読出すことができる．

C）**変異メソッド**（mutator method）

当該インスタンスの各属性値を変更するメソッド．例えば，「製品コード（CHAR(8))」が自動的に定義され，製品コードの属性値を変更することができる．

上記の例では，これらの暗黙的に定義されるメソッドに加えて，引数をとる構成メソッドと，「利用登録」「利用月数」というメソッドを指定している．この構成メソッドの定義は，以下のように与えることができる．

```
CREATE METHOD
  製品(Product_code CHAR(8),Name VARCHAR(32),
      Serial_number CHAR(12),Factory CHAR(4))
  FOR 製品
  BEGIN
    SET SELF.製品コード=Product_code;
    SET SELF.名称=Name;
    SET SELF.シリアル番号=Serial_number;
    SET SELF.工場=Factory;
    RETURN SELF;
  END
```

　この構成メソッドを用いることで，引数として与えた属性値で初期化した新たな「製品」型のインスタンスを生成することが可能となる．上記の BEGIN，END で囲まれた記述は SQL において手続きを記述したもので，SQL/PSM という規格[JIS19]に基づく．メソッド本体の定義には，SQL 以外のホスト言語で記述された外部ルーチンを用いることも可能である．

　構造型の定義においては，下位の構造型を定義して型階層を定義することが可能である．「製品」の下位型として「受注製品」を定義する例を以下に示す．

```
CREATE TYPE 受注製品 UNDER 製品
  AS (注文日 DATE, 発注者 CHAR(8))
  NOT FINAL
  METHOD 注文(Order_date DATE, Ordered_by CHAR(8))
    RETURNS INT
```

「受注製品」は，「製品」に定義された属性やメソッドを継承するとともに，独自に，属性「注文日」「発注者」やメソッド「注文」をもつ．また，上位型に定義されたメソッドを**再定義**（overriding）することも可能である．

　上記のように定義した利用者定義型を，既定義のデータ型と同様に CREATE TABLE 文などで用いることができる．以下は，上記で定義した「製品」型を用いた実表の定義である．

```
CREATE TABLE 製品修理
    (受付番号 INT NOT NULL,
     日付     DATE,
     対象製品 製品,
     依頼者   CHAR(8),
     PRIMARY KEY(受付番号))
```

「製品修理」表の「対象製品」の値は「製品」型になっている点に注意して欲しい.「製品修理」表への行の挿入は以下のように行うことができる[†].

```
INSERT INTO 製品修理
VALUES(1, DATE'2019-08-01',
       NEW 製品('16200001','CL007','16200001-121',
               '3350'),
       '89893144' )
```

ここでは,「製品」のインスタンスの生成に構成メソッドを用いている点に注意する必要がある.「受注製品」は「製品」の下位型であるので, 対象製品の値として以下のように「受注製品」のインスタンスを与えることも可能である.

```
INSERT INTO 製品修理
VALUES(2, DATE'2019-08-03',
       NEW 受注製品('16201200','DB1000X',
                   '16201200-003','4750'),
       '89893144')
```

「製品修理」表の「対象製品」の値は「製品」型であるので, そのメソッドを用いた以下のような問合せが可能である. ただし,「LIKE '%DB%'」は "DB" を含む文字列を探すための条件式である.

例

Q6 受付番号 10 の修正対象製品の製品コード.

```
SELECT 対象製品.製品コード()
FROM   製品修理
```

[†] 「DATE'2019-08-01'」は DATE 型の定数を表す記法である.

```
            WHERE    受付番号=10
```
Q7　名称に "DB" を含む修理の受付番号と日付の一覧.
```
        SELECT   受付番号，日付
        FROM     製品修理
        WHERE    対象製品.名称() LIKE '%DB%'                      ■
```

12.4.2　型付表と参照型

　構造型のインスタンスは，その型に対応した属性値からなる．各属性値を表の列と見なすと，構造型のインスタンスは表の行に対応し，同一の構造型の複数のインスタンスに対応する行を集めたものが表であると考えることができる．この考え方に基づいて，ある型のインスタンスを格納する表を定義することができ，これを**型付表**（typed table）と呼ぶ．型付表は通常の表としての性質と，メソッドを有する構造型インスタンスの集まりとしての性質の両者を併せもつ．

　以下は，「製品」型に基づく型付表「製品表」の定義である．
```
    CREATE TABLE 製品表 OF 製品
        (REF IS PSRC SYSTEM GENERATED)
```
　「REF IS …」は**自己参照列**（self-referencing column）に関する記述である．型付表中の各行には，インスタンスを識別するためのオブジェクト識別子に相当する値（参照型（reference type）の値と呼ぶ）が追加される．自己参照列は，その値を格納するために追加される特殊な列である．ここでは，自己参照列の名前は「PSRC」とし，その値はシステムが自動生成することを指定している（SYSTEM GENERATED）．システムによる自動生成以外に，自己参照列の値を，利用者が与えること（USER GENERATED）や，その行の他の列の値から導出すること（DERIVED）も可能である．

　「製品表」の行は，自己参照列と，通常の列である「製品コード」「名称」「シリアル番号」「購入日」「工場」「利用者」からなる行としての性質と，「製品」型インスタンスとしての性質の両者をもつ．したがって，「製品」型のメソッドを使った以下の例のような問合せが可能である．

例

Q8 購入後 36 ヶ月以上経つ製品の製品コード, 名称, シリアル番号の一覧.

```
SELECT  製品コード,名称,シリアル番号
FROM    製品表
WHERE   利用月数()>=36                              ■
```

型付表への挿入は, 以下のように行うことができる.

```
INSERT INTO 製品表(製品コード,名称,シリアル番号,工場)
VALUES('16200001','CL007','16200001-121','3350')
```

構造型の間に型階層を定義することができたが, その型階層に従って, 型付表の間に**上位表**と**下位表**の階層関係を定義することができる. 上記の例では,「製品」の下位型として「受注製品」を定義した. したがって, 以下のように「製品表」の下位表として「受注製品表」を定義することができる.

```
CREATE TABLE 受注製品表 OF 受注製品 UNDER 製品表
```

下位表は, 自己参照列を含めて上位表の列を継承する. したがって, 下位表の定義においては自己参照列を定義する必要はない. 下位表の行に対しては, それに対応する上位表の行が自動的に存在するように管理がされる点に注意が必要である. 例えば, 以下は「受注製品表」への挿入であるが, **図 12.6** に示すように対応する行が「製品表」に挿入される.

```
INSERT INTO 受注製品表(製品コード,名称,シリアル番号,工場)
VALUES('16201200','DB1000X','16201200-003','4750')
```

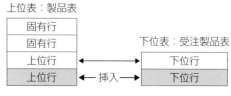

図 12.6 型付表への行挿入

自己参照列「PSRC」の値は, システムにより自動的に計算される. また,「PSRC」以外の列の値の更新は以下のように行うことが可能であるが, この場

合も，上位表である「製品表」の対応する行の値も併せて自動的に更新される点に注意が必要である．

```
UPDATE  受注製品表
SET     利用者='31003462'
WHERE   シリアル番号='16201200-003'
```

「製品表」を対象とした問合せの場合は，「受注製品表」に対応する行がある行も問合せ対象に含まれる．もし，「受注製品」を除いた「製品」のみを問合せ対象としたい場合は，下記の例のように ONLY を指定する必要がある．

例

Q9　名称に "DB" を含む（受注製品を含めた）製品の製品コードの一覧．

```
SELECT  製品コード
FROM    製品表
WHERE   名称 LIKE '%DB%'
```

Q10　名称に "DB" を含む（受注製品を除く）製品の製品コードの一覧．

```
SELECT  製品コード
FROM    ONLY(製品表)
WHERE   名称 LIKE '%DB%'
```

■

表中のある行を参照する際には，これまで主キー値が主に用いられてきたが，型付表の行を参照する際は，自己参照列の値を用いることができる．上記の例における「製品修理」においては，「対象製品」に「製品」型のインスタンスを格納することで対象製品を表現していた．もし，型付表「製品表」がある場合には，「製品修理」において対象製品を表すのに，「製品表」の行がもつ自己参照列の値を用いることができる．以下はそのような形で別に定義した「製品修正」表である．

```
CREATE TABLE 製品修理
    (受付番号  INT NOT NULL,
    日付      DATE,
    対象製品  REF(製品) SCOPE 製品表,
    依頼者    CHAR(8),
```

```
PRIMARY KEY(受付番号))
```

　ここでは,「対象製品」は,「製品」型インスタンスを指す**参照値**をとること
を指定している. また,「SCOPE」により, その参照値は「製品表」中のイン
スタンスの自己参照値であることを示している. このようにして, **図12.7**に示
すような参照値を用いたインスタンス参照が可能である. しかし, この例にお
いては,「製品表」の自己参照列「PSRC」の値はシステムによって自動生成さ
れるので, 利用者が「製品修理」の対象製品に入るべき参照値を直接指定する
ことは難しい. 一般には, 以下に示すような形で該当する参照値を検索して用
いることが行われる.

```
INSERT INTO 製品修理
VALUES (100,DATE'2019-10-16',
       (SELECT PSRC FROM 製品表
        WHERE シリアル番号='16200001-121'),
       '89893144')
```

製品修理

受付番号	日付	対象製品	依頼者
⋮	⋮	⋮	⋮
100	2019-10-16	参照値1	89893144
⋮	⋮	⋮	⋮

製品表

PSRC	製品コード	名称	シリアル番号	購入日	工場	利用者
⋮	⋮	⋮	⋮	⋮	⋮	⋮
参照値1	16200001	CL007	16200001-121	2018-01-01	3350	89893144
⋮	⋮	⋮	⋮	⋮	⋮	⋮
⋮	⋮	⋮	⋮	⋮	⋮	⋮

図 12.7　参照値を用いたインスタンス参照

12.4.3 その他の関連する機能

構造型の値をもつ表は，データ構造的には，表中の行の内部に行を入れ子にした構造をもつと解釈することもできる．SQLでは，これ以外にも第一正規形の制約にとらわれないデータ構造を定義するための仕組みを導入している．

その一つとしてSQL：1999で導入された**行型**（row type）がある．これは，表の列自体が内部に行構造をもつことを許すものである．以下は行型を用いた表定義の例であり，**図12.8**に示すような構造の表を定義する†．

```
CREATE TABLE 職員
    (職員番号 CHAR(10) PRIMARY KEY,
     氏名    ROW(ファーストネーム VARCHAR(16),
              ミドルネーム      VARCHAR(16),
              ラストネーム      VARCHAR(16)))
```

職員

職員番号	氏名		
	ファーストネーム	ミドルネーム	ラストネーム
⋮ abc1234567 ⋮ ⋮	⋮ James ⋮ ⋮	⋮ Lawrence ⋮ ⋮	⋮ Yamada ⋮ ⋮

図12.8 行型を用いた表

また，インスタンスごとに個数が異なる複数個のデータ要素の集まりとしての**集まり型**（collection type）も導入されている．SQL：1999では，その一つとして**配列型**（array type）が導入された．以下は配列型を用いた表定義の例であり，**図12.9**に示すような構造の表を定義する．

---

† 「職員番号」が主キーであることを以下のように表すことも可能である．

職員

職員番号	氏名	扶養家族
abc1234567	James Yamada	Hanako
		Toshio
		Hiroko
abc1234568	Brian Tyler	Michael
		Ada
⋮	⋮	⋮

図 12.9 配列型を用いた表

```
CREATE TABLE 職員
    (職員番号 CHAR(10) PRIMARY KEY,
    氏名      VARCHAR(32),
    扶養家族 VARCHAR(32) ARRAY[8])
```

この例では，「扶養家族」が可変長文字列型の値を要素とする配列として定義されている．配列の要素数 8 は最大の要素数であり，「扶養家族[1]」などのように添え字を用いて指定する．また配列の各要素を表の行として展開して平坦化する操作なども定義されている．さらに，SQL：2003[TsuK04][EisM04]においては，別の集まり型として，**マルチ集合型**（multiset type）も導入された．配列では要素が添え字により順序付けられているのに対して，マルチ集合型では要素の順序はなく，また最大要素数をあらかじめ指定する必要もない．この例では，要素は可変長文字列型であるが，他のデータ型や集まり型を要素として指定することも許されており，これにより複合オブジェクトや非正規リレーションに相当する表構造を定義することも可能である．

12.4.2 項において，型付表の自己参照列の値はシステムにより自動的に生成され，行を識別することが可能であることを述べた．SQL：2003 では，型付表以外の表においても，ある列を**識別列**（identity column）として指定し，そ

の列値によって各行を識別可能な値をシステムに自動生成させる機能が導入されている.

演 習 問 題

12.1 リレーショナル DBMS の弱点として指摘される点を述べよ. また, 逆にそれらがもたらすデータ管理, 操作上のメリットはないか考察せよ.

12.2 オブジェクト指向データモデルの特徴を述べよ.

12.3 図 12.2 の製品データベースに対する以下の問合せを OQL で記せ.

 ① 購入後 12 ヶ月以内の product_code が 100 の製品の購入日の集合

 ② 購入後 12 ヶ月以内の product_code が 100 の製品を製造した工場名の集合

 ③ DB 工場で製造された受注製品に使われている全部品の部品番号と部品名のペアの集合

 ④ 自分が働いている工場で製造した製品を使っている人がいる工場の工場名と使用者名のペアの集合

12.4 12.4.1 項に示した「製品」型の値を「対象製品」列にもつ「製品修理」表に対する以下の問合せを SQL で記せ.

 ① 名称に "DB" を含む製品の修理の受付番号, 日付, 製品コードの一覧

 ② 製品の利用者とその製品の修理依頼者が異なる修理の受付番号, 日付, 製品コードの一覧

 ③ 現在購入後 12 ヶ月以内の製品の修理の受付番号, 日付, 製品コードの一覧

 ④ 受付番号 100 の修理と同じ製品コードの製品の修理の受付番号, 日付の一覧

演習問題の解答

第1章

1.1 1.2節の最初の部分を参照.

1.2 1.2節 (1)〜(6) を参照.

1.3 解答例:ANSI/SPARCモデルは,データベースを外部レベル,概念レベル,内部レベルの3階層でとらえるモデルである.それぞれのレベルでデータベースの構造を表現したものが,外部スキーマ,概念スキーマ,内部スキーマである.概念スキーマは,データベース全体の構造を物理的な構造とは独立に論理的な構造として表現する.外部スキーマは,個々のアプリケーションごとのデータベースに対する見方を提供する.内部スキーマは,データベース全体を二次記憶装置上でどのような形式で格納するかを表現する.各レベルでは,それぞれのレベルでのデータ表現に対応したデータ操作を考える.

ANSI/SPARCモデルのデータベース管理上の利点として,データ独立性がある.概念レベルと外部レベルを分離することによるデータ独立性は論理的データ独立性と呼ばれ,概念スキーマの変更が外部スキーマへ与える影響を抑えることができる.内部レベルと概念レベルを分離することによるデータ独立性は物理的データ独立性と呼ばれ,内部スキーマの変更が概念スキーマへ与える影響を抑えることができる.

1.4 解答例:利点としては,データに共通の構造や性質をスキーマとして記述し,それに基づいたデータ管理を行うことで,スキーマを理解していれば大量のデータを統一的に扱うことが可能となり,データの理解や操作が容易になる.

同じ構造や性質をもつデータが大量にあるような場合はスキーマの定義は比較的容易である.逆に,データが個々に異なる固有の構造や性質を有する場合には,それらに共通するスキーマを定義することが難しい.

1.5 解答例:
- データ定義言語:スキーマの定義や変更を記述するための言語
- データ操作言語:データ(インスタンス)の検索,更新操作などを記述するための言語
- データ制御言語:機密保護指定やトランザクションの制御など,上記の二つの言語で対応できないDBMSへの指示を記述するための言語
- データベース言語:データ定義言語,データ操作言語,データ制御言語の機能を統合した言語
- 問合せ言語:データ(インスタンス)の検索操作を記述するための言語

1.6 1.4節の最初の部分を参照.

第 2 章

2.1 解答例：
① データ構造を記述するうえでの規約
② どのような検索，更新などの操作が可能かというデータ操作の体系
③ データベースが正しく実世界の情報を表すうえで，満たさなくてはならない種々の整合性制約を表現するうえでの枠組み

2.2 解答例：
① DBMS がアプリケーションやユーザに提供するデータベース利用のためのインタフェースとしての役割
② データベース化する対象の実世界データをモデル化する際のツールとしての役割

2.3 2.2.1 項を参照．

2.4 2.2.2 項を参照．

2.5 2.2.3 項を参照．

2.6 解答例：以下の段階を経るのが一般的である．
① 概念設計：データベース化の対象となる実世界を分析し，データベース中に構築されるべきミニ世界がどのようなものか（どのようなデータやデータ間の関係を管理すべきか）を概念モデルとして記述する．
② 論理設計：概念モデルから DBMS が提供するデータモデルによる論理モデルへの変換を行い，概念スキーマを導出する．
③ 概念スキーマに基づき，内部スキーマ，外部スキーマなどを決定する．

2.7 解答例：

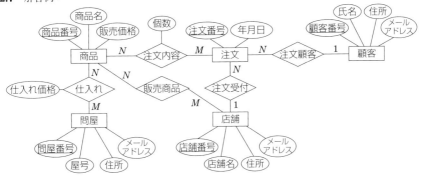

2.8 解答例：IDEF1X による記述例を示す.

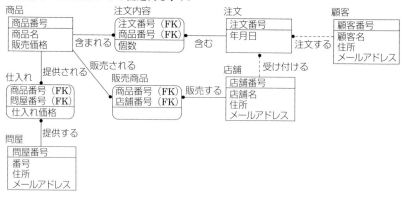

2.9 省略.

第3章

3.1 3.1 節を参照.

3.2 解答例：すべての属性のドメインがモデリング上は分解不可能な単純値のみの集合であるリレーション. 第一正規形制約を満たすリレーションを表形式で記述した場合は，入れ子構造などのないフラットな表となる.

3.3 解答例：存在する. 全属性の組合せが候補キーとなるようなリレーションは条件を満たす. 具体例としては，「学生(学籍番号)」「名簿(名字, 名前)」など.

3.4 解答例：

外部キー	参照先
従業員.部門番号	部門.部門番号
供給.部門番号	部門.部門番号
供給.部品番号	部品.部品番号
供給.業者番号	業者.業者番号

3.5 解答例：

① $\pi_{氏名, 住所}(\sigma_{部門番号 = '1'}(従業員))$

② $\pi_{部門名}(部門 \bowtie (\sigma_{氏名 = '山田一郎'}(従業員)))$

③ $\pi_{部門番号, 部門名}(部門 \bowtie (\sigma_{職級 < = 2}(従業員)))$

④ $\pi_{業者番号}((\sigma_{部品番号 = '5'}(供給)) \bowtie_{単価 < 条件値}(\delta_{単価 \leftarrow 条件値}(\pi_{単価}(\sigma_{業者番号 = '3' \wedge 部門番号 = '7' \wedge 部品番号 = '5'}(供給)))))$

⑤ $\pi_{部門番号, 部品番号}(供給) \div \pi_{部品番号}(部品)$

⑥ $部門 - \pi_{部門番号, 部門名}(部門 \bowtie \sigma_{職級 < 3}(従業員))$

第4章

4.1 4.2 節を参照.

4.2 解答例：
```
CREATE TABLE 学生
  (学籍番号  CHAR(5) NOT NULL,
   氏名      NCHAR(16) NOT NULL,
   専攻      NCHAR(16),
   住所      NCHAR(32),
   PRIMARY KEY(学籍番号))
CREATE TABLE 実習課題
  (科目番号  CHAR(3) NOT NULL,
   課題番号  CHAR(2) NOT NULL,
   課題名    NCHAR(16),
   PRIMARY KEY(科目番号, 課題番号),
   FOREIGN KEY(科目番号)
       REFERENCES 科目(科目番号))
```

4.3 解答例：
① SELECT 氏名, 住所
  FROM 従業員
  WHERE 部門番号='1'
② SELECT 部門名
  FROM 部門,従業員
  WHERE 部門.部門番号=従業員.部門番号 AND 氏名=N'山田一郎'
③ SELECT 部門.*
  FROM 部門, 従業員
  WHERE 部門.部門番号=従業員.部門番号 AND 職級<=2
④ SELECT x.業者番号
  FROM 供給 AS x, 供給 AS y
  WHERE x.部品番号='5' AND y.業者番号='3' AND y.部門番号='7'
      AND y.部品番号='5' AND x.単価<y.単価
⑤ SELECT 部門番号
  FROM 供給
  WHERE 業者番号='3'
  UNION
  SELECT 部門番号
  FROM 従業員
  WHERE 職級>=3
⑥ SELECT *
  FROM 部門
  EXCEPT
  SELECT 部門.*
  FROM 部門, 従業員
  WHERE 部門.部門番号=従業員.部門番号 AND 職級<3

4.4 解答例：

① SELECT COUNT(*)
   FROM 従業員
   WHERE 部門番号='1'

② SELECT 部門番号, COUNT(*)
   FROM 従業員
   GROUP BY 部門番号

③ SELECT 部品番号, MIN(単価), MAX(単価), AVG(単価)
   FROM 供給
   GROUP BY 部品番号

④ SELECT 部品.部品番号, 部品名, MIN(単価), MAX(単価)
   FROM 部品, 供給
   WHERE 部品.部品番号=供給.部品番号
   GROUP BY 部品.部品番号, 部品名
   HAVING MAX(単価)-MIN(単価)>=100

⑤ SELECT 部品番号, MIN(単価), MAX(単価), AVG(単価)
   FROM 供給
   WHERE 部門番号='1'
   GROUP BY 部品番号

⑥ SELECT 部品番号, MIN(単価), MAX(単価), AVG(単価)
   FROM 供給
   WHERE 部門番号='1'
   GROUP BY 部品番号
   HAVING COUNT(*)>1

4.5 解答例：

（1）和 $R \cup S$
   SELECT *
   FROM R
   UNION
   SELECT *
   FROM S

（2）差 $R - S$
   SELECT *
   FROM R
   EXCEPT
   SELECT *
   FROM S

（3）直積 $R \times S$
   SELECT *
   FROM R, S

（4）射影 $\pi_{A_1', \cdots, A_m'}(R)$
   SELECT A$_1$', ..., A$_m$'

```
   FROM R
```
(5) 選択 $\sigma_F(R)$
```
   SELECT *
   FROM R
   WHERE F'
```
ただし，F' は F に対応する SQL の式である．

第5章

5.1 解答例：

① SELECT 部門名
```
   FROM    部門 NATURAL JOIN 従業員
   WHERE   氏名=N'山田一郎'
```
② SELECT 部門番号，部門名
```
   FROM    部門 NATURAL JOIN 従業員
   WHERE   職級<=2
```
③ SELECT 部品番号，部品名，MIN(単価)，MAX(単価)
```
   FROM    部品 NATURAL JOIN 供給
   GROUP BY 部品番号，部品名
   HAVING MAX(単価)-MIN(単価)>=100
```
④ SELECT x.業者番号
```
   FROM    供給 AS x JOIN 供給 AS y ON x.単価<y.単価
   WHERE   x.部品番号='5' AND y.業者番号='3' AND y.部門番号='7'
           AND y.部品番号='5'
```
⑤ SELECT x.従業員番号
```
   FROM    従業員 AS x JOIN 従業員 AS y ON x.部門番号=y.部門番号
           AND x.職級>y.職級
   WHERE   y.従業員番号='1'
```
⑥ SELECT 部門番号，業者番号
```
   FROM    部門 NATURAL LEFT OUTER JOIN 供給
```

5.2 解答例：

① SELECT x.業者番号
```
   FROM    供給 AS x
   WHERE   x.部品番号='5'AND x.単価<
      (SELECT y.単価
       FROM    供給 AS y
       WHERE   y.業者番号='3'AND y.部門番号='7' AND y.部品番号='5')
```
② SELECT x.業者番号，x.部門番号
```
   FROM    供給 AS x
   WHERE   x.部品番号='5' AND x.単価<=ALL
      (SELECT y.単価
       FROM    供給 AS y
       WHERE   y.部品番号='5')
```

```
    SELECT  x.業者番号, x.部門番号
    FROM    供給 AS x
    WHERE   x.部品番号='5'AND x.単価=
       (SELECT MIN(y.単価)
        FROM    供給 AS y
        WHERE   y.部品番号='5')
③  SELECT  *
    FROM    部門
    WHERE   NOT EXISTS
       (SELECT *
        FROM    従業員
        WHERE   従業員.部門番号=部門.部門番号 AND 職級<3)
④  SELECT  部門番号
    FROM    部門
    WHERE   NOT EXISTS
       (SELECT *
        FROM    部品
        WHERE   NOT EXISTS
          (SELECT *
           FROM    供給
           WHERE   供給.部門番号=部門.部門番号
                   AND 供給.部品番号=部品.部品番号))
⑤  SELECT  x.部品番号, MIN(x.単価), MAX(x.単価), AVG(x.単価)
    FROM    供給 AS x
    GROUP BY x.部品番号
    HAVING x.部品番号 IN
       (SELECT y.部品番号
        FROM    供給 AS y
        WHERE   y.部門番号='1')
⑥  SELECT  x.業者番号, x.部品番号,
            x.最低単価, y.部門番号, x.最高単価, z.部門番号
    FROM    (SELECT 業者番号, 部品番号, MIN(単価), MAX(単価)
             FROM    供給
             GROUP BY 業者番号, 部品番号
             HAVING MIN(単価)<> MAX(単価))
             AS x(業者番号, 部品番号, 最低単価, 最高単価)
            JOIN 供給 AS y
            ON x.業者番号=y.業者番号 AND x.部品番号=y.部品番号
                    AND x.最低単価=y.単価
            JOIN 供給 AS z
            ON x.業者番号=z.業者番号 AND x.部品番号=z.部品番号
                    AND x.最高単価=z.単価
```

5.3 省略.

第6章

6.1 解答例：

〔タプルリレーショナル論理式〕

① $\{t^{(2)} \mid (\exists u)(\text{従業員}(u) \wedge u[\text{部門番号}] = \text{'1'} \wedge t[\text{氏名}] = u[\text{氏名}] \wedge t[\text{住所}] = u[\text{住所}])\}$

② $\{t^{(1)} \mid (\exists u)(\exists v)(\text{従業員}(u) \wedge \text{部門}(v) \wedge u[\text{氏名}] = \text{'山田一郎'} \wedge u[\text{部門番号}] = v[\text{部門番号}] \wedge t[\text{部門名}] = v[\text{部門名}])\}$

③ $\{t^{(2)} \mid \text{部門}(t) \wedge (\exists u)(\text{従業員}(u) \wedge u[\text{職級}] \leq 2 \wedge t[\text{部門番号}] = u[\text{部門番号}])\}$

④ $\{t^{(1)} \mid (\exists u)(\exists v)(\text{供給}(u) \wedge \text{供給}(v) \wedge u[\text{業者番号}] = \text{'3'} \wedge u[\text{部門番号}] = \text{'7'} \wedge u[\text{部品番号}] = \text{'5'} \wedge v[\text{部品番号}] = \text{'5'} \wedge u[\text{単価}] > v[\text{単価}] \wedge t[\text{業者番号}] = v[\text{業者番号}])\}$

⑤ $\{t^{(1)} \mid (\exists u)(\text{部門}(u) \wedge t[\text{部門番号}] = u[\text{部門番号}]) \wedge (\forall v)(\neg\text{部品}(v) \vee (\exists w)(\text{供給}(w) \wedge v[\text{部品番号}] = w[\text{部品番号}] \wedge t[\text{部門番号}] = w[\text{部門番号}])))\}$

⑥ $\{t^{(2)} \mid \text{部門}(t) \wedge \neg(\exists u)(\text{従業員}(u) \wedge u[\text{職級}] < 3 \wedge t[\text{部門番号}] = u[\text{部門番号}])\}$

〔ドメインリレーショナル論理式〕

① $\{x_1 x_2 \mid (\exists y_1)(\exists y_2)(\text{従業員}(y_1, \text{'1'}, x_1, x_2, y_2))\}$

② $\{x \mid (\exists y_1)(\exists y_2)(\exists y_3)(\exists y_4)(\text{従業員}(y_1, y_2, \text{'山田一郎'}, y_3, y_4) \wedge \text{部門}(y_2, x))\}$

③ $\{x_1 x_2 \mid \text{部門}(x_1, x_2) \wedge (\exists y_1)(\exists y_2)(\exists y_3)(\exists y_4)(\text{従業員}(y_1, x_1, y_2, y_3, y_4) \wedge y_4 \leq 2)\}$

④ $\{x \mid (\exists y_1)(\exists y_2)(\exists y_3)(\exists y_4)(\exists y_5)(\text{供給}(\text{'7'}, \text{'5'}, \text{'3'}, y_1, y_2) \wedge \text{供給}(y_3, \text{'5'}, x, y_4, y_5) \wedge y_1 > y_4)\}$

⑤ $\{x \mid (\exists y_1)(\text{部門}(x, y_1) \wedge (\forall y_2)(\forall y_3)(\neg\text{部品}(y_2, y_3) \vee (\exists y_4)(\exists y_5)(\exists y_6)(\text{供給}(x, y_2, y_4, y_5, y_6))))\}$

⑥ $\{x_1 x_2 \mid \text{部門}(x_1, x_2) \wedge \neg(\exists y_1)(\exists y_2)(\exists y_3)(\exists y_4)(\text{従業員}(y_1, x_1, y_2, y_3, y_4) \wedge y_4 < 3)\}$

6.2 解答例：

〔タプルリレーショナル論理式〕

① $\Psi(t) = (\exists u)(\text{従業員}(u) \wedge u[\text{部門番号}] = \text{'1'} \wedge t[\text{氏名}] = u[\text{氏名}] \wedge t[\text{住所}] = u[\text{住所}])$

1. 安全性の条件①について

$\text{DOM}(\Psi) = \lceil\text{従業員}\rfloor$ 中のすべての値の集合$\cup \{\text{'1'}\}$

$t[\text{氏名}] = u[\text{氏名}]$，従業員$(u)$より，$t[\text{氏名}] \in \text{DOM}(\Psi)$

$t[\text{住所}] = u[\text{住所}]$，従業員$(u)$より，$t[\text{住所}] \in \text{DOM}(\Psi)$

よって，安全性の条件①は満たされる.

2. 安全性の条件②について

$\Phi(u) = \text{従業員}(u) \wedge u[\text{部門番号}] = \text{'1'} \wedge t[\text{氏名}] = u[\text{氏名}] \wedge t[\text{住所}] = u[\text{住所}]$

$\text{DOM}(\Phi) = \lceil\text{従業員}\rfloor$ 中のすべての値の集合$\cup \{\text{'1'}\}$

従業員(u) より，$\Phi(u)$ が真となるならばuの各成分は$\text{DOM}(\Phi)$ の要素.

よって，安全性の条件②は満たされる.

3. 安全性の条件③について

該当する部分式はない.

以上により，安全性の条件がすべて満たされるのでΨは安全なタプルリレーショナル論理式である.

②〜⑥についても同様にして安全なタプルリレーショナル論理式であることを示すことができる.

〔ドメインリレーショナル論理式〕

① $\Psi(x_1, x_2) = (\exists y_1)(\exists y_2)(従業員(y_1, '1', x_1, x_2, y_2))$

1. 安全性の条件①について

DOM(Ψ)=「従業員」中のすべての値の集合∪{'1'}

従業員$(y_1, '1', x_1, x_2, y_2)$より，$x_1 \in$DOM($\Psi$)，$x_2 \in$DOM($\Psi$)

よって，安全性の条件①は満たされる．

2. 安全性の条件②について

$\Phi_1(y_1) = (\exists y_2)(従業員(y_1, '1', x_1, x_2, y_2))$

DOM(Φ_1)=「従業員」中のすべての値の集合∪{'1'}

従業員$(y_1, '1', x_1, x_2, y_2)$より，$\Phi_1(y_1)$が真となるならば$y_1$は DOM($\Phi_1$)の要素．

$\Phi_2(y_2) = 従業員(y_1, '1', x_1, x_2, y_2)$

DOM(Φ_2)=「従業員」中のすべての値の集合∪{'1'}

従業員$(y_1, '1', x_1, x_2, y_2)$より，$\Phi_2(y_2)$が真となるならば$y_2$は DOM($\Phi_2$)の要素．

よって，安全性の条件②は満たされる．

3. 安全性の条件③について

該当する部分式はない．

以上により，安全性の条件がすべて満たされるので Ψ は安全なドメインリレーショナル論理式である．

②〜⑥についても同様にして安全なドメインリレーショナル論理式であることを示すことができる．

6.3 参考文献〔Ull82〕などを参照．

第7章

7.1 解答例：

商品（<u>商品番号</u>, 商品名, 問屋番号, 仕入れ価格）

問屋（<u>問屋番号</u>, 屋号, 住所, 電話番号）

部門（<u>部門番号</u>, 部門名, 電話番号）

顧客（<u>顧客番号</u>, 種別, 住所, 電話番号）

個人顧客（<u>顧客番号</u>, 氏名）

法人顧客（<u>顧客番号</u>, 社名, 部門名, 担当者）

販売担当（<u>商品番号</u>, <u>部門番号</u>）

販売実績（<u>商品番号</u>, <u>部門番号</u>, <u>顧客番号</u>, 販売数）

7.2 解答例：

〔**合 併 律**〕 $X \to Y$ のとき，増加律により $X \to XY$. $X \to Z$ のとき，増加律により $XY \to YZ$. したがって，推移律により $X \to YZ$. 以上より，$X \to Y$ かつ $X \to Z$ のとき，$X \to YZ$ が成立する．

〔**擬推移律**〕 $X \to Y$ のとき，増加律により $WX \to WY$. $WY \to Z$ のとき，推移律により $WX \to Z$. 以上より，以上より，$X \to Y$ かつ $WY \to Z$ のとき，$WX \to Z$ が成立する．

〔**分 解 律**〕 $Z \subseteq Y$ のとき，反射律により $Y \to Z$. $X \to Y$ のとき，推移律により $X \to Z$. 以上より，$X \to Y$ かつ $Z \subseteq Y$ のとき，$X \to Z$ が成立する．

7.3 解答例：R 中の任意のタプル t について，RS_1 の属性値だけを取り出したタプルを

$t[RS_1]$, RS_2 の属性値だけを取り出したタプルを $t[RS_2]$ とする. このとき, 明らかに $t[RS_1] \in \pi_{RS_1}(R)$, $t[RS_2] \in \pi_{RS_2}(R)$ であり, $t[RS_1 \cap RS_2]$ は $t[RS_1]$ と $t[RS_2]$ に共通する属性値となる. したがって, $t = t[RS_1 - RS_2, RS_1 \cap RS_2, RS_2 - RS_1] \in \pi_{RS_1}(R) \bowtie \pi_{RS_2}(R)$. 以上より, $R \subseteq \pi_{RS_1}(R) \bowtie \pi_{RS_2}(R)$ が成立する.

7.4 解答例:

① 無損失結合分解とならない. インスタンスの具体例を以下に示す.

R			
A	B	C	D
a_1	b_1	c_1	d_1
a_2	b_2	c_1	d_2

$\neq$

$\pi_{A,B}(R)$	
A	B
a_1	b_1
a_2	b_2

$\bowtie$

$\pi_{B,C}(R)$	
B	C
b_1	c_1
b_2	c_1

$\bowtie$

$\pi_{C,D}(R)$	
C	D
c_1	d_1
c_1	d_2

$=$

$\pi_{A,B}(R) \bowtie \pi_{B,C}(R) \bowtie \pi_{C,D}(R)$			
A	B	C	D
a_1	b_1	c_1	d_1
a_1	b_1	c_1	d_2
a_2	b_2	c_1	d_1
a_2	b_2	c_1	d_2

② 無損失結合分解とならない. インスタンスの具体例は①と同じ例.

③ 無損失結合分解とならない. インスタンスの具体例は①と同じ例.

④ 無損失結合分解となる. 理由: $B \rightarrow A$ が成立するため定理 7.1 により, $\{\{A, B\}, \{B, C, D\}\}$ は $\{A, B, C, D\}$ の無損失結合分解. $\{B, C, D\}$ においても $C \rightarrow D$ が成立するため定理 7.1 により, $\{\{B, C\}, \{C, D\}\}$ は $\{B, C, D\}$ の無損失結合分解. これらより, $\{\{A, B\}, \{B, C\}, \{C, D\}\}$ は $\{A, B, C, D\}$ の無損失結合分解となる.

7.5 解答例:

① AB, AC.

② $F = \{AB \rightarrow C, C \rightarrow B, C \rightarrow D, D \rightarrow E\}$ は, 極小被覆になっているため, 第三正規形への無損失結合分解アルゴリズムにより, 分解 $\{ABC, BC, CD, DE\}$ を得る. ABC は候補キー AB を含んでいる. また, $BC \subseteq ABC$ のため, 求める分解は $\{ABC, CD, DE\}$ となる.

〔第三正規形となっていることの確認〕

- ABC: ABC において成立する関数従属性集合は $\{AB \rightarrow C, C \rightarrow B\}$ であり, ABC の候補キーは AB, AC. よって, A, B, C のいずれも素属性. したがって, $AB \rightarrow C$, $C \rightarrow B$ はいずれも第三正規形の条件②を満たす. よって, ABC は第三正規形.
- CD: CD において成立する関数従属性集合は $\{C \rightarrow D\}$ であり, CD の候補キーは C. したがって, $C \rightarrow D$ は第三正規形の条件①を満たす. よって, CD は第三正規形.
- DE: DE において成立する関数従属性集合は $\{D \rightarrow E\}$ であり, DE の候補キーは D. したがって, $D \rightarrow E$ は第三正規形の条件①を満たす. よって, DE は第三正規形.

〔従属性保存分解となっていることの確認〕

- $AB \rightarrow C$ と $C \rightarrow B$ は ABC において保存されている. $C \rightarrow D$ は CD において保存されている. $D \rightarrow E$ は DE において保存されている. したがって, F のすべての関数従属性が保存されている. よって, $\{ABC, CD, DE\}$ は従属性保存分解.

③ 各リレーションスキーマについてチェックする.

- ABC: 上記の通り候補キーは AB, AC なので, $C \rightarrow B$ はボイス・コッド正規形の条件に反する. したがって, ABC はボイス・コッド正規形ではない.
- CD: 上記の通り候補キーは C なので, $C \rightarrow D$ はボイス・コッド正規形を満たす. したがっ

て，*CD* はボイス・コッド正規形.
- *DE*：上記の通り候補キーは *D* なので，*D→E* はボイス・コッド正規形を満たす．したがって，*DE* はボイス・コッド正規形.

別解：*CD*，*DE* は，次数 2 のリレーションスキーマであるので，ボイス・コッド正規形.

7.6 解答例：

① *ABC*

② *ABCDE* においてボイス・コッド正規形の条件に違反する *D→E* に注目し，さらに分解の結果得られる *ABCD* において同様に *A→D* に注目すると，右のような分解の過程となり，分解 {*ABC*, *AD*, *DE*} が得られる．この分解は従属性保存分解となる．

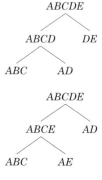

別解：*ABCDE* においてボイス・コッド正規形の条件に違反する *A→D* に注目し，さらに分解の結果得られる *ABCE* において同様に *A→E* (*A→D*, *D→E* より，推移律によって *A→E* も成立) に注目すると，右のような分解の過程となり，分解 {*ABC*, *AD*, *AE*} が得られる．この分解は従属性保存分解とならない．

③ *D→E* と FD に関する増加律より，*D→DE*. *A→D*, *D→DE* と FD に関する推移律により，*A→DE*. 模写律により，*A↠DE*. MVD に関する相補律により，*A↠BC*.

7.7 解答例：分解 $\rho = \{RS_1, RS_2\}$ が無損失結合分解であるとは，*RS* のすべてのインスタンス *R* に対して $R = \pi_{RS_1}(R) \bowtie \pi_{RS_2}(R)$ が成立すること．

〔**必要条件：$R = \pi_{RS_1}(R) \bowtie \pi_{RS_2}(R)$ ならば，$RS_1 \cap RS_2 \twoheadrightarrow RS_1 - RS_2 \mid RS_2 - RS_1$ であることの証明**〕

$t[RS_1 \cap RS_2] = u[RS_1 \cap RS_2] = x$ を満たす *R* 中の任意のタプル t, u を考える．このとき，$t[RS_1] = (t[RS_1 - RS_2], x) \in \pi_{RS_1}(R)$, $u[RS_1] = (u[RS_1 - RS_2], x) \in \pi_{RS_1}(R)$, $t[RS_2] = (x, t[RS_2 - RS_1]) \in \pi_{RS_2}(R)$, $u[RS_2] = (x, u[RS_2 - RS_1]) \in \pi_{RS_2}(R)$. よって，$v = (t[RS_1 - RS_2], x, u[RS_2 - RS_1]) \in \pi_{RS_1}(R) \bowtie \pi_{RS_2}(R)$, $w = (u[RS_1 - RS_2], x, t[RS_2 - RS_1]) \in \pi_{RS_1}(R) \bowtie \pi_{RS_2}(R)$. $R = \pi_{RS_1}(R) \bowtie \pi_{RS_2}(R)$ が成り立つならば，$v = (t[RS_1 - RS_2], x, u[RS_2 - RS_1]) \in R$, $w = (u[RS_1 - RS_2], x, t[RS_2 - RS_1]) \in R$. これは，*R* において $RS_1 \cap RS_2 \twoheadrightarrow RS_1 - RS_2 \mid RS_2 - RS_1$ が成立することを意味する（$X = RS_1 \cap RS_2$, $Y = RS_1 - RS_2$, $RS - XY = RS_2 - RS_1$ とすると図 7.4 のパターンが成立する）．

〔**十分条件：$RS_1 \cap RS_2 \twoheadrightarrow RS_1 - RS_2 \mid RS_2 - RS_1$ ならば，$R = \pi_{RS_1}(R) \bowtie \pi_{RS_2}(R)$ であることの証明**〕

$RS_1 \cap RS_2 \twoheadrightarrow RS_1 - RS_2 \mid RS_2 - RS_1$ ならば，*RS* の任意のインスタンス *R* において，$(\forall t \in R)(\forall u \in R)(t[RS_1 \cap RS_2] = u[RS_1 \cap RS_2] \rightarrow (\exists v \in R)(\exists w \in R)(t[RS_1 \cap RS_2] = u[RS_1 \cap RS_2] = v[RS_1 \cap RS_2] = w[RS_1 \cap RS_2] \wedge t[RS_1 - RS_2] = v[RS_1 - RS_2] \wedge t[RS_2 - RS_1] = w[RS_2 - RS_1] \wedge u[RS_1 - RS_2] = w[RS_1 - RS_2] \wedge u[RS_2 - RS_1] = v[RS_2 - RS_1]))$ が成立する．これは，$\pi_{RS_1}(R) \bowtie \pi_{RS_2}(R) \subseteq R$ を意味する．演習問題 7.3 にあるように，すべてのインスタンス *R* に対して $R \subseteq \pi_{RS_1}(R) \bowtie \pi_{RS_2}(R)$ が成立する．よって，$R = \pi_{RS_1}(R) \bowtie \pi_{RS_2}(R)$ が成立する．

7.8 省略.

第8章

8.1 解答例：
〔**ランダム読出し**〕 $(3+2+4/200) \times 100 = 502$ ミリ秒
〔**連 続 読 出 し**〕 $3+2+4/200 \times 100 = 7$ ミリ秒

8.2 解答例：

$$_n\mathrm{C}_k \left(\frac{1}{m}\right)^k \left(1 - \frac{1}{m}\right)^{n-k}$$

8.3 解答例
〔**データ部**〕 1ページに収容できるレコード数は，$4\,096/256 = 16$ レコード．したがって，100 000 件のレコードを格納するために必要なデータ部のページ数は，$100\,000/16 = 6\,250$ より，6 250 ページ.
〔**索引部**〕 1ページに収容できるキーとポインタのペア数は，$4\,096/(4+4) = 512$. したがって，6 250 ページに対する索引を格納するために必要な索引部のページ数は，$6\,250/512 \fallingdotseq 12.2$ より，13 ページ.

8.4 解答例：
① 35 を挿入

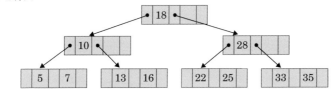

② 23 を挿入

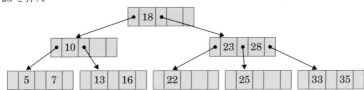

③ 26 を挿入

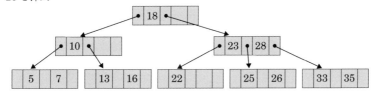

④ 27 を挿入

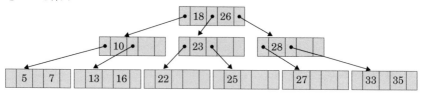

⑤ 5 を削除

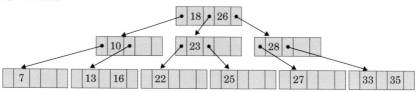

⑥ 7 を削除

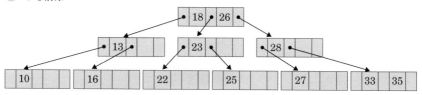

⑦ 13 を削除

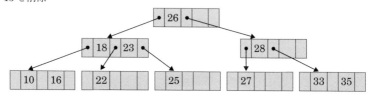

8.5 解答例:

〔**最大値**〕 すべてのノードに $2d$ 個のレコードが格納した高さ h の d 次の B 木がレコード数最大となる.この場合のレコード数は以下のようになる.

$$\sum_{i=0}^{h} 2d(2d+1)^i = (2d+1)^{h+1} - 1$$

〔**最小値**〕 ルートに 1 個のレコード,それ以外のノードに d 個のレコードを格納した高さ h の d 次の B 木がレコード数最小となる.この場合のレコード数は以下のようになる.

① ルートノードのレコード数 1

② それ以外のノードのレコード数

$$\sum_{i=0}^{h-1} 2d(d+1)^i = 2\{(d+1)^h - 1\}$$

以上をまとめて

$$2(d+1)^h - 1$$

8.6 解答例：キー値の小さい順に順次挿入すると，新たなレコードは常に右下のリーフノードに挿入され，オーバフロー処理に基づくノード分割も常に各レベルの右端のノードに対して生じる．このような条件下で，新たなレコードが挿入されたことで高さが1段増えた直後の B 木は，全ノードが1レコードを持ったものとなる．高さ h のこのような B 木に格納可能なレコード数は，以下になる．

$$\sum_{i=0}^{h} 2^i = 2^{h+1} - 1$$

このレコード数は，$h=8$ のとき 511，$h=9$ のとき 1023 となる．したがって，レコード数 1000 件では高さ h は 8 となる．

8.7 解答例：

① 30 を挿入

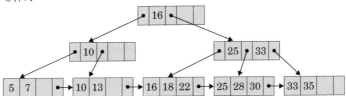

② 20 を挿入

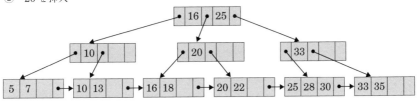

③ 5 を削除

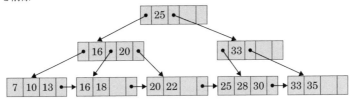

④ 7 を削除

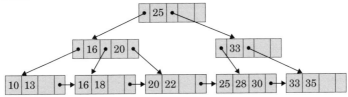

⑤ 10 を削除

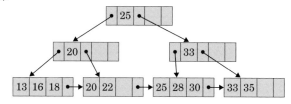

8.8 解答例：

〔**B木**〕 1 ページに格納可能なレコード数とポインタ数の最大値は，それぞれ 15 と 16．したがって，次数 $d=7$ とする．演習問題 8.5 より，高さ h の d 次の B 木に格納可能なレコード数の最大値は $(2d+1)^{h+1}-1$，最小値は $2(d+1)^h-1$．したがって，100000 件のレコードを格納した次数 7 の B 木の高さの最大値は

$$h=\log_8\frac{100000+1}{2}=5.2\cdots$$

より 6 となる．100000 件のレコードを格納した次数 7 の B 木の高さの最小値は

$$h=\log_{15}(100000+1)-1=3.2\cdots$$

より 4 となる．

〔**B⁺木**〕 データ部の 1 ページに格納可能なレコード数の最大値は隣のページへのポインタを考慮すると 15．したがって，$e=15$ とする．また，索引部の 1 ページに格納可能なキー数とポインタ数の最大値は，それぞれ 511 と 512．したがって，$d=255$ とする．

B⁺木の高さが最大となるのは，データ部の各ページに 8 レコードずつ格納されページ数が 12500 ページとなる場合．この場合，索引部の末端レベルのノード数は最大でも 12500/256＝48.8…より 49 個．したがって，その上はルートノードとなり，B⁺木の高さは 2 となる．

B⁺木の高さが最小となるのは，データ部の各ページに 15 レコードずつ格納されページ数が 6667 ページとなる場合．この場合，索引部の末端レベルのノード数は最小でも 6667/512＝13.0…より 14 個．したがって，その上はルートノードとなり，B⁺木の高さは 2 となる．

以上より，B⁺木の高さの最大値，最小値はいずれも 2 である．

8.9 解答例：①②の結果は以下の表のようになる．

	HDD				SSD	
	1987 年	1997 年	2007 年	2018 年	2007 年	2018 年
T	307.2 秒 （5.12 分）	547.9 秒 （9.13 分）	4935 秒 （1.37 時間）	12544 秒 （3.48 時間）	825.8 秒 （13.8 分）	317.1 秒 （5.29 分）

ディスクについては，1987 年では T が約 5 分間であったのに対し，2018 年には約 3.5 時間となっている．めったにアクセスしないデータのみをディスクに置くことが望ましいということになり，ディスクの役割がデータのアーカイブに代わりつつあることがわかる．一方，2018 年では，以前のディスクの立場を SSD が担っている．

第9章

9.1 解答例：

① $\pi_{科目.科目番号,科目名}(\sigma_{科目.科目番号=履修.科目番号\ AND\ 履修.学籍番号=学生.学籍番号\ AND\ 専攻='情報工学'}(科目×履修×学生))$

②

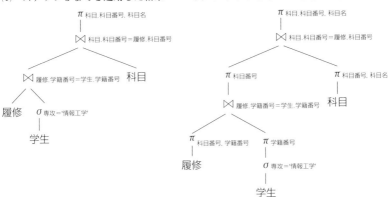

③ (1) ステップ3までを適用した結果　　(2) ステップ5までを適用した結果

9.2 解答例：

① 10^{-6}　② 10^{-3}　③ 10^{-5}　④ 10^{-3}　⑤ 10^{-6}　⑥ $9×10^{-3}$

9.3 解答例：9.4節の選択に対するコスト式を適用する.

① 主索引を用いた探索②のコスト式より，$COST=2+1=3$

② 主索引を用いた探索②のコスト式より，$COST=2+2×10^4×10^{-3}=22$

③ 線形探索②のコスト式より，$COST=20000$

④ 二次索引を用いた探索②のコスト式より，$COST=2+1+10^6×10^{-5}=13$（$B=1000$を満たすタプル数は $10^6×10^{-5}=10$ なので，Xのリーフレベルのページアクセス数は1と仮定する）.

⑤ 二次索引を用いた探索②のコスト式より，$COST=2+2000×10^{-3}+10^6×10^{-3}=1004$

9.4 解答例：

① $\pi_{A_1}(R_1)\subset\pi_{A_2}(R_2)$ が成り立つため，R_1 の各タプルに対して結合条件を満たす R_2 のタプルが必ず存在し，その数は $10^7/10000=1000$．したがって，結合選択率は，$(10^6×1000)/(10^6×10^7)=10^{-4}$

② $\pi_{A_1}(R_1) \supset \pi_{A_2}(R_2)$ が成り立つため，R_2 の各タプルに対して結合条件を満たす R_1 のタプルが必ず存在し，その数は $10^6/10000 = 100$．したがって，結合選択率は，$(10^7 \times 100)/(10^6 \times 10^7) = 10^{-4}$

③ $\pi_{A_1}(R_1) = \pi_{A_2}(R_2)$ が成り立つため，R_1 の各タプルに対して結合条件を満たす R_2 のタプルが必ず存在し，その数は $10^7/1000 = 10000$．したがって，結合選択率は，$(10^6 \times 10000)/(10^6 \times 10^7) = 10^{-3}$

9.5 解答例：R_1 を格納したファイルは 10^5 ページ，R_2 を格納したファイルは 10^6 ページを持つ．以下，9.4 の結合に対するコスト式を適用する．

① 入れ子ループ結合のコスト式より，$COST = 10^5 + 10^5/10^4 \times 10^6 = 1.01 \times 10^7$

② 入れ子ループ結合のコスト式より，$COST = 10^6 + 10^6/10^4 \times 10^5 = 1.1 \times 10^7$

③ R_1 のソートのコストはマージソートのコスト式より，$2 \times 10^5 \times \lceil \log 10^5/\log 10^4 \rceil = 4 \times 10^5$．$R_2$ のソートのコストはマージソートのコスト式より，$2 \times 10^6 \times \lceil \log 10^6/\log 10^4 \rceil = 4 \times 10^6$．ソート済ファイルに対するマージ結合のコストは，$10^5 + 10^6$．これらの合計で，$COST = 5.5 \times 10^6$

④ ハイブリッドハッシュ結合のコスト式より，$COST = (3 - 2 \times 0.05)(10^5 + 10^6) = 3.19 \times 10^6$

⑤ ハイブリッドハッシュ結合のコスト式より，$COST = (3 - 2 \times 0.005)(10^5 + 10^6) = 3.289 \times 10^6$

第 10 章

10.1 解答例：S_1 を競合直接可能スケジュールとすると，定義により，S_1 はある直列スケジュール S_2 に対して次の条件を満たす．

① S_1 において $R_i(A)(W_i(A))$ が $W_j(A)(R_j(A))$ に先行するならば，S_2 においても同様の関係が成り立つ．

② S_1 において $W_i(A)$ が $W_j(A)$ に先行するならば，S_2 においても同様の関係が成り立つ．このとき，S_1 において $R_i(A)$ によって読まれる A 値が $W_j(A)$ によって書かれた値または初期値ならば，S_2 においても同様の関係が成り立つ．なぜならば，もし S_2 においてこれが成り立たない場合は，S_2 においては $R_i(A)$ の前に S_1 にはない $W_k(A)$ が挿入されていることになり，上記①②の条件に矛盾する．また，各項目 A に関して，S_1 において最後に A 値を書くのが $W_i(A)$ ならば，S_2 においても同様のことが成り立つ．なぜならば，もし S_2 においてこれが成り立たない場合は，S_2 においては $W_i(A)$ の後に S_1 にはない $W_k(A)$ が挿入されていることになり，②の条件に矛盾する．以上により，S_1 は直列スケジュール S_2 に対してビュー等価となるので，ビュー直列可能である．

10.2 解答例：

〔前半〕 もし S が厳格なスケジュールであるならば，$R_i(A)$ で読まれる A 値が $W_j(A)$ によって書かれた値であるときには，$R_i(A)$ よりも $W_j(A)$ が先行していることになるので，C_j または A_j が $R_i(A)$ に先行する．$R_i(A)$ で読まれる A 値が $W_j(A)$ によって書かれたものであることから，論理的に A_j ということはないので C_j が $R_i(A)$ に先行することになる．以上により，S は連鎖的アボートを回避するスケジュールとなる．

〔後半〕 もし S が連鎖的アボートを回避するスケジュールであるならば，$R_i(A)$ で読まれる A 値が $W_j(A)$ によって書かれた値であるときは，C_j が $R_i(A)$ に先行する．また，T_i がコミットするときには，$R_i(A)$ が C_i より先行する．したがって，C_j が C_i に先行するため，S は回

復可能である.

10.3 解答例:

〔**必要条件:S が競合直列可能ならば S の先行グラフにサイクルがないことの証明**〕

S の先行グラフにサイクル $N(T_1)\to\cdots\to N(T_n)\to N(T_1)$ があると仮定する.このとき,T_i と $T_{i+1}(1\le i\le n-1)$ について,S において,① $R_i(A)(W_i(A))$ が $W_{i+1}(A)(R_{i+1}(A))$ に先行する,あるいは,② $W_i(A)$ が $W_{i+1}(A)$ に先行するという関係が成り立つ.これは,S と競合等価な直列スケジュールにおいては,$T_1,\ldots,T_n$ はこの順で出現しなければならないことを意味する.一方,$N(T_n)\to N(T_1)$ により,S において,① $R_n(A)(W_n(A))$ が $W_1(A)(R_1(A))$ に先行する,あるいは,② $W_n(A)$ が $W_1(A)$ に先行するという関係が成り立つ.これは S と競合等価な直列スケジュールにおいて,$T_1,\ldots,T_n$ がこの順で出現することと矛盾する.以上により,S の先行グラフにはサイクルがない.

〔**十分条件:S の先行グラフにサイクルがないならば S は競合直列可能であることの証明**〕

S の先行グラフにサイクルがないならば,S 中の全ノードをトポロジカルソートして全トランザクションを整列することが可能.このトランザクション列に対応する直列スケジュールと S は明らかに競合等価である.したがって,S は競合直列可能である.

10.4 参考文献〔Ber*87〕などを参照.

10.5 解答例:以下に述べる方法で各トランザクション T_i に全順序 $\mathrm{Order}(T_i)$ を与える.すなわち,木ロッキングプロトコルの①により最初にロックする操作がトランザクション T_i がトランザクション T_j に先行するとき,$\mathrm{Order}(T_i)<\mathrm{Order}(T_j)$ とする.ただし,T_i が最初にロックする項目 A_i がルート項目以外で $\mathrm{Ancestor}(T_i)\ne\phi$ のときは,$\forall T_a\in\mathrm{Ancestor}(T_i)$ について $\mathrm{Order}(T_i)<\mathrm{Order}(T_a)$,$\forall T_b\in\mathrm{Before}(T_i)-\mathrm{Ancestor}(T_i)$ について $\mathrm{Order}(T_b)<\mathrm{Order}(T_i)$ となるように $\mathrm{Order}(T_i)$ を決める.ここで,$\mathrm{Ancestor}(T_i)$ は,T_i が A_i をロックする際,ルートから A_i までのパス上のいずれかの項目をロックしており,かつ A_i にロックしたことのないトランザクションの集合とする.また,$\mathrm{Before}(T_i)$ は,トランザクション T_i が A_i にロックをかける以前にいずれかの項目をロックしたトランザクションの集合とする.

以上の条件を満たす全順序 $\mathrm{Order}(T_i)$ を割り当てることは常に可能である.このとき,木ロッキングプロトコルの性質により,T_i がロックを解くのを T_j が待つ状態が生じるのは $\mathrm{Order}(T_i)<\mathrm{Order}(T_j)$ の場合のみである.$\mathrm{Order}(T_i)$ は全順序であるので,したがってロック待ちのサイクルが生じることはなくデッドロックは発生しない.

10.6 解答例：①②③の解答をまとめると以下の表の通りとなる．

	競合直列可能性	ビュー直列可能性	厳格性	連鎖的アボート回避	回復可能性	二相ロッキングプロトコル	厳格な二相ロッキングプロトコル	基本時刻印順方式	トマスの規則を用いた時刻印順方式	楽観的同時実行制御方式	多版同時実行制御方式
$R_1(A)W_1(A)C_1W_2(A)C_2$	○	○	○	○	○	○	○	○	○	○	○
$R_1(A)W_1(A)W_2(A)C_1C_2$	○	○	×	○	○	○	×	○	○	○	○
$R_1(A)W_2(A)W_1(A)C_1C_2$	×	×	×	○	○	×	×	×	×	○	○
$W_2(A)R_1(A)W_1(A)C_1C_2$	○	○	×	×	×	○	×	×	×	×	○
$R_1(A)W_1(A)W_2(A)C_2C_1$	○	○	○	○	○	○	○	○	○	×	○
$R_1(A)W_2(A)W_1(A)C_2C_1$	×	×	×	○	○	×	×	×	×	○	○
$R_1(A)W_2(A)C_2W_1(A)C_1$	×	×	×	○	○	×	×	×	×	○	○
$W_2(A)R_1(A)W_1(A)C_2C_1$	○	○	×	×	×	○	×	×	×	×	○
$W_2(A)R_1(A)C_2W_1(A)C_1$	○	○	○	○	○	○	○	○	×	×	○
$W_2(A)C_2R_1(A)W_1(A)C_1$	○	○	○	○	○	○	○	○	×	×	○

10.7 解答例：②の条件によりダーティリードがないことは保証されるが，2回の read の間に更新トランザクションによる更新操作が挟まる可能性はあるので，ノンリピータブルリードはあり得る．したがって，保証される隔離性水準は READ COMMITTED.

第11章

11.1 解答例：一般には，トランザクションがコミット済となってから出力することが適切な場合が多い．

11.2 解答例：トランザクション T が書込み $\mathrm{write}(A, x)$ を実行する場合を考える．もし，ログ先書き規則に従わず，対応するログレコードを二次記憶に書き込む前に，更新後の A を含むダーティページを二次記憶に書き込んだとする．この直後にシステム障害が起きた場合，更新後の A を含むページはデータベースに存在するが，対応するログレコードがない状況となる．この場合，ログレコードがないのでトランザクション T が $\mathrm{write}(A, x)$ を実行したことの検出やアンドゥ処理が実行できず，T に対する原子性を保証できないこととなる．

11.3 解答例：
〔ケース1〕
○ $\mathrm{write}(A, x)$ に対するログレコードがログファイルに書かれていた場合
　リスタート処理において，当該トランザクションはアボートすべきトランザクションとして検出され，$\mathrm{write}(A, x)$ に対するアンドゥ処理が行われる．アンドゥ処理がべき等であ

ることにより，トランザクション実行時に write_page(PA) が実行されていたかいないかに関わらず，データベースは当該トランザクションの開始前の状態に戻る.
○write(A, x) に対するログレコードがログファイルに書かれていない場合
　write(A, x) に対するログレコードがないことは，ログ先書きプロトコルによりデータベース中の A の値の更新は行われていないことを意味する．したがって，データベースは当該トランザクションの開始前の状態のままである.

〔ケース2〕
　リスタート処理において，当該トランザクションはコミット済トランザクションとして検出され，write(A, x) と write(B, y) のリドゥ処理が行われる．これにより，仮にシステム障害が起きた時点で書き込まれた A と B の値がバッファ上だけにあった場合でも，データベースは当該トランザクションの終了後の状態に戻る.

11.4 解答例：上記条件が成り立たない場合，回復可能性，連鎖的アボートの回避，厳格性などの性質が保たれないスケジュールが生じ得るという問題がある．例えば，回復可能性が保証されないため，アボートされたトランザクションが書き込んだ値を読んだトランザクションがコミット済となってしまうというような状況が生じ得る.

11.5 解答例：
① 以下の write 操作に対するアンドゥ処理を行う.
　$[\mathrm{W} : T_2,\ E,\ e_1,\ e_2]$, $[\mathrm{W} : T_4,\ C,\ c_1,\ c_2]$, $[\mathrm{W} : T_2,\ A,\ a_1,\ a_2]$
　次に，以下の write 操作に対するリドゥ処理を行う.
　$[\mathrm{W} : T_3,\ D,\ d_1,\ d_2]$
② 以下の write 操作に対するリドゥ処理を行う.
　$[\mathrm{W} : T_1,\ B,\ b_1,\ b_2]$, $[\mathrm{W} : T_3,\ B,\ b_2,\ b_3]$, $[\mathrm{W} : T_3,\ D,\ d_1,\ d_2]$
③ 以下の write 処理に対するアンドゥ処理を行う.
　$[\mathrm{W} : T_2,\ E,\ e_1,\ e_2]$, $[\mathrm{W} : T_4,\ C,\ c_1,\ c_2]$, $[\mathrm{W} : T_2,\ A,\ a_1,\ a_2]$

第12章

12.1 解答例：弱点については 12.1 節を参照．データ構造がリレーション，すなわちフラットな表形式に限定されている点は，データ構造が比較的単純で理解しやすくデータ共有がしやすいといったメリットもある．プログラミング言語とは独立したデータ構造やデータ操作体系を用いる点は，データ独立性を高めたり，問合せ処理や最適化をより行いやすくするといった面もある.

12.2 12.2 節を参照.

12.3 解答例：
①
```
select distinct p.purchase_date
from    Products p
where   p.product_code="100" and p.age<=12
```
②
```
select distinct f.name
from    Products p, p.factory f
where   p.product_code="100" and p.age<=12
```
③
```
select distinct struct(number: p.part_number, name:p.name)
from    Factories f, Order_products o, Parts p
```

```
    where   f.name="DB" and o in f.produce and p in o.components
④ select  distinct struct(f_name: f.name, u_name:u.name)
    from    Factories f, Persons u
    where   u.work=f and u in f.produce.user
```

12.4 解答例:

```
① SELECT 受付番号, 日付, 対象製品.製品コード()
   FROM    製品修理
   WHERE   対象製品.名称() LIKE '%DB%'
② SELECT 受付番号, 日付, 対象製品.製品コード()
   FROM    製品修理
   WHERE   依頼者 <> 対象製品.利用者()
③ SELECT 受付番号, 日付, 対象製品.製品コード()
   FROM    製品修理
   WHERE   対象製品.利用月数()<=12
④ SELECT x.受付番号,x.日付
   FROM    製品修理 AS x, 製品修理 AS y
   WHERE   x.対象製品.製品コード()=y.対象製品.製品コード()
           AND y.受付番号=100
```

参 考 文 献

［AhoU79］　Aho, A. V. and Ullman, J. D.：'Universality of Data Retrieval Languages,' *Proc. 6th ACM Symposium on Principles of Programming Languages*, pp. 110-117（1979）

［Aho*79］　Aho, A. V., Beeri, C. and Ullman, J. D.：'The Theory of Joins in Relatial Databases,' *ACM TODS*, 4(3), pp. 297-314（1979）

［ANS75］　'ANSI/X3/SPARC Study Group on Data Base Management Systems Interim Report,' *FDT*, 7(2)（1975）

［ANS92］　ANSI X3.135-1992 "*Database Language SQL*"（1992）

［App*19］　Appuswamy, R., Graefe, G., Borovica-Gajic, R. and Ailamaki, A.：'The Five-Minute Rule 30 Years Later and Its Impact on the Storage Hierarchy,' *CACM*, 62(11), pp. 114-120（2019）

［Ari90］　有澤博（編）：特集「演繹データベース」，情報処理，31(2)（1990）

［Arm74］　Armstrong, W. W.：'Dependency Structures of Data Base Relationships,' *Proc. IFIP Congress*, pp. 580-583（1974）

［Ash14］　アシスト教育部：『プロとしての Oracle PL/SQL 入門　第 3 版』，SB クリエイティブ（2014）

［Ast*76］　Astrahan, M. M., *et al*. 'System R：A Relational Approach to Database Manegement,' *ACM TODS*, 1(2), pp. 97-137（1976）

［AtkB87］　Atkinson, M. and Buneman, O. P.：'Types and Persistence in Database Programming Languages,' *ACM Computing Surveys*, 19(2), pp. 105-190（1987），吉川正俊（訳）：「データベースプログラミング言語における型と永続性」，bit 別冊コンピュータ・サイエンス，pp. 35-115（1989）

［Atk*89］　Atkinson, M., Bancilhon, F., DeWitt, D., Dittrich, K., Maier, D. and Zdonik, S.：'The Object-Oriented Database System Manifesto,' *Proc. 1st International Conference on Deductive and Object-Oriented Databases*, pp. 40-57（1989）

［AusC88］　Austing, R. H. and Cassel, L. N.："*File Organization and Access：From Data to Information*," D. C. Heath and Company（1988）

［Bac69］　Bachman, C. W.：'Data Structure Diagrams,' *Data Base*, 1(2), pp. 4-10（1969）

［Bat*92］　Batini, C., Ceri, S. and Navathe, S. B："*Conceptual Database Design*," The Benjamin/Cummings Publishing Company（1992）

［BayM72］　Bayer, R. and McCreight, E. M.：'Organization and Maintenance of

Large Ordered Indexes,' *Acta Informatics*, 1(3), pp. 173–189 (1972)

[Bee*77] Beeri, C., Fagin, R. and Howard, J. H.： 'A Complete Axiomatization for Functional and Multivalued Dependencies,' *Proc. ACM SIGMOD Conference*, pp. 47–61 (1977)

[Bee*78] Beeri, C., Bernstein, P. A. and Goodman, N.： 'A Sophisticate's Introduction to Database Normalization Theory,' *Proc. 4th VLDB*, pp. 113–124 (1978)

[Ber76] Bernstein, P. A.： 'Synthesizing Third Normal Form Relations from Functional Dependencies,' *ACM TODS*, 1(4), pp. 277–298 (1976)

[BerG80] Bernstein, P. A. and Goodman, N.： 'Timestamp-Based Algorithms for Concurrency Control,' *Proc. 6th VLDB*, pp. 285–300 (1980)

[Ber*83] Bernstein, P. A., Goodman, N. and Lai, M. Y.： 'Analyzing Concurrency Control when User and System Operations Differ,' *IEEE Trans. Software Engineering*, SE-9(3), pp. 233–239 (1983)

[Ber*87] Bernstein, P. A., Hadzilacos, V. and Goodman, N.： "*Concurrency Control Recovery in Database Systems*," Addison-Wesley (1987)

[Car85] Cardenas, A. F.： "*Data Base Management Systems*," 2nd Ed., Allyn and Bacon (1985)

[Cat91] Cattell, R. G. G.(ed.)：Special Section： 'Next-Generation Database Systems,' *CACM*, 34(10), pp. 30–120 (1991)

[Cat94a] Cattell, R. G. G.(ed.)： "*The Object Database Standard*：ODMG-93," Morgan Kaufmann (1994)

[Cat94b] Cattell, R. G. G.(ed.)： "*The Object Database Standard*：ODMG-93," Rel. 1.1, Morgan Kaufmann (1994)，野口喜洋他（訳）：『オブジェクト・データベース標準：ODMG-93 Release 1-1』，共立出版（1995）

[Cat94c] Cattell, R. G. G.： "*Object Data Management*," Revised Ed., Addison-Wesley (1994)

[Cat96] Cattell, R. G. G.(ed.)： "*The Object Database Standard*：ODMG-93," Rel. 1.2, Morgan Kaufmann (1996)

[CatB97] Cattell, R. G. G. and Barry D.(eds.)： "*The Object Data Standard*：ODMG2.0*,' Morgan Kaufmann Publishers (1997)

[CatB00] Cattell, R. G. G. and Barry D.(eds.)： "*The Object Data Standard*：ODMG3.0," Morgan Kaufmann Publishers (2000)

[ChaB74] Chamberlin, D. D. and Boyce, R. F.： 'SEQUEL：A Structured English Query Language,' *Proc. ACM SIGFIDET Workshop on Data Description, Access and Control*, pp. 249–264 (1974)

[Cha*81] Chamberlin, D. D., *et al.*： 'A History and Evaluation of System R,' *CACM*, 24(10), pp. 632–646 (1981)

［Che76］ Chen, P. P.：'The Entity Relationship Model—Toward a Unified View of Data,' *ACM TODS*, 1(1), pp. 9-36（1976）

［ChoD85］ Chou, H. and DeWitt, D. J.：'An Evaluation of Buffer Management Strategies for Relational Database Systems,' *Proc. 11th VLDB*, pp. 127-141（1985）

［Cod70］ Codd, E. F.：'A Relational Model of Data for Large Shared Data Banks,' *CACM*, 13(6), pp. 377-387（1970）

［Cod72a］ Codd, E. F.：'Further Normalization of the Data Base Relational Model,' in "*Data Base Systems*," R. Rustin(ed.), pp. 34-64（1972）

［Cod72b］ Codd, E. F.：'Relational Completeness of Data Base Sublanguages,' in "*Data Base Systems*," R. Rustin(ed.), pp. 65-98（1972）

［COD73］ CODASYL Data Description Language Journal of Development (1973),『CODASYL データベース用データ記述言語 1973 年 6 月版』, 情報処理学会（1977）

［Cod74］ Codd, E. F.：'Recent Investigations into Relational Data Base Systems,' *Proc. IFIP Congress*, pp. 1017-1021（1974）

［Cod79］ Codd, E. F.：'Extending the Database Relational Model to Capture More Meanings,' *ACM TODS*, 4(4), pp. 397-434（1979）

［Com79］ Comer, D.：'The Ubiquitous B-tree,' *ACM Computing Surveys*, 11 (2), pp. 121-137（1979）

［Dat83］ Date, C. J.："*An Introduction to Database Systems*," Vol. 2, Addison-Wesley（1983）

［Dat95］ Date, C. J.："*An Introduction to Database Systems*," 6th Ed., Addison-Wesley（1995）

［Dat03］ Date, C. J.："*An Introduction to Database Systems*," 8th Ed., Addison-Wesley（2003）

［DatD93］ Date, C. J. and Darwen, H.："*A Guide to the SQL Standard*," 3rd Ed., Addison-Wesley（1993）, 芝野耕司（監訳）:『標準 SQL』, 改訂第 2 版（第 2 版の邦訳）, トッパン（1990）

［DatD97］ Date, C. J. and Darwen, H.："*A Guide to the SQL Standards*," 4th Ed., Addison-Wesley（1997）, QUIPU LLC（訳）:『標準 SQL ガイド 改訂第 4 版』,（株）アスキー（1999）

［EisM04］ Eisenburg, A., Melton, J., Kulkarni, K., Michels, J. E. and Zemke, F.： 'SQL：2003 Has Been Published,' *ACM SIGMOD Record*, 33(1), pp. 119-126（2004）

［Elm92］ Elmagarmid, A. K.(ed.)："*Database Transaction Models for Advanced Applications*," Morgan Kaufmann Publishers（1992）

［ElmN94］ Elmasri, R. and Navathe, S. B.："*Fundamentals of Database*

Systems", 2nd Ed., The Benjamin/Cummings Publishing Company（1994）

［ElmN15］ Elmasri, R. and Navathe, S. B. : "*Fundamentals of Database Systems*," 7th Ed., Pearson（2015）

［Esw*75］ Eswaran, K. P., Gray, J. N., Lorie, R. A. and Traiger, I. L. : 'The Notions of Consistency and Predicate Locks in a Database System,' *CACM*, 19（11）, pp. 624–633（1976）

［Fag77］ Fagin, R. : 'Multivalued Dependencies and a New Normal for Relatinal Databases,' *ACM TODS*, 2（3）, pp. 262–278（1977）

［Fag79］ Fagin, R. : 'Normal Forms and Relational Database Operators,' *Proc. ACM SIGMOD Conference*, pp. 153–160（1979）

［Fag*79］ Fagin, R., Nivergelt, J., Pippengar, N. and Strong, H. R. : 'Exendible Hashing—A Fast Access Method for Dynamic Files,' *ACM TODS*, 4（3）, pp. 315–344（1979）

［Gal94］ Gallagher, L. : 'Influencing Database Language Standards,' *ACM SIGMOD Record*, 23（1）, pp. 122–127（1994）

［GarV89］ Gardarin, G. and Valduriez, P. : "*Relational Databases and Knowledge Bases*," Addison–Wesley（1988）

［Gar*99］ Garcia–Molina, H., Ullman, J. D. and Widom, J. : "*Database System Implementation*," Prentice Hall（1999）

［Gar*08］ Garcia–Molina, H., Ullman, J. D. and Widom, J. : "*Database Systems : The Complete Book*," 2nd Ed., Pearson（2008）

［Gra93］ Graefe, G. : 'Query Evaluation Techniques for Large Databases,' *ACM Computing Surveys*, 25（2）, pp. 73–170（1993）

［GraR93］ Gray, J. and Reuter, A. : "*Transaction Processing : Concepts and Techniques*," Morgan Kaufmann Publishers（1993）, 喜連川優（監修）:『トランザクション処理：概念と技法（上・下）』, 日経 BP 社（2001）

［GraP87］ Gray, J. and Putzolu, F. : 'The 5 Minute Rule for Trading Memory for Disk Accesses and the 10 Byte Rule for Trading Memory for CPU Time,' *Proc. ACM SIGMOD Conference*, pp. 395–398（1987）

［Gra*76］ Gray, J. N., Lorie, R. A., Putzolu, G. R. and Traiger, I. L. : 'Granularity of Locks and Degrees of Consistency in a Shared Data Base,' *Proc. IFIP Working Conference on Modeling in Data Base Management Systems*, pp. 1–29（1976）

［Gra*81］ Gray, J., *et al.* : 'The Recovery Manager of the System R Database Manager,' *ACM Computing Surveys*, 13（2）, pp. 223–242（1981）

［GulP99］ Gulutzan, P. and Pelzer, T. : "*SQL–99 Complete, Really*," R & D Books

（1999）

[HaeR83]　Haeder, T. and Reuter, A.：'Principles of Transaction-Oriented Database Recovery,' *ACM Computing Surveys*, 15(4), pp. 287-317 (1983)

[Har88]　Harbron, T. R.："*File System—Structures and Algorithms*," Prentice Hall (1988)

[Hot87]　穂鷹良介：『データベース要論』，共立出版（1987）

[Hot*91]　穂鷹良介，堀内一，溝口徹夫，鈴木健司，芝野耕司：『データベース標準用語事典』，オーム社（1991）

[HulK87]　Hull, R. and King, R.：'Semantic Database Modeling Survey, Applications, and Research Issues,' *ACM Computing Surveys*, 19(3), pp. 201-260（1987），田中克己（訳）：「意味データベースモデリング：サーベイ，応用，研究課題」，bit 別冊コンピュータ・サイエンス，pp. 117-164（1989）

[IizS93]　飯沢篤志，白田由香利：『データベースおもしろ講座』，共立出版（1993）

[Int93]　'Integration Definition for Information Modeling (IDEF1X),' *Federal Information Processing Standards Publication 184*（1993）

[IPA19]　『平成31年度　データベーススペシャリスト試験問題』，情報処理推進機構（2019）

[Ish95]　石井義興：『データ・ウェアハウス』，日本経営科学研究所（1995）

[Ish06]　石井達夫：『改訂第5版　PC UNIX ユーザのための Postgre SQL 完全攻略ガイド』，技術評論社（2006）

[Ish08]　石川博：『データベース』，森北出版（2008）

[ISO92]　ISO/IEC 9075：1992 "*Information Technology—Database Languages—SQL*," (1992)

[Itn19]　IT のプロ46：『情報処理教科書 データベーススペシャリスト 2020年版』，翔泳社（2019）

[JarK84]　Jarke, M. and Koch, J.：'Query Optimization in Database Systems,' *ACM Computing Surveys*, 16(2), pp. 111-152（1984）

[JIS87]　JIS X 3004：1987『データベース言語 NDL』（1987）

[JIS95]　JIS X 3005：1995『データベース言語 SQL』（1995）

[JIS96]　JIS X 3005-3：1996『データベース言語 SQL　第3部：呼出しレベルインタフェース（SQL/CLI）』（1996）

[JIS14]　JIS X 3005-1：2014『データベース言語 SQL 第1部：枠組み』（2014）

[JIS15]　JIS X 3005-2：2015『データベース言語 SQL　第2部：基本機能』（2015）

[JIS19]　JIS X 3005-4：2019『データベース言語 SQL　第4部：永続格納モ

ジュール（SQL/PSM)』（2019)

［Kam82］　上林彌彦：『データベースの基礎理論（1)〜(6)』，情報処理，23(3，7，9)，24(2，3，8)（1982-1983)

［Kam86］　上林彌彦：『データベース』，昭晃堂（1986)

［Kam94］　上林彌彦：『巨大データの世界』，共立出版（1994)

［Kat90］　Katz, R. H.： 'Toward a Unified Framework for Version Modeling in Engineering Databases,' *ACM Computing Surveys*, 22(4), pp. 375-408（1990)

［Kaw14］　川越恭二：『楽しく学べるデータベース』，共立出版（2014)

［KemM94］　Kemper, A. and Moerkotte, G.： "*Object-Oriented Database Management：Applications in Engineering and Computer Science*," Prentice Hall（1994)

［Kim90］　Kim, W.： "*Introduction to Object-Oriented, Databases*," MIT Press（1990)

［Kim95］　Kim, W.： 'On Marrying Relations and Objects：Relation-Centric and Object-Centric Perspectives,' *Proc. 4th International Conference on Database Systems for Advanced Applications*, pp. 131-137（1995)

［KimL89］　Kim, W. and Lochovsky, F. H.： "*Object-Oriented Concepts, Databases, and Applications*," ACM Press（1989)

［Kit94］　喜連川優（監修)：『分散トランザクション処理』，リックテレコム（1994)

［KitK89］　Kitagawa, H. and Kunii, T. L.： "*The Unnormalized Relational Data Model—For Office Form Processor Design—*," Springer-Verlag（1989)

［Kit*83］　Kitsuregawa, M., Tanaka, H. and Moto-Oka, T.： 'Application of Hash to Data Base Machine and Its Architecture,' *New Generation Computing*, 1(1), pp. 63-74（1983)

［KorS91］　Korth, H. F. and Silberschatz, A.： "*Database System Concepts*," 2nd Ed., McGraw-Hill（1991)

［Kun90］　Kunii, H. S.： "*Graph Data Model and Its Data Language*," Springer-Verlag（1990)

［KunR81］　Kung, H. T. and Robinson, J. T.： 'Optimistic Concurrency Control,' *ACM TODS*, 6(2), pp. 312-326（1981)

［KurS18］　黒田努，佐藤和人（共著)，株式会社オイアクス（監修)：『改訂4版 基礎 Ruby on Rails』，インプレス（2018)

［Kus97］　Kusiak, A., Letsche, T. and Zakarian, A.： "*Data Modeling with IDEF1x*," Int. J. Computer Integrated Manufacturing, 10(6), pp. 470-486（1997)

［LacP77］　Lacriox, M. and Pirotte, A.：‘Domain-Oriented Relational Languages,’ *Proc. 3rd VLDB*, pp. 370-378（1977）

［Lit80］　Litwin, W.：‘Linear Hashing—A New Tool for File and Table Addressing,’ *Proc. 4th VLDB*, pp. 212-223（1980）

［Lor77］　Lorie, R. A.：‘Physical Integrity in a Large Segmented Database,’ *ACM TODS*, 2（1）, pp. 91-104（1977）

［McG77］　McGee, W. C.：‘The Information Management System IMS/VS, Part II：Data Base Facilities,’ *IBM Systems Journal*, 16（2）, pp. 96-122（1977）

［Mai83］　Maier, D.："*The Theory of Relational Databases*," Computer Science Press（1983）

［Mak77］　Makinouchi, A.：‘A Consideration on Normal Form of Not-Necessarily-Normalized Relation in the Relational Data Model,’ *Proc. 3rd VLDB*, pp. 447-453（1977）

［Man07］　真野正：『ER モデリング vs. UML モデリング　データベース概念設計』，ソフト・リサーチ・センター（2007）

［Mas90］　増永良文：『リレーショナルデータベースの基礎—データモデル編—』，オーム社（1990）

［Mas91］　増永良文：『リレーショナルデータベース入門』，サイエンス社（1991）

［Mas06］　増永良文：『データベース入門』，サイエンス社（2006）

［Mas17］　増永良文：『リレーショナルデータベース入門—データモデル・SQL・管理システム・NoSQL—』，第 3 版，サイエンス社（2017）

［MatD94］　Mattos, N. and DeMichiel, L. G.：‘Recent Design Trade-offs in SQL3,’ *ACM SIGMOD Record*, 23（4）, pp. 84-89（1994）

［MatT17］　松浦健一郎，司ゆき：『基礎からのサーブレット/JSP 新版』，SB クリエイティブ（2017）

［MelS02］　Melton, J. and Simon, A. R.："*SQL：1999 Understanding Relational Language Componets*," Morgan Kaufmann Publishers（2002）．芝野耕司（監訳）：『SQL：1999 リレーショナル言語詳解』ピアソン・エデュケーション（2003）

［MelS93］　Melton, J. and Simon, A. R.："*Understanding the New SQL A Complete Guide*," Morgan Kaufmann Publishers（1993）

［Mic*18］　Michels, J., *et al.*：‘The New and Improved SQL：2016 Standard,’ *ACM SIGMOD Record*, 47（2）, pp. 51-60（2018）

［MisM92］　Mishra, P. and Margaret, H. E.：‘Join Processing in Relational Databases,’ *ACM Computing Surveys*, 24（1）, pp. 63-113（1992）

［Mis*91］　Misini, G., Napoli, A., Colnet, D., Leonard, D. and Tombre, K.："*Object‐Oriented Languages*," Academic Press（1991）

［Miu97］　三浦孝夫：『データモデルとデータベース（Ⅰ，Ⅱ）』，サイエンス社（1997）

［MiuA90］　三浦孝夫，有澤博：「非正規関係データベース」，コンピュータソフトウェア，7(1)，pp. 72-80（1990）

［MiyK91］　宮崎収兄，川越恭二（編）：特集「オブジェクト指向データベースシステム」，情報処理，32(5)（1991）

［Moh*92］　Mohan, C., Haderle, D., Lindsay B, Pirahesh, H. and Schwarz, P.：'ARIES：a transaction recovery method supporting fine-granularity locking and partial rollbacks using write-ahead logging,' *ACM TODS*, 17(1), pp. 94-162（1992）

［NisT90］　西尾章治郎，田中克己：「オブジェクト指向データベースシステム宣言とその意義」，*bit*，22(8)，pp. 46-63（1990）

［Ohs89］　大須賀節雄：『データベースと知識ベース』，オーム社（1989）

［Oll78］　Olle, T. W.："The CODASYL Approach to Data Base Management," John Wiley and Sons（1978），西村恕彦，植村俊亮（監訳）：『CODASYL のデータベース』，共立出版（1979）

［OMG17］　'OMG Unified Modeling Language（OMG UML）Version 2.5.1,' *The Object Management Group*（2017）

［ONe94］　O'Neil, P：*"Database：Principles, Programming, and Performance,"* Morgan Kaufmann Publishers（1994）

［Pap86］　Papadimitriou, C. H.：*"The Theory of Concurrency Control,"* Computer Science Press（1986）

［RamG02］　Ramakrishnan, R. and Gehrke, J.：*"Database Management Systems,"* 3rd Ed., McGraw-Hill（2002）

［Ris77］　Rissanen, J.：'Independent Components of Relations,' *ACM TODS*, 2(4), pp. 317-325（1977）

［Ris78］　Rissanen, J.：'Theory of Joins for Relational Databases—A Tutorial Survey,' *Proc. 7th Symposium on Mathematical Foundations of Computer Science*, *LNCS64*, pp. 537-551, Springer-Verlag（1978）

［Ros*78］　Rosenkrantz, D. J., Stearns, R. E. and Lewis, P. M. II：'System Level Concurrency Control for Distributed Database Systems,' *ACM TODS*, 3(2), pp. 178-198（1978）

［SakH89］　酒井博敬，堀内一：『オブジェクト指向入門』，オーム社（1989）

［Sel*79］　Selinger, P. G., Astrahan, M. M., Chamberlin, D. D., Lorie, R. A. and Price, T. G.：'Access Path Selection in a Relational Database Management System,' *Proc. ACM SIGMOD Conference*, pp. 23-34（1979）

［Sha86］　Shapiro, L. D.：'Join Processing in Database Systems with Large

Main Memories,' *ACM TODS*, 11(3), pp. 239–264 (1986)

[SilK80] Silberschatz, A. and Kedem, Z. : 'Consistency in Hierarchical Database Systems,' *JACM*, 27(1), pp. 72–80 (1980)

[Sil*10] Silberschatz, A., Korth, H. F. and Sudarshan, S. : "*Database System Concepts*," 6th Ed., McGraw-Hill (2010)

[Sil*19] Silberschatz, A., Korth, H. F. and Sudarshan, S. : "*Database System Concepts*," 7th Ed., McGraw-Hill (2019)

[SmiB87] Smith, P. D. and Barnes, G. M. : "*Files and Databases : An Introduction*," Addison-Wesley (1987)

[SmiC75] Smith, J. M. and Chang, P. : 'Optimizing the Performance of a Relational Algebra Interface,' *CACM*, 18(10), pp. 568–579 (1975)

[SmiS77] Smith, J. M. and Smith, D. C. P. : 'Database Abstraction : Aggregation and Generalization,' *ACM TODS*, 2(2), pp. 105–133 (1977)

[Sto86] Stonebraker, M.(ed.) : "*The INGRES Papers : Anatomy of a Relational Database System*," Addison-Wesley (1986)

[Sto94] Stonebraker, M.(ed.) : "*Readings in Database Systems*," 2nd Ed., Morgan Kaufmann Publishers (1994)

[StoM96] Stonebraker, M. and Moore, D. : "*Object-Relational DBMSs*," Morgan Kaufmann Publishers (1996)

[StoR86] Stonebraker, M. and Rowe, L. A. : 'The Design of POSTGRES,' *Proc. ACM SIGMOD Conference*, pp. 340–355 (1986)

[Sto*76] Stonebraker, M., Wong, E., Kreps, P. and Held, G. D. : 'The Design and Implementation of INGRES,' *ACM TODS*, 1(3), pp. 189–222 (1976)

[Tak91] 滝沢誠 : 『データベースシステム入門技術解説』, ソフト・リサーチ・センター (1991)

[Teo*86] Teorey, T. J., Yang, D. and Fry, J. P. : 'A Logical Design Methodology for Relational Databases Using Extended Entity-Relationship Model,' *ACM Computing Surveys*, 18(2), pp. 197–222 (1986)

[Tho79] Thomas, R. H. : 'A Majority Consensus Approach to Concurrency Control for Multiple Copy Databases,' *ACM TODS*, 4(2), pp. 180–209 (1979)

[Tok*93] 所真理雄, 松岡聡, 垂水浩幸 (編) : 『オブジェクト指向コンピューティング』, 岩波書店 (1993)

[TsiL82] Tsichritzis, D. C. and Lochovsky, F. H. : "*Data Models*," Prentice Hall (1982)

[TsoF82] Tsou, D. M. and Fischer, P. : 'Decomposition of a Relation Scheme into Boyce-Codd Normal Form,' *ACM SIGACT News*, 14(3), pp. 23-29 (1982)

［TsuK04］ 土田正士，小寺孝：『SQL2003 ハンドブック』，ソフト・リサーチ・センター（2004）

［Uda91］ 宇田川佳久（編）：特集「高水準データモデルの最近の研究動向」，情報処理，32(9)（1991）

［Uda92］ 宇田川佳久：『オブジェクト指向データベース入門』，ソフト・リサーチ・センター（1992）

［Uem79］ 植村俊亮：『データベースシステムの基礎』，オーム社（1979）

［Uem18］ 植村俊亮：『入門データベース』，オーム社（2018）

［Ull82］ Ullman, J. D.："*Principles of Database Systems*," 2nd Ed., Computer Science Press（1982）．大保信夫，國井利泰（訳）：『データベースシステムの原理』，日本コンピュータ協会（1985）

［Ull88］ Ullman, J. D.："*Principles of Database and Knowledge-Base Systems*," Vol. 1, Computer Science Press（1988）

［Ull89］ Ullman, J. D.："*Principles of Database and Knowledge-Base Systems*," Vol. 2, Computer Science Press（1989）

［UllW97］ Ullman, J. D. and Widom, J.："*A First Course in Database Systems*," Prentice Hall（1997）

［WeiV01］ Weikum, G. and Vossen, G.："*Transactional Information Systems : Theory, Algorithms, and the Practice of Concurrency Control and Recovery*," Morgan Kaufmann Publishers（2001）

［Yam*04］ 山平耕作，小寺孝，土田正士：『SQL スーパーテキスト』，技術評論社（2004）

［Yam16］ 山田祥寛：『独習 PHP 第 3 版』，翔泳社（2016）

［Yan84］ Yannakakis, M.：'Serializability by Locking,' *JACM*, 3(2), pp. 227-244（1984）

［YokM94］ 横田一正，宮崎収兄：『新データベース論―関係から演繹・オブジェクト指向へ―』，共立出版（1994）

［Yos19］ 吉川正俊：『データベースの基礎』，オーム社（2019）

［ZdoM90］ Zdonik, S. B. and Maier, D.（eds.）："*Readings in Object-Oriented Database Systems*," Morgan Kaufmann Publishers（1990）

［Zem12］ Zemke, F.：'What's New in SQL : 2011,' *ACM SIGMOD Record*, 41 (1), pp. 67-73（2012）

索　引

〈編著者略歴〉

北川 博之 （きたがわ　ひろゆき）

1978 年　東京大学理学部卒業
1980 年　東京大学大学院理学系研究科修士課
　　　　程修了
　　　　日本電気（株）をへて
1988 年　筑波大学講師（電子・情報工学系）
1990 年　筑波大学助教授（電子・情報工学系）
1998 年　筑波大学教授（電子・情報工学系）
2004 年　筑波大学計算科学研究センター教授
現　在　筑波大学国際統合睡眠医学研究機構
　　　　教授
　　　　理学博士（東京大学）
担当箇所：全章

石川 佳治 （いしかわ　よしはる）

1989 年　筑波大学第三学群情報学類卒業
1994 年　筑波大学大学院博士課程工学研究科
　　　　単位取得退学
1994 年　奈良先端科学技術大学院大学情報科
　　　　学研究科助手
1999 年　筑波大学講師（電子・情報工学系）
2003 年　筑波大学助教授（電子・情報工学系）
2006 年　名古屋大学情報連携基盤センター教
　　　　授
現　在　名古屋大学大学院情報学研究科教授
　　　　博士（工学）（筑波大学）
担当箇所：5.7 〜 5.11，8.1，8.11，8.13

データベースシステム（改訂2版）

1996 年　7 月 10 日　　第 1 版第 1 刷発行
2020 年　4 月 10 日　　改訂 2 版第 1 刷発行
2024 年　4 月 30 日　　改訂 2 版第 6 刷発行

編 著 者　　北 川 博 之
発 行 者　　村 上 和 夫
発 行 所　　株式会社 オーム社
　　　　　　郵便番号　101-8460
　　　　　　東京都千代田区神田錦町 3-1
　　　　　　電話　03（3233）0641（代表）
　　　　　　URL　https://www.ohmsha.co.jp/

© 北川博之・石川佳治 2020

印刷・製本　美研プリンティング
ISBN978-4-274-22516-1　Printed in Japan

本書の感想募集　https://www.ohmsha.co.jp/kansou/
本書をお読みになった感想を上記サイトまでお寄せください．
お寄せいただいた方には，抽選でプレゼントを差し上げます．

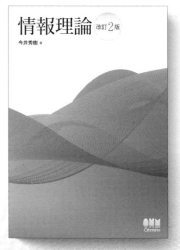